中国当代
青年建筑师 XI

下册

CHINESE CONTEMPORARY YOUNG ARCHITECTS XI

何建国　主编

天津大学出版社
TIANJIN UNIVERSITY PRESS

图书在版编目（CIP）数据

中国当代青年建筑师. XI. 下册 / 何建国主编. —
天津 : 天津大学出版社, 2023.1
ISBN 978-7-5618-7380-9

Ⅰ. ①中… Ⅱ. ①何… Ⅲ. ①建筑师－生平事迹－中
国－现代②建筑设计－作品集－中国－现代 Ⅳ.
①K826.16②TU206

中国版本图书馆CIP数据核字(2022)第250571号

封面：上海建筑设计研究院有限公司
/作品
——中国航海博物馆
（详见下册内文P159）

中国当代青年建筑师XI（下册）
ZHONGGUO DANGDAI QINGNIAN JIANZHUSHI XI

顾　　问　程泰宁　何镜堂　黄星元　刘加平　罗德启　马国馨　张锦秋　钟训正
主　　任　彭一刚
委　　员　戴志中　蒋涤非　李保峰　刘克成　刘宇波　梅洪元
　　　　　覃　力　仝　晖　吴　越　徐卫国　翟　辉　郑　炘
编　　辑　中联建文（北京）文化传媒有限公司
统　　筹　何显军
编辑部主任　王红杰
编　　辑　丁海峰　雷　方　柳　琳　宋　玲　唐　然　汪　杰　赵晶晶
美术设计　何世领
策划编辑　油俊伟
责任编辑　油俊伟
投稿热线　13920487878
媒体支持　微信公众号“青年建筑师”

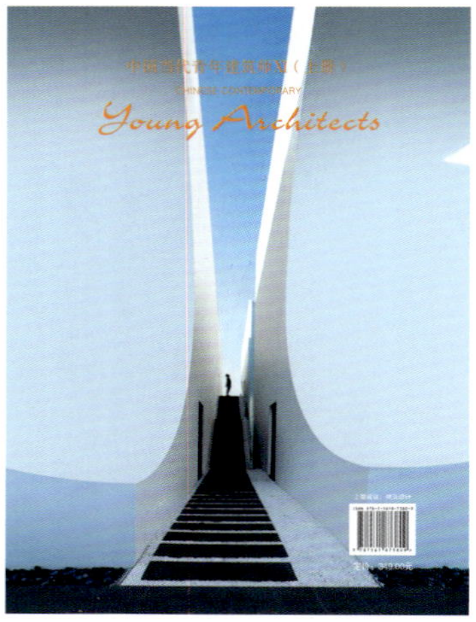

封底：DPA建筑设计/作品
——南通AGSK创意产业园
（详见上册内文P211）

出版发行　天津大学出版社
地　　址　天津市卫津路92号天津大学内（邮编：300072）
电　　话　发行部：022-27403647　　邮购部：022-27892072
网　　址　www.tjupress.com.cn
印　　刷　北京盛通印刷股份有限公司
经　　销　全国各地新华书店
开　　本　230mm×300mm
印　　张　17.75
字　　数　416千
版　　次　2023年1月第1版
印　　次　2023年1月第1次
定　　价　349.00元

前言
PREFACE

中国当代的青年建筑师是一股不可忽视的力量，他们在建筑界声名鹊起，他们所承接的项目的分量也在日渐加重，他们在中国建筑大发展的时代背景下，有更多的机会施展才华，有理论和实践紧密结合的成长轨迹，必将成为未来建筑设计的中坚力量！

他们作为中国建筑史发展的一个片段，展现出了这个层面应有的风貌。面对激烈的市场竞争，在复杂的建筑行业链条中，许多青年建筑师执着追求、蓄势待发，他们也需要更多的肯定和鼓励！

今天，关注青年建筑师的发展，不仅是市场需求，更是中国设计崛起的标志！

编者

中国当代青年建筑师XI 战略合作伙伴

CHINESE CONTEMPORARY YOUNG ARCHITECTS XI

中国当代青年建筑师 XI

下册目录

CHINESE CONTEMPORARY YOUNG ARCHITECTS XI

中国当代青年建筑师 XI

下册目录

CHINESE CONTEMPORARY YOUNG ARCHITECTS XI

陈璐

职务：浙江大学建筑设计研究院有限公司
建筑五院副院长、主任建筑师
职称：高级工程师
执业资格：国家一级注册建筑师

教育背景
2000年—2005年　浙江工业大学建筑学学士
2005年—2007年　浙江大学建筑学硕士

工作经历
2007年—2012年　中国电建集团华东勘测设计研究院有限公司
2012年至今　浙江大学建筑设计研究院有限公司

个人荣誉
UAD优秀青年设计师
浙江大学建筑与规划学科实践导师
浙江大学建筑设计研究院院级先进工作者
华东勘察院青年岗位能手

主要设计作品
合肥中国科学技术大学国际金融研究院
荣获：2021年浙江省优秀工程勘察设计二等奖
2021年杭州市优秀工程勘察设计二等奖
萧山科技城创业谷
荣获：美国IDA国际设计大奖荣誉提名奖
美国 Architizer A+Awards大奖入围奖
杭州养正小学
荣获：20121年教育部优秀工程勘察设计三等奖
义乌全球数字自贸中心
浙江大学“一带一路”国际医学院
浙江大学校友总部二期
杭州欧美金融城EFC项目
杭州萧龙科创园
杭州钱江世纪城江南小学
杭州钱江世纪城江南初中

设计思想
立足当下，遵从本原。

王启宇

职务：浙江大学建筑设计研究院有限公司
建筑八院院长助理、主任建筑师
职称：高级工程师
执业资格：国家一级注册建筑师

教育背景
2003年—2008年　太原理工大学建筑学学士
2008年—2011年　浙江大学建筑学硕士

工作经历
2011年至今　浙江大学建筑设计研究院有限公司

个人荣誉
UAD首届新锐计划获得者
浙江大学建筑与规划学科实践导师
浙江大学建筑设计研究院十佳员工、先进工作者

主要设计作品
杭州乔司中学
荣获：2017年全国优秀工程勘察设计一等奖
2016年浙江省优秀工程勘察设计二等奖
2016年杭州市优秀工程勘察设计一等奖
大华·西溪风情多层电梯公寓项目——澄品
荣获：2017年全国优秀工程勘察设计一等奖
2017年教育部优秀工程勘察设计二等奖
2017—2018年度中国建筑设计奖三等奖
杭州西溪永乐城
荣获：2019年教育部优秀工程勘察设计三等奖

设计思想
建筑需要融于“物质环境”，也需要融于“非物质环境”。一个合理的建筑营造，是要在社会、历史、文化、环境、功能、技术等各方面取得平衡。这不仅表现为物质层面的实用，还能让人产生精神层面的共鸣。

浙江大学建筑设计研究院有限公司
The Architectural Design & Research Institute Of Zhejiang University Co., Ltd

地址：中国浙江杭州天目山路148号
浙江大学西溪校区东一楼
电话：0571-85891018
传真：0571-85891080
网址：www.uad.com.cn

浙江大学建筑设计研究院有限公司（简称UAD）始建于1953年，是国家重点高校中最早成立的甲级设计研究院之一，至今已有69年的历史。

UAD坚持“营造和谐、放眼国际、产学研创、高精专强”的办院方针，以“高品位的文化、高宽远的视野、高效能的管理、高素质的人才、高精专的技术、高质量的作品”为发展战略，坚持设计、教学、科

陈冰

职务：浙江大学建筑设计研究院有限公司
联合一院建筑一部副部长
职称：高级工程师
执业资格：国家一级注册建筑师

教育背景
2004年—2009年　浙江大学建筑学学士

工作经历
2009年至今　浙江大学建筑设计研究院有限公司

个人荣誉
UAD第二届青年建筑师奖获得者
浙江大学建筑与规划学科实践导师
浙江大学建筑设计研究院十佳员工

主要设计作品
宁海县技工学校
荣获：2015年全国优秀工程勘察设计二等奖
2015年教育部优秀工程勘察设计二等奖
联合国世界地理信息管理德清论坛会址
荣获：2020年浙江省优秀工程勘察设计一等奖
2020年杭州市优秀工程勘察设计一等奖
联合国地理信息展览馆
荣获：2021年浙江省优秀工程勘察设计二等奖

设计思想
不忘初心，不畏将来，建筑师是一个长期积累的职业，要秉承专业的热爱，执着坚持完成好每一个建筑设计作品。既要满足业主的诉求，又要实现建筑的社会人文、自然环境诉求。

蒋兰兰

职务：浙江大学建筑设计研究院有限公司
建筑创作研究中心副主任、副主任建筑师
职称：高级工程师
执业资格：国家一级注册建筑师

教育背景
2005年—2010年　浙江大学建筑学学士
2010年—2013年　同济大学建筑学硕士

工作经历
2013年至今　浙江大学建筑设计研究院有限公司

个人荣誉
UAD首届新锐计划获得者
浙江大学建筑设计研究院十佳员工

主要设计作品
青源智谷
荣获：2017年美国建筑大奖（AAP）荣誉提名奖
2019年AR New into Old Awards二等奖赞誉奖
2019年全国优秀工程勘察设计二等奖
2019年教育部优秀工程勘察设计二等奖
2019年杭州市优秀工程勘察设计二等奖
绍兴饭店改扩建提升工程（一期）
荣获：2019 ArchDaily年度十佳建筑大奖
2019年“威海杯”国际设计优秀奖
2019年美国建筑大奖（AAP）荣誉提名奖
2019年日本 IDPA AWARD 国际先锋奖项
2020年浙江省优秀工程勘察设计一等奖
2020年杭州市优秀工程勘察设计二等奖
第十二届佛罗伦萨双年展文艺复兴奖
大禹纪念馆
荣获：2021年伦敦设计奖银奖（灯光设计）
第十五届美国IDA国际设计大奖铜奖
徐渭艺术馆
荣获：2022 ArchDaily中国年度建筑大奖亚军

建筑思想
关注城市更新变化的新课题，探讨现代语境下的传统演绎。

研相结合，以“平衡建筑”学术理论指导设计实践，2020年与浙江大学共同成立校级研究机构——浙江大学平衡建筑研究中心。

UAD始终坚持走创作路线和精品路线，在各个设计领域均有大量的优秀作品问世，历年来共获得近1 500项国家级、部级、省级优秀设计奖、国际设计奖、优质工程奖及科技成果奖。

UAD先后获得当代中国建筑设计百家名院、中国勘察设计行业创新型优秀企业、杭州市十佳勘察设计企业、杭州市首批十大产业企业技术创新团队等称号，并被认定为国家高新技术企业、杭州市十大产业重点企业，是第一批国家级工程实践教育中心建设单位。UAD取得了较好的社会声誉和经济效益，得到了社会各界和建设单位的赞扬和好评。

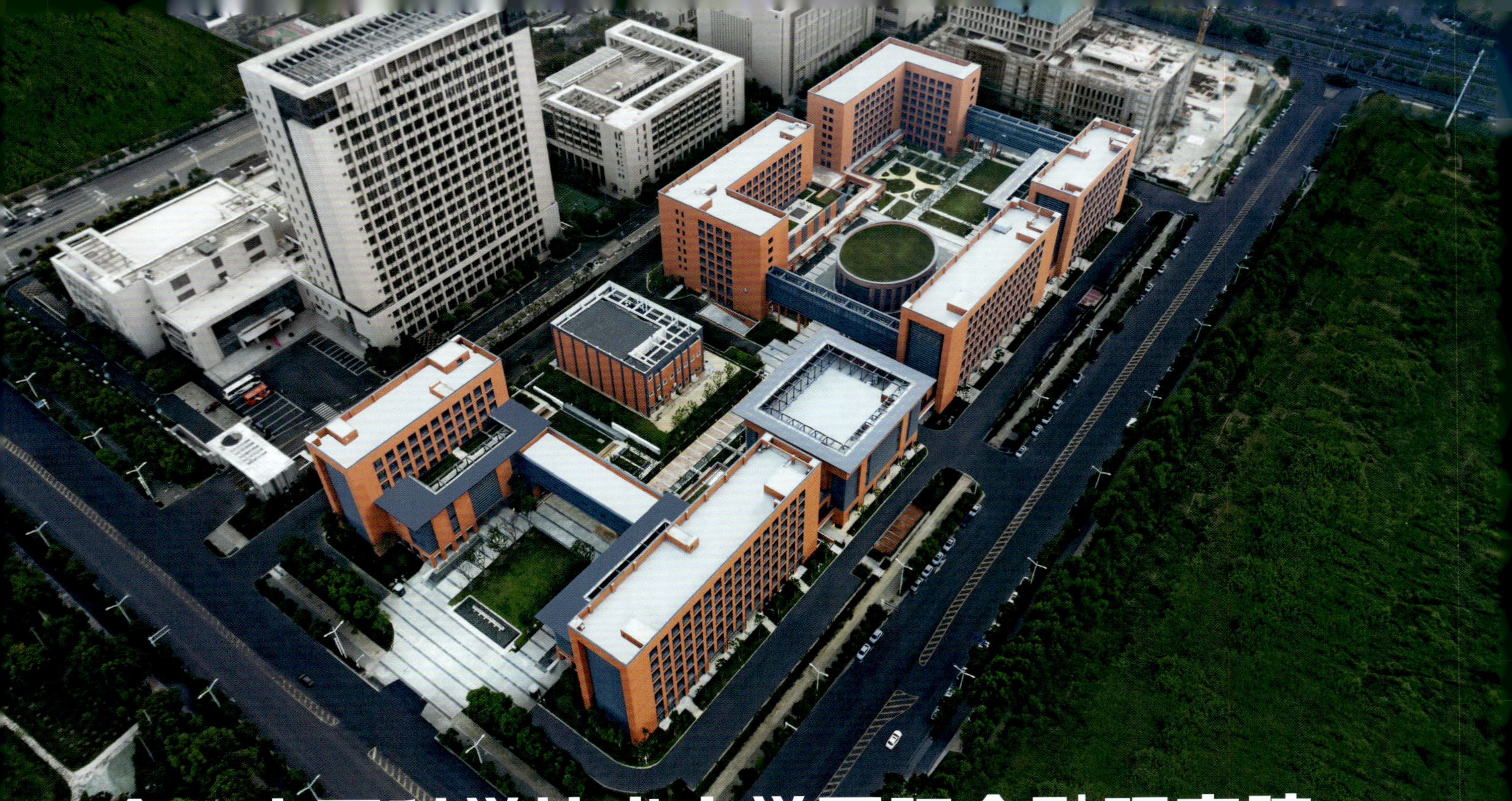

合肥中国科学技术大学国际金融研究院

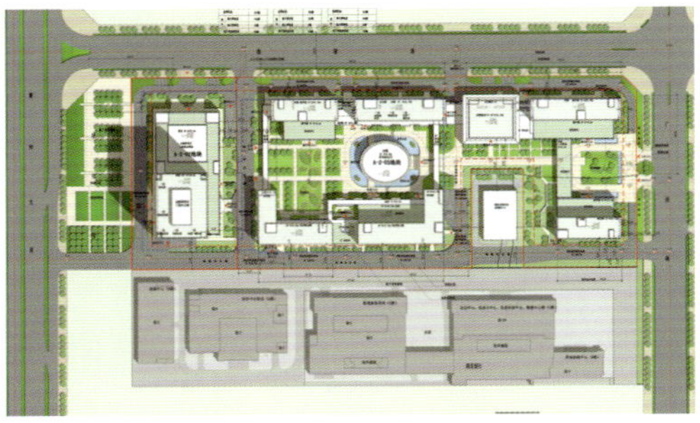

Hefei University of Science and Technology of China Institute of International Finance

项目业主：合肥市滨湖新区建设投资有限公司
建设地点：安徽 合肥
建筑功能：教育建筑
用地面积：53 000平方米
建筑面积：200 000平方米
设计时间：2016年
项目状态：建成
设计单位：浙江大学建筑设计研究院有限公司
设计团队：陈建、陈璐、许慧锋、王静、黄武、沈捷攀、孟亮、汪波、金艺蓓、毛圜、张敏敏、王杭、李静源、徐聪花、白启安

项目旨在探索通过现代的设计手法，突显研究院国际化视野的同时，呼应徽派建筑的地域文脉。设计传承徽州书院多进院落的空间形制，克服用地狭长且内含不可迁建高压变电站的困难，打造“一轴线、二广场、三庭院、四连廊”的布局，形成了对书院形制和徽商“蹈仁履义”精神的现代演绎。浅水面、大草坪、环廊的设置，体现了国际化、典雅的场所精神；平台、骑楼、环廊等丰富的室内外灰空间，充分契合了开放融合的教学理念。在有限的预算下，通过仿红砖的技术手法，结合经典的比例、简洁的线脚、精致的细部，传承中国科学技术大学沉稳典雅的空间品质。建成后，项目展现含蓄且不失张力的建筑风貌，与历史交相呼应。

萧山科技城创业谷

Xiaoshan Technology City Entrepreneurial Valley

项目业主：萧山科技城投资开发有限公司
建设地点：浙江 杭州
建筑功能：办公、商业建筑
用地面积：16 667平方米
建筑面积：79 134平方米
设计时间：2016年
项目状态：建成
设计单位：浙江大学建筑设计研究院有限公司
杭州国美建筑设计研究院有限公司
设计团队：陈建、陈璐、洪筱荃、俞国民、陶竞进、黄武、尹雄、孟亮、寿辰星、汪波、吴彩飞、张敏敏、姜浩、杨欣、莫云菲

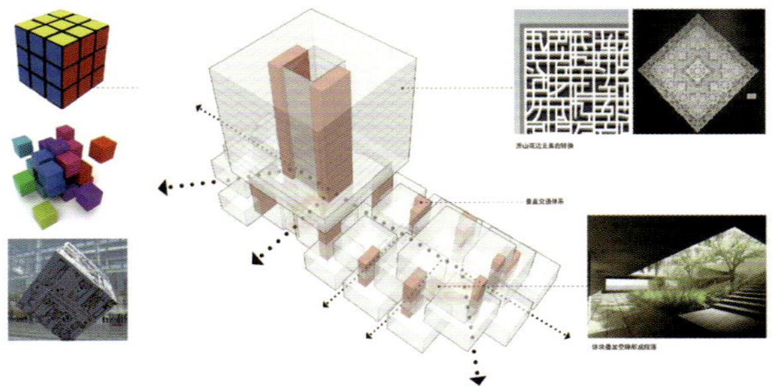

萧山科技城创业谷的设计，旨在探索现代商业办公建筑在高效、理性功能基础上的地域性文化体现。项目建设于科技城成立初期，故业主对该项目的形象报有极高的期望。在航空限高的制约下，设计以“魔方”为概念，喻意创业的无限可能和年轻人的朝气活力。立面以“九宫格”为架构，结合当地传统手工制品“花边”的母题，体现了对当地文化的传承。平面上下层间“方盒”体量的错动，形成了露台、天井、内庭等空间，极大地提升了空间体验。内部设计以传统“四水归堂”为空间意向，在内部形成80米通高内庭空间，通过简洁的绿色建筑手法形成拔风效应，最大限度地改善内部小环境。萧山科技城创业谷建成后，以其立意与形象、意趣与实用、自然与节能等多方位的良好结合，受到了各方的好评。

大华·西溪风情多层电梯公寓项目——澄品

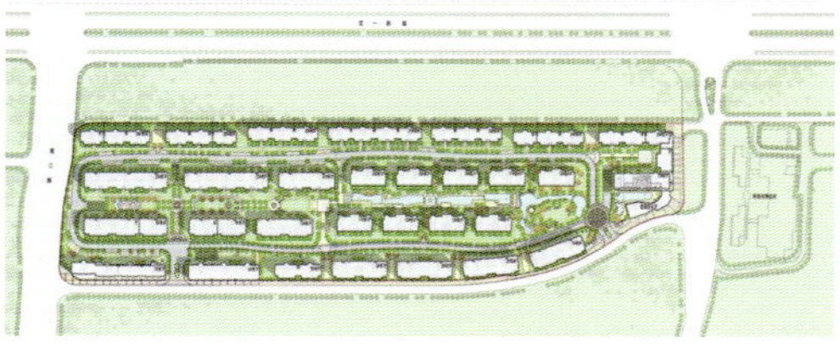

Dahua · Xixi Style Multi-Storey Elevator Apartment Project —— Chengpin

项目业主：杭州华信房地产开发有限公司
建设地点：浙江 杭州
建筑功能：居住建筑
用地面积：65 373平方米
建筑面积：169 269平方米
设计时间：2012年
项目状态：建成
设计单位：浙江大学建筑设计研究院有限公司
设计团队：鲁丹、张燕、王启宇 、王立明

项目位于杭州西溪湿地景区边，定位为高端多层电梯住宅。设计从江南园林的建造中汲取灵感，通过造园的手法构筑具有园林意境的湿地住区，最大限度地发挥景观环境对住区整体空间形态的影响。在住区主入口对景处设置一开放绿岛，溪水环绕，形成以灵动有趣的场景为要素的公共核心空间。用地东西长约500米，为保证整个住宅区的均好性，在住区核心轴线上，串联式地布置了不同层次的庭院空间，并通过水系将之连接。各具特色的空间，为丰富社区生活提供了物质载体。项目充分结合湿地景观环境，创造具有江南园林意境的“园中之园”，营建雅致、幽静、具有江南文化韵味的“西溪湿地旁的住宅”。

浙江建设职业技术学院上虞校区

Zhejiang Construction Vocational and Technical College Shangyu Campus

项目业主：绍兴市上虞经济开发区投资开发集团有限公司
建设地点：浙江 绍兴
建筑功能：教育建筑
用地面积：33 339平方米
建筑面积：201 454平方米
设计时间：2019年
项目状态：建成
设计单位：浙江大学建筑设计研究院有限公司
设计团队：鲁丹、董丹申、王启宇、徐晏、陈晓龙、袁帅、张昳哲、夏炎

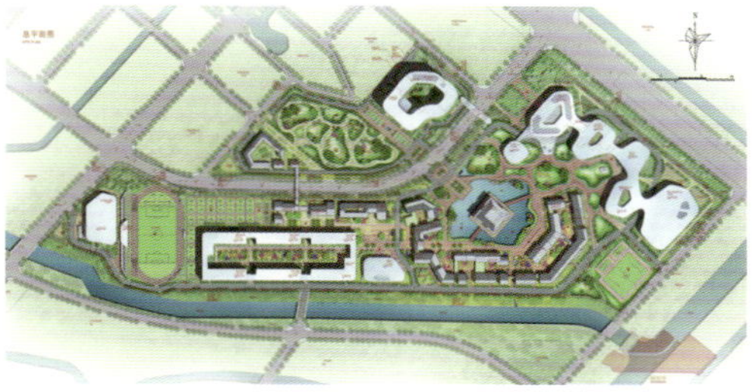

项目位于绍兴杭州湾经济开发区。设计以“平等空间”的理念分别回应城市地域和使用对象的不同需求及文化属性。区别于传统校园规则的轴线布局模式，项目以主入口面向的水体及若干绿岛作为校园核心，取代设置大广场、大中轴的常用布局，同时将绍兴典型的江南水乡温润秀美的山水气韵融入校园之中。公共教学建筑采用流畅且富有科技感的立面，配合起伏且连续的屋面造型，将山之意向内化，使校园整体形成环山面水的意向。各个学院围绕水面展开，青砖灰瓦、坡屋面高低错落，掩映在山水校园之中。各组建筑疏密有致，整个校园空间以有机生长的姿态回应地域文脉。

联合国世界地理信息管理德清论坛会址

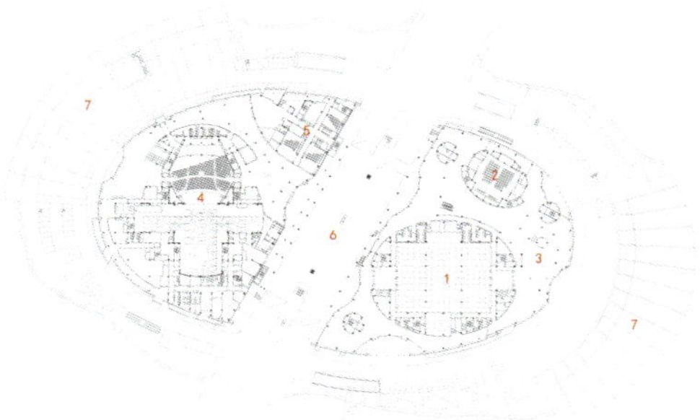

The United Nations Forum on Global Geographic Information Management in Deqing County

项目业主：德清联创科技新城建设有限公司
建设地点：浙江 德清
建筑功能：文化建筑
用地面积：29 105平方米
建筑面积：35 447平方米
设计时间：2017年
设计单位：浙江大学建筑设计研究院有限公司
项目状态：建成
设计团队：吴震陵、陈冰

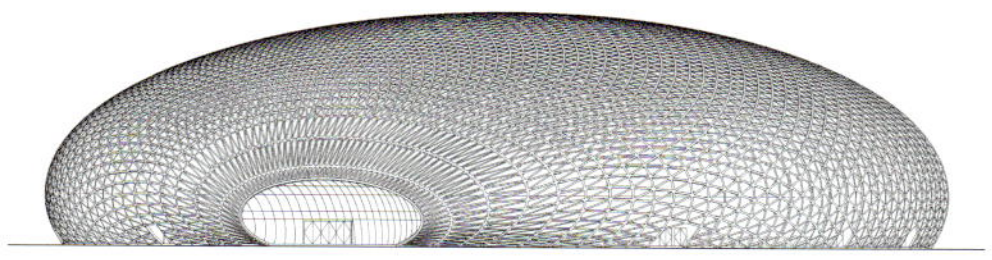

项目位于浙江德清南部地理信息小镇，主要用于承办联合国世界地理信息大会，并作为大会的主会场。

建筑整体以“击云破晓，凤舞九天”为意向，犹如一朵洁白的祥云，朦胧透光，静卧于凤栖湖上，与周边的静谧湖水浑然一体。其上覆以立体金属镂空屋顶，犹如“腾空而起的飞凤”，充满诗意。

2018年11月19日，首届联合国世界地理信息大会在浙江德清开幕，这是联合国主办的规模最大、级别最高、内容最丰富的地理信息大会，会议的成功举办为全球地理信息产业的发展起到了很好的促进作用。

宁海县技工学校

Ninghai County Technical School

项目业主：宁海县公共建设管理中心
建设地点：浙江 宁海
建筑功能：教育建筑
用地面积：100 372平方米
建筑面积：57 600平方米
设计时间：2012年
设计单位：浙江大学建筑设计研究院有限公司
项目状态：建成
设计团队：吴震陵、陈冰

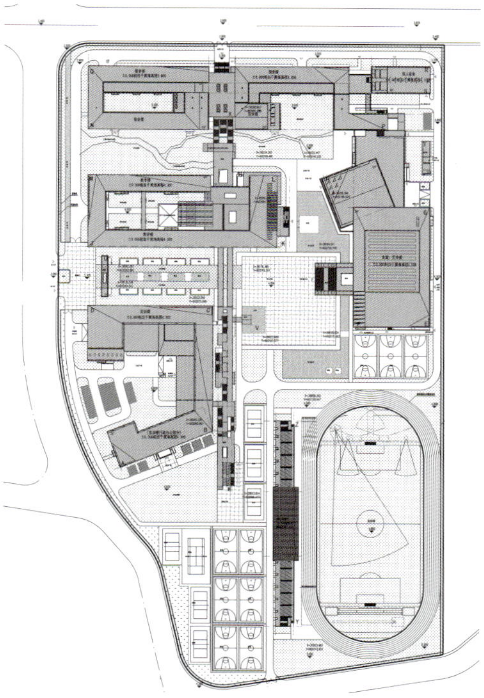

项目办学规模达到60个班级，在校学生约3 000人左右，主要包含行政实训楼、教学楼、食堂、艺体楼、学生宿舍、教师宿舍等单体。设计采用了“两轴一带”的规划布局，校前区横向的“礼仪轴线”和纵向的“生活轴线”在校园中心广场处交会；环状的“景观带”将教学楼和行政综合楼区域整合为中心区，生活区、运动区环绕中心区布置。项目采用“引水筑院”“筑台观景”“形态模仿”等设计手法，使得整个校园建筑与空间特色鲜明，跟自然环境融为一体。

大禹纪念馆

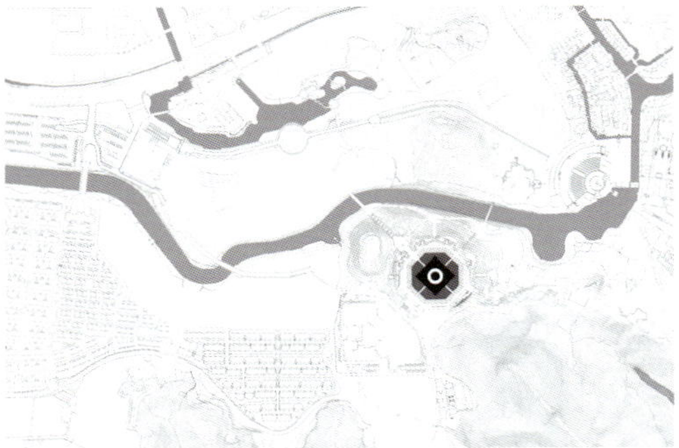

Dayu Memorial Hall

项目业主：绍兴会稽山度假区大禹开发投资有限公司
建设地点：浙江 绍兴
建筑功能：文化、展览建筑
建筑面积：27 913平方米
设计时间：2019
项目状态：建成
设计单位：浙江大学建筑设计研究院有限公司
设计团队：董丹申、胡慧峰、蒋兰兰、黄巍巍、黄迪奇、韩立帆、张宇俊

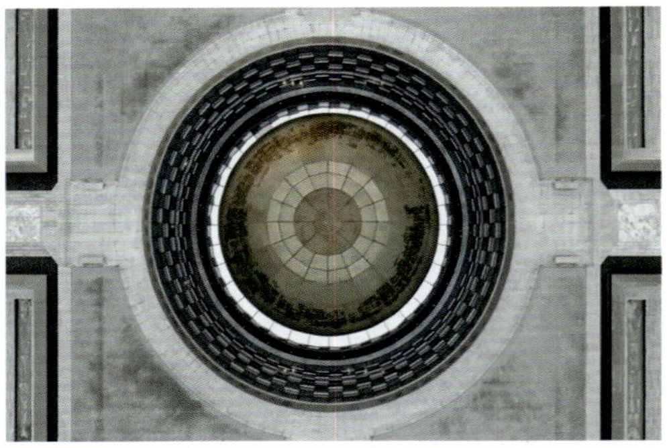

项目位于大禹陵景区，是夏朝开国圣君的纪念重地，也是大禹精神在当代传续的空间载体。设计师试图从更加广阔的场所中，通过外物的参照寻求建筑内在的线索。轴线的意义在于既串联起了历史与文脉，也限定了建筑的朝向与布局。

而回归到对建筑的形式追求，无论是现代建筑发展以来的“功能决定形式”，还是突破性的“形式引起功能”，形式都是建筑精神表达最重要的载体。

徐渭艺术馆

Xu Wei Art Museum

项目业主：绍兴市文化旅游集团
建设地点：浙江 绍兴
建筑功能：文化、展览建筑
用地面积：9 854平方米
建筑面积：8 504平方米
设计时间：2020年
项目状态：建成
设计单位：浙江大学建筑设计研究院有限公司
设计团队：胡慧峰、蒋兰兰、章晨帆、韩立帆、朱金运、李鹏飞

项目选址于绍兴机床厂旧址，设计汲取青藤书屋建屋造园之精髓。艺术馆介入古城文化脉络、融入当地市民生活、提升片区空间质量并赋予其新的活力。设计立足于绍兴机床厂的大空间关系，采用“纵向五进、横向三折的不等边人字坡造型”的建构。保留的机床厂东、北两端老墙面，更强化了新旧对比下时空的戏剧性张力。场馆南侧的青藤广场（兼游客中心）连接艺术馆与青藤书屋，广场在东、西两侧分别“掀起”一大一小两处人字坡地景。设计运用视点转换手法，为建筑与景观的充分融合构筑完整统一的空间体验与印象烘托，即源自江南的山水精神。

王立

职务： 武汉理工大设计研究院有限公司
城市印象创作中心主任
职称： 高级工程师

教育背景
2000年—2005年　武汉大学建筑学学士

工作经历
2005年—2006年　中国轻工业武汉设计工程有限责任公司
2007年—2014年　中信建筑设计研究总院有限公司
2014年—2021年　武汉理工大设计研究院有限公司

主要设计作品
潜江市委党校整体搬迁工程
荣获：2019年教育部优秀工程勘察设计三等奖
汉口原租界区黎黄陂路片保护与微更新
荣获：2019年武汉市优秀城乡规划设计二等奖
2020年湖北省优秀城市规划设计三等奖
汉口历史文化风貌区·合作路沿线地区改造更新设计
荣获：2020年武汉地区优秀工程勘察设计二等奖
2021年教育部优秀工程勘察设计三等奖

王立先生兼任武汉理工大学土木工程与建筑学院硕士研究生导师、中国建筑学会会员。

他长期参与文物保护、文物保护项目的展示利用、历史街区和优秀历史建筑的保护和更新、城市更新和建筑改造等工程，积极参与公共建筑的设计实践并在设计中关注历史文化传承和低碳化设计等问题。

他主持和参与世界文化遗产唐崖土司城遗址游客服务中心、石家河三房湾遗址保护展示棚和环境整治等项目，参与国家级文物保护单位德林公寓、红安县七里坪革命法庭陈列馆等项目的保护和设计工作，参与汉口历史文化风貌区多处近现代重要史迹及代表性建筑的保护修缮设计工作，主持武汉理工大学建筑专业学位研究生培养模式，改革襄阳示范区规划和建筑设计工作。

武汉理工大设计研究院有限公司
WHUT DESIGN& RESEARCH INSTITUTE CO.LTD

武汉理工大设计研究院有限公司隶属武汉理工大学。其前身由原国家建筑材料工业部批准成立于1979年11月，1994年12月经建设部批准拥有建筑行业（建筑工程）设计甲级证书，2012年12月由国有企业改制为独资法人公司。公司始终坚持“客户至上、质量第一、效率优先、创新引领”的经营理念，为客户提供优质的服务体验。

公司拥有工程咨询（市政公用工程、建筑、生态建设和环境工程）甲级、建筑行业（建筑工程）甲级、风景园林工程设计专项甲级、市政行业（环境卫生工程）专业甲级、城乡规划编制乙级、文物保护工程勘察设计乙级、工程测量乙级、市政行业（桥梁、道路、排水、给水、非金属矿及原料制备、新型建筑材料、玻璃、陶瓷、耐火材料、水泥、冶金矿山）专业乙级等资质，是武汉地区勘察设计行业诚信单位，通过ISO质量管理体系认证、职业健康安全管理体系认证、环境管理体系认证。

武汉理工大设计研究院有限公司城市印象创作中心（以下简称创作中心）成立于2014年，成立的初心旨在提高公司大型项目的设计能力，提升公司方案创作水平，努力寻找更加适合企业发展的新路径。自成立以来，创作中心借助高校的学科平台及科研优势，积极开展对外经营合作；在应用技术的同时完成对研究方向的深度探索，以科技成果推动企业及行业的发展，以人才培养、技术研究和成果转化作为发展的原动力，努力促进生产能力和对各类资源的有效利用。

地址：湖北省武汉市洪山区珞狮路
122号武汉理工大学东院
马房山大厦
电话：13517229195
传真：027-87882285
网址：lgdsjyjy.whut.edu.cn
电子邮箱：4379227@qq.com

武汉理工大学专业学位研究生培养模式改革襄阳示范区

Xiangyang Demonstration Zone of Professional Degree Graduate Training Mode Reform of Wuhan University of Technology

项目业主：湖北襄投置业有限公司
建设地点：湖北 襄阳
用地面积：400 052平方米
建筑面积：299 988平方米
建筑功能：教育建筑
设计时间：2019年—2022年
项目状态：建成
设计单位：武汉理工大设计研究院有限公司城市印象创作中心
主创建筑师：王立
项目负责人：竹显军
建筑设计：陈勇、张骞、戴松、祁文、乐金辉、王娜、易杰、张璨
建筑摄影：赵奕龙

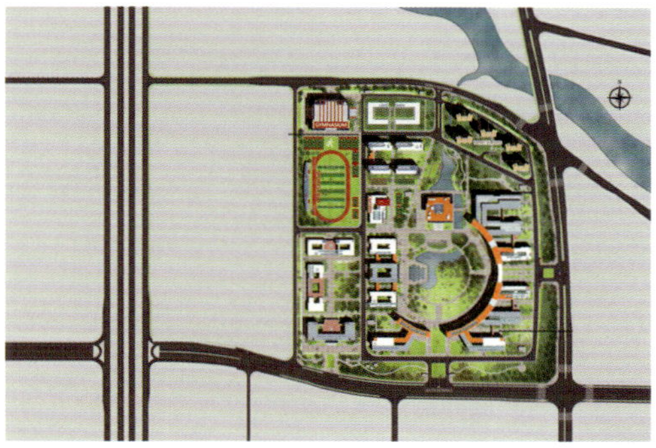

总平面图

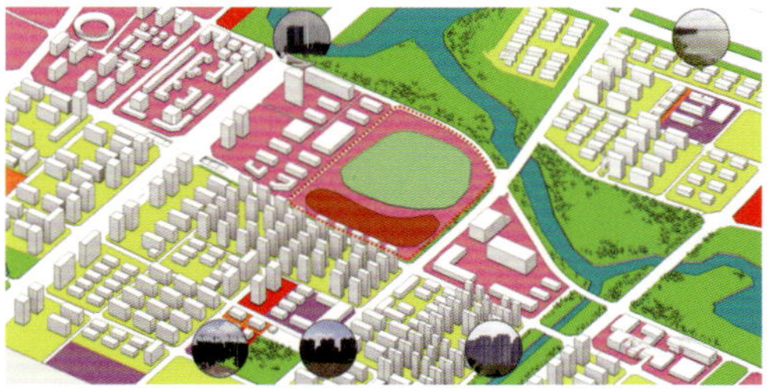

现场分析图

项目地处襄阳市高铁门户区域，东望肖坡水库，西眺汉水，景观环境优越。

规划设计通过汉水绕襄阳的形态和它在历史长河中的文化内涵，提取出一个“超级学术环”。“超级学术环”是连接8个实验中心的智慧平台，是促进师生交流、集会的人文平台，是串联各组团中心绿地的生态平台。

项目主要由公共教学区、生活服务区、运动区、科教融合中心区和校企合作区五大功能区域构成，提倡以园区模式为主导，兼顾校区模式。

整体设计，一方面园区环绕中心绿地的建筑采用大面积的落地玻璃，将室外的景观引入室内，增加园区的灵动性；另一方面设置了若干通高空间、灰空间等特色交流空间，丰富园区的趣味性和流动性。

学术环

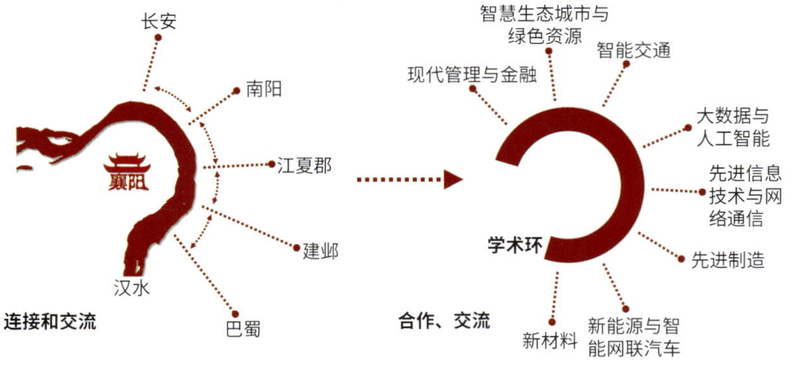

连接和交流　合作、交流

校园绿肺

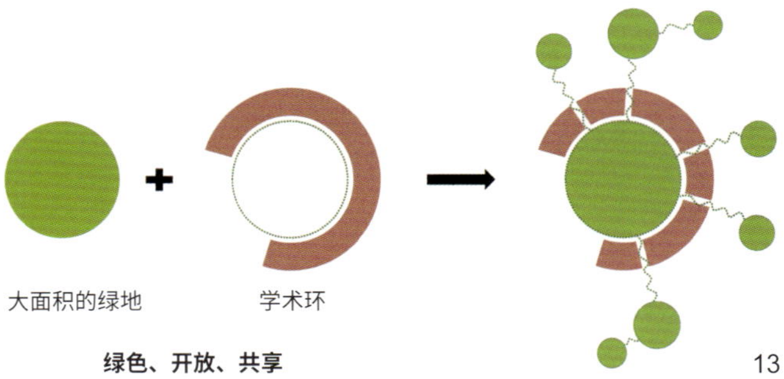

绿色、开放、共享

武汉理工大学

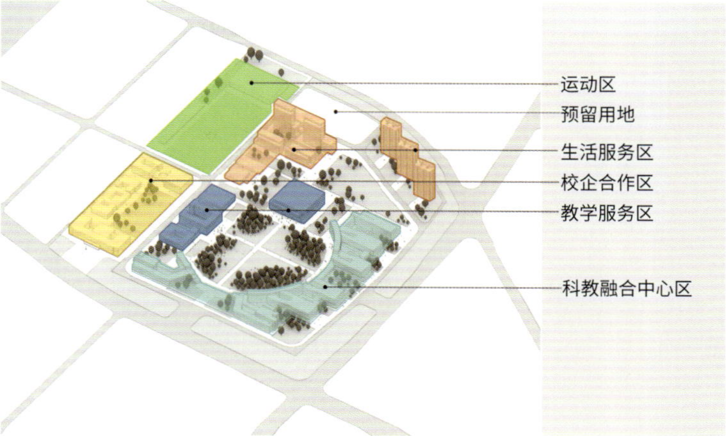

功能分析图

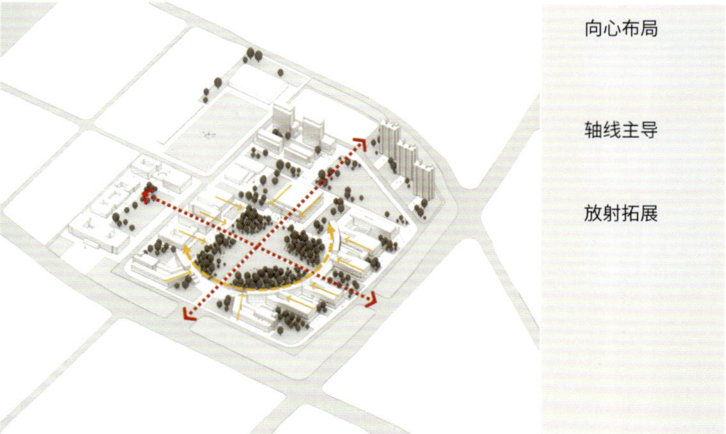

规划结构图

世界文化遗产唐崖土司城遗址游客服务中心

形体生成

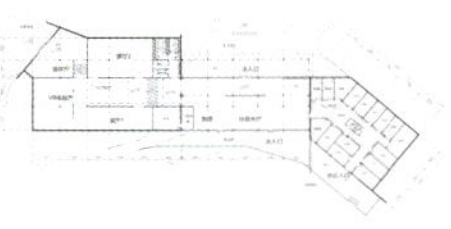

平面图（一）

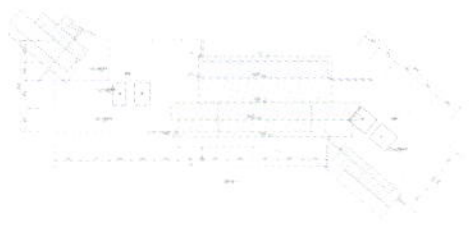

平面图（二）

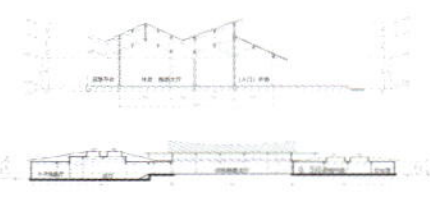

剖面图

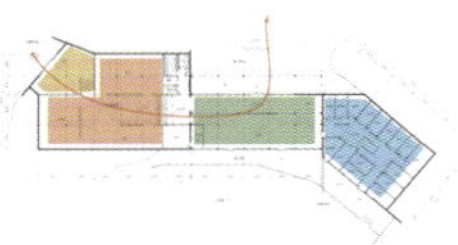

建筑功能流线分析图

总平面图

World Cultural Heritage Tangya Tusi City Site Tourist Service Center

项目业主：咸丰县唐崖土司城址旅游发展有限公司
建设地点：湖北 恩施
建筑功能：公共服务建筑
用地面积：75 616平方米
建筑面积：3 103平方米
设计时间：2019年—2022年
项目状态：在建
设计单位：武汉理工大设计研究院有限公司
设计团队：王立、竹显军、张骞、戴松、王娜、敬雪梅、乐金辉、祁文

设计结合地形，将部分建筑设计成半地下室的形式，同时在上部覆土种植灌木，使得建筑总体呈现出自然散落的状态，而不再是一个巨大的整体。分解后的建筑由“两小一大”三个部分组成，分别为办公后勤区、文化展示区以及入口大厅，其中体量最大的入口大厅，也仅与场地周边一个完整的吊脚楼体量相当。

建筑整体沿水平方向展开，同时使用木屋架、青瓦、石材等增强与当地建筑的统一性。建筑一层地坪向下凹陷，使得建筑不再矗立在一个高高的平台上，在满足使用功能的同时大大降低了建筑在视觉上的高度，减少了建筑的突兀感；同时配以场地内保留的植物，使得建筑物若隐若现，与周围环境融为一体。

可持续的历史街区微更新——合作路沿线地区改造更新设计

Micro Renewal of Sustainable Historical Blocks —— Reconstruction and Renewal Design of Areas Along Hezuo Road

项目业主：武汉市江岸国有资产经营管理有限责任公司

建设地点：湖北 武汉

建筑功能：居住、商业建筑

设计时间：2016年—2019年

项目状态：建成

设计单位：武汉理工大设计研究院有限公司

武汉市规划研究院

主创设计：王立、董菲

设计团队：李青、竹显军、宋国栋、李晓慧、陈勇、张骞、孙袁苑、戴松、祁文、易杰、乐金辉、李秀才

项目位于武汉市汉口沿江旧城风貌区、八七会议会址历史文化街区范围内。本项目为合作路及兰陵路两条历史街道周边街区约30.4万平方米范围内的建筑及街道环境综合整治工程，包括21 800平方米历史建筑保护修缮、8 900平方米风貌建筑和38 000平方米一般性建筑的提升改造、1 600平方米绿化空间升级以及1.5千米街道沿线杆线入地、排水管网更换疏通、路面铺装、街道设施小品升级等。

规划策略中确定原住民不腾迁，项目公共区域改造工程纳入市级城建计划，历史建筑保护修缮与一般性建筑综合改造纳入老旧小区综合治理计划。所有改造方案都经过与社区、原住民、权属方在现场反复协商后确定，同时按类别分别报送文物、住房、建筑、市政、电力、电信等多部门审查，具有可持续性、多方协商性、低成本、微改造等综合特征。

王福松

职务：中联西北工程设计研究院有限公司
副总建筑师
华盛建筑设计研究二所所长
职称：正高级工程师
执业资格：国家一级注册建筑师

教育背景

1999年—2004年　吉林建筑大学建筑学学士

工作经历

2004年—2005年　威海市建筑设计院有限公司
2005年至今　中联西北工程设计研究院有限公司

个人荣誉

2014年西安市青年岗位能手称号
2014年西安市好青年称号
2019年中联西北工程设计研究院有限公司首届优秀青年勘察设计师
2020年西安市优秀青年勘察设计师
2021年陕西省优秀青年建筑师

主要设计作品

银都国际广场
荣获：2009年陕西省优秀工程勘察设计一等奖
中投科技西安服务外包基地（现更名为嘉昱大厦）
荣获：2013年陕西省优秀工程勘察设计一等奖
泾渭半岛九年制中小学
荣获：2016年陕西省建筑专项工程设计一等奖
陕西富平热电新建行政办公楼
荣获：2019年全国优秀工程勘察设计二等奖
西安阎良国家航空高技术产业基地第一实验小学
荣获：2020年陕西省优秀工程勘察设计一等奖
西安高新创汇社区 C 区小学（西安高新第九小学）
荣获：2016年陕西省建筑专项工程设计一等奖
2020年陕西省优秀工程勘察设计一等奖

邢超

职务：中联西北工程设计研究院有限公司
建筑二院创意总监
职称：高级工程师
执业资格：国家一级注册建筑师

教育背景

1999年—2004年　西安建筑科技大学建筑学学士
2004年—2007年　西安建筑科技大学建筑学硕士

工作经历

2007年至今　中联西北工程设计研究院有限公司

个人荣誉

陕西省第二届优秀青年建筑师
中联西北工程设计研究院有限公司第二届优秀青年勘察设计师
2021年中联西北工程设计研究院有限公司优秀干部
2015年西安市青年岗位能手

主要设计作品

陕西省科技资源中心
荣获：2012年机械工业优秀工程设计一等奖
2013年中国机械工业科学技术二等奖
2017年全国绿色建筑创新一等奖
秦汉新城规划展览中心
荣获：2017年陕西省优秀工程设计一等奖
中联西北工程设计研究院有限公司科技办公楼
荣获：2018年机械工业优秀工程设计一等奖
2020年全国绿色建筑创新奖二等奖
国家增材制造创新中心
荣获：2020年陕西省优秀工程设计一等奖
西安交通大学曲江校区前沿科学技术大楼
荣获：2020年陕西省优秀工程设计二等奖
陕西富平热电新建行政办公楼
荣获：2019年全国优秀工程勘察设计二等奖
2020年中国建筑学会建筑设计二等奖
2021年机械工业部科技进步三等奖
西安高新区第二十小学（软件新城小学）
荣获：2020年机械工业优秀工程设计二等奖
西安市沣西新城第一小学
西安航天新城第十学校
西安市沣东新城云检科创园
西安市丰瑞天然气公司办公楼
吉利配套零部件产业基地
西安航天新城CEC创想中心

陈琰

职务：中联西北工程设计研究院有限公司
副总建筑师、工程一院总建筑师
华创建筑设计研究所总建筑师
职称：高级工程师
执业资格：国家一级注册建筑师

教育背景

2001年—2006年　西安建筑科技大学建筑学学士
2007年—2010年　西安建筑科技大学建筑学硕士

工作经历

2006年至今　中联西北工程设计研究院有限公司

个人荣誉

2012年西安市青年岗位能手
2017年陕西省青年岗位能手
2020年西安市首届优秀青年勘察设计师
2021年陕西省优秀青年建筑师
2021年中国机械工业集团有限公司优秀共产党员
2022年西安市“五一劳动奖章”

主要设计作品

榆林职业技术学院神木校区图文信息中心
荣获：2012年全国人居建筑金奖
龙旗通信产业研发生产项目（龙旗科技园）
荣获：2013年陕西省优秀工程勘察设计一等奖
沣东第八小学
荣获：2016年陕西省建筑专项工程设计一等奖
武威职业学院直属附属医院
荣获：2016年陕西省建筑专项工程设计二等奖
榆林职业技术学院神木校区学生活动中心
荣获：2017年陕西省优秀工程勘察设计一等奖
西咸新区公共卫生管理中心
荣获：2022年陕西省“十三五”优秀医院建筑设计二等奖
西安市城建档案馆
黄陵矿业集团体育馆
秦岭子午峪保护总站

中联西北工程设计研究院有限公司

China United Northwest Institute for Engineering Design & Research Co.,Ltd.

中联西北工程设计研究院有限公司（以下简称中联西北院）创建于1964年7月，前身为国家机械工业部第十一设计研究院，承担了国家仪器仪表行业80%以上骨干企业的基本建设和技术改造等历史重任，现隶属于世界500强中管企业——中国机械工业集团有限公司。

中联西北院具有51项各类资质，包含建筑（建筑工程）、机械（全行业）、市政（全行业）、电子广电通信（电子工程行业）、城乡规划、环境工程、风景园林、造价咨询等13项甲级资质和5项施工总承包资质，业务范围涵盖工程咨询、工程造价、工程设计、工程勘察、城乡规划（国土空间规划）、招标代理、工程监理（管理）、工程总包、设备承包、施工图审查、消防评估检测、节能评估评审、绿建核查、全过程工程咨询等14大业务类型，实现了咨询、设计、勘察、造价、招标、施工、监理等业务链的横向贯通，首批入选陕西省工程总包、全过程工程咨询“双试点”企业。

中联西北院挂牌全国博士后科研工作站、中俄青年创业孵化器西安基地、陕西省博士后创新基地、陕西省能源环境与建筑节能工程技术研究中心、陕西省研究生联合培养示范工作站、陕西省众创空间孵化基地。公司掌握20余项特色或专有技术，累计为国内外奉献1.5万余项精品工程，600余项科研成果获得国家和省部级嘉奖，获批国家及陕西省科技计划项目50余项，授权国家专利100多项，主编和参编各类标准和规范40余项，连续9年荣获陕西省技术交易工作先进单位。

中联西北院先后在甘肃、河南、安徽、山东、湖北和山西设立了6个分公司，拥有1 300余名老中青相匹配、产学研相融合的员工队伍，有4支陕西省重点科技创新团队。现有国家各类注册工程师400余人次、省部级专家100余人次，与西安交通大学共同获批陕西省能源环境与建筑节能工程联合研发平台。公司携手重庆大学、西安交通大学、西北工业大学、西安建筑科技大学、长安大学、华北电力大学共建研究生实践基地。

中联西北院的民用建筑、工业工程、规划与市政、能源与环境、工程建设、科技研发6大业务板块齐头并进、稳健发展，综合竞争力跻身行业咨询设计骨干企业和区域全案式工程建设第一梯队。公司先后荣膺全国守合同重信用企业、全国信用评价AAA级信用企业、全国优秀勘察设计企业、全国工人先锋号、全国机械行业文明单位、全国企业文化建设优秀单位、陕西省先进基层党组织、陕西省“五一劳动奖状”、陕西省高新技术企业、西安市先进集体等殊荣。

中联西北院着力打造“国内领先，国际知名”科技型工程公司，竭诚为国内外业主提供各类工程建设全方位、全过程、全生命周期的技术支撑与增值服务，矢志成为构筑精品工程的卓越者。

地址：陕西省西安市高新区丈八四路16号
电话：029-62351000
传真：029-62351222
网址：www.cuced.com
邮箱：cuced@cuced.net

陕西富平热电新建行政办公楼

New Administrative Office Building Of Shaanxi Fuping Thermal Power Co., Ltd.

项目业主：陕西富平热电有限公司
建设地点：陕西 富平
建筑功能：办公建筑
用地面积：37 182平方米
建筑面积：17 398平方米
设计时间：2016年
项目状态：建成
设计单位：中联西北工程设计研究院有限公司
主创设计：王福松、邢超、刘涛、叶蔚清、郑琨、尹诗雯

项目位于陕西省富平县新兴产业示范园内。在地域文化特色鲜明的富平，在功能性明确的项目性质下，如何使用正确的项目立意和技术手段做出低碳绿色、空间丰富且具有地域特色的建筑是本次设计的首要目标。建成后的项目成为城市热电厂的典范。

富平电厂是新投产的有高效、节能、环保诉求的高标准电厂，是富平市重要的基础配套设施。根据富平气候特点，期望通过设计优化和技术集成将项目打造成具有地域印迹的低碳低能耗建筑。

富平是陶艺之乡，通过根植于地域文化的红砖建筑来塑造质朴、高雅的空间品质。项目设计致力于找寻陶艺之乡的原生态之美，传承红色基因，传递工业之美。

西安高新创汇社区C区小学（西安高新第九小学）

Zone C Primary School of Xi'an High-tech Chuanghui community (Xi'an High-tech Zone No. 9 Primary School)

项目业主：西安高新技术产业开发区土地储备中心
建设地点：陕西 西安
建筑功能：教育建筑
用地面积：27 000平方米
建筑面积：36 000平方米
设计时间：2014年
项目状态：建成
设计单位：中联西北工程设计研究院有限公司
设计团队：王福松、叶蔚清、冉超、丁峰

在项目用地紧张的前提下，设计打破传统院校的固有模式，营造出具有书香氛围的传统院落空间，追求雅致静谧的建筑风格，期望在整个社区呈现一组极具地域文化特质的现代校园建筑。

设计力求师生空间的相对独立，同时与公共共享空间相互关联；追求学校建筑的一体化设计与完善的校园整体环境；追求学校空间布局的高效性和可达性、共享空间的开放性和连续性。半开敞式的中间共享空间，由南向北一直贯穿整组建筑，连通各个功能空间，很好地将室外空间引入室内，既是整组建筑的交通枢纽与集散空间，也为学生们在雨雪天气下提供了室外课间活动、交流的场所，打破了千篇一律的教学空间模式，塑造出灵活多变、多元共享的趣味空间。

西安高新区第二十小学（软件新城小学）

Xi'an High-tech Zone No.20 Primary School (Software New Town Primary School)

项目业主：西安市高新区教育局
建设地点：陕西 西安
建筑功能：教育建筑
用地面积：31 300平方米
建筑面积：42 956平方米
设计时间：2019年
项目状态：建成
设计单位：中联西北工程设计研究院有限公司
主创设计：邢超、蒋浩、董超、米晓勇、赵勇兵、李欣

项目位于西安市高新区软件新城内，凭借独特的地理位置和前卫的建筑形象给人留下深刻印象。项目通过整体连续的规划布局、时尚动感的造型设计、大胆探索的色彩搭配、多元共享的空间塑造，给学生提供绚烂多彩的校园空间，让学生享受充满憧憬的花季时光。校园风格具有独特性与创新性，校园空间气质活泼明快。

沣东第八小学

Fengdong No.8 Primary School

项目业主：西安沣东城建开发有限公司
建设地点：陕西 西安
建筑功能：教育建筑
用地面积：36 719平方米
建筑面积：46 534平方米
设计时间：2018年
项目状态：建成
设计单位：中联西北工程设计研究院有限公司
设计团队：陈琰、毛伟佳、黄凯迪、熊智慧、王超伟、杨瑾、何红萍、李永涛、张华峰、刘淇、祁飞飞、张婷婷、田冲

项目在规划设计上，创造性地采用“之”字形律动建筑形态，通过“编织空间”的设计理念，最大限度地实现了各功能空间的联系，促进了学生之间、师生之间的交流与互动。同时，动态的建筑空间结合架空、连廊、屋顶平台等实现了视觉上的延伸感，避免了直角空间带来的封闭感。丰富有趣的建筑空间也便于激发处于成长阶段的学生的创造性。本项目通过创新性的空间塑造、活泼的造型及明艳的色彩设计树立了新时代学校建筑的新标杆。

王雪然

职务： 温州设计集团有限公司专业总工（建筑）
温州设计集团建筑工程设计院院长
职称： 教授级高级工程师
执业资格： 国家一级注册建筑师

教育背景
1989年—1994年　重庆大学建筑学学士

工作经历
1994年至今　温州设计集团有限公司

个人荣誉
1999年温州市“青年岗位能手”
2007年温州市国资委系统“先进工作者”
2011年温州大学年度“优秀教育工作者”
2014年温州市服务行业“名师名家”
2015年温州市第一届优秀建筑师

主要设计作品
温州市房管房改便民服务中心
荣获：2013年浙江省优秀工程勘察设计二等奖
2013年温州市优秀工程勘察设计一等奖
正泰民用智能电器
荣获：2016年浙江省优秀工程勘察设计一等奖
2016年温州市优秀工程勘察设计一等奖
滨海新城投资集团总部
荣获：2019年温州市优秀工程勘察设计一等奖
滨江广场一期
荣获：2019年浙江省优秀工程勘察设计二等奖
2019年温州市优秀工程勘察设计一等奖
温州市域铁路S2线汀田车辆段上盖开发一层平台建设工程
望江路下穿工程
温州体育中心游泳馆
东海广场

陈扬帆

职务： 温州设计集团有限公司副总建筑师
温州设计集团建筑研究设计院总工程师
职称： 高级工程师
执业资格： 国家一级注册建筑师

教育背景
1992年—1995年　浙江工业大学建筑学学士

工作经历
1995年—1999年　永嘉县建筑设计所
1999年至今　温州设计集团有限公司

个人荣誉
浙江省“万名好党员”
温州市国资系统“优秀共产党员”
温州市委市政府加快建设区域中心城市突出贡献个人
温州设计集团“新建新我”“最佳导师”“突出贡献”“最美设计人”等

主要设计作品
龙湾文化中心
荣获：2010年浙江省优秀工程勘察设计一等奖
2010年温州市优秀工程勘察设计一等奖
车站大道12-3#地块综合写字楼（恒隆商务楼）
荣获：2012年浙江省优秀工程勘察设计二等奖
2012年温州市优秀工程勘察设计一等奖
金融服务中心大厦
荣获：2018年浙江省优秀工程勘察设计一等奖
2018年温州市优秀工程勘察设计一等奖
永嘉县体育馆游泳馆
荣获：2020年浙江省优秀工程勘察设计一等奖
2020年温州市优秀工程勘察设计一等奖
鹿城区五马历史文化商圈一期蝉街改造提升工程
荣获：2021年浙江省优秀工程勘察设计二等奖
2021年温州市优秀工程勘察设计一等奖
牛山国际城市综合体四期
荣获：2022年浙江省优秀工程勘察设计二等奖
2022年温州市优秀工程勘察设计一等奖

温州设计集团有限公司
Wenzhou Design Assembly Company Ltd.

温州设计集团有限公司前身为温州市建筑设计研究院，创立于1953年。经过几轮改革重组，目前温州设计集团现有员工1 598人，专业技术人员占比90%，高级职称人员占比30%，各类注册执业资格人员310多人。

温州设计集团涵盖设计咨询、EPC工程总承包、勘察检测、数字服务等四大业务板块，可提供一站式、全过程的城市建设工程咨询服务。温州设计集团拥有城乡规划编制、建筑、市政、风景园林、化工石化医药工程设计、勘察（综合）、测绘、监理、造价、工程咨询等甲级资质，拥有水利设计（行业）、旅游规划设计、文物保护等乙级资质以及其他工程配套专业资质。

自2014年来，温州设计集团共有近500项工程设计、勘察、咨询成果获得全国优秀勘察设计奖、国家优质工程奖以及浙江省建设工程“钱江杯”、温州市建设工程“瓯江杯”优秀勘察设计奖。

地址：温州市鹿城区香源路58号
展鑫大厦
电话：0577-88826301
传真：0577-88822645
网址：www.wzadri.com
电子邮箱：bgs@wzadri.com

滨江广场一期

Binjiang Square Phase I

项目业主：温州木材集团有限公司
建设地点：浙江 温州
建筑功能：商业、办公综合体
用地面积：36 489平方米
建筑面积：184 260平方米
设计时间：2012年—2017年
项目状态：建成
设计单位：温州设计集团有限公司
设计团队：王雪然、邵凯鸿、陈俊、陈廷标、邵建东、俞益平、焦静

项目是集办公、购物、餐饮、娱乐、大型超市于一体的综合体，填补了鹿城区10万平方米以上城市综合体的空白，也丰富了鹿城区西片居住区的休闲购物场所，满足周围3~5千米范围内消费者吃喝玩乐的需求。

整体布局上，设计师采用环形的下沉广场包裹整个建筑群的布局形式，以下沉广场为纽带，串联南北两个公共开放空间，并使之与地块整体环境相融合。地下超市、裙房商业及主楼办公各功能分区明确，平面流线布置紧凑，建筑空间丰富，建筑外立面造型简洁、稳重、大气，符合商业建筑的审美。设计合理利用地形空间，交通组织流线顺畅，规避不利条件，在有限的土地上营造出优良的商业区环境。

牛山国际城市综合体四期

Niushan International Urban Complex Phase IV

项目业主：温州有色冶炼有限责任公司
建设地点：浙江 温州
建筑功能：办公、商业、娱乐建筑
用地面积：10 117平方米
建筑面积：51 886平方米
设计时间：2014年
项目状态：建成
设计单位：温州设计集团有限公司
设计团队：陈扬帆、陈晨、章忠义、周思思

在复杂地形与城市环境的条件下，设计以问题为导向，采用以下技术策略。

互为因借、山水相融：建筑造型与周边自然山水、轨道交通相呼应，并延续综合体一期的理念，采用富有流动性和雕塑感的现代风格。

扬长避短、化繁为简：塔楼采用“Y”形平面布置，最大限度地规避周围视线干扰、轻轨噪声、震动干扰。LOFT办公平面南向房间获得了最佳日照条件，同时拥有良好的山水景观视线。

精准施策、绿色共享：小进深的平面有利于采光、通风。错落的空中花园营造了舒适的办公微环境，并提供丰富的共享交流平台。

技术复合、专业协同：利用声噪和风环境分析等技术手段辅助设计。实施阶段采用了空气源热泵、太阳能光伏电板等节能措施。遮阳系统、幕墙表皮、夜景灯光、屋顶设备与建筑造型进行一体化设计。

金融服务中心大厦

Financial Service Center Building

项目业主：温州市国资投资集团有限公司
建设地点：浙江 温州
建筑功能：办公、商业建筑
用地面积：9 754平方米
建筑面积：46 017平方米
设计时间：2012年
项目状态：建成
设计单位：温州设计集团有限公司
设计团队：陈扬帆、包舒拉、陈骞

项目设计关注建筑空间和建构的本质意义，力图在一个公共建筑中承载较多的社会功能。

建筑形态：通过对场所意义的营造，立面与空间形式游走于现代风格与传统文化之间，简洁的造型形成典雅稳重的艺术气质。

空间塑造：设计通过创造开放的“都市客厅”空间，激发人们进行交流，打造宜人、协同的办公环境，实现多维度的空间组织与内外关系，提供充满多元趣味的建筑体验，在功能使用中体现建筑与自然、建筑与人的关系。

另外项目通过对场地与气候、材料与构建方法、绿色建筑等命题的回应，呈现了良好的完成度和对建筑细节的精准把控。

鹿城区五马历史文化商圈一期蝉街改造提升工程

Lucheng District Wuma Historical and Cultural Business District, The First Phase of the Chan Street Renovation and Upgrading Project

项目业主：温州市鹿城区历史文化街区建设服务中心
建设地点：浙江 温州
建筑功能：城市更新
用地面积：18 000平方米
立面改造面积：46 386平方米
设计时间：2018年
项目状态：建成
设计单位：温州设计集团有限公司
设计团队：陈扬帆、章忠义、包舒拉、陈辉、陈晨、黄惠

设计基于对城市遗产、物质风貌、人文记忆的思考与解读，找寻保护与传承、更新与发展的设计策略，提出了文化为魂、空间为体、业态为用“三态合一”的整体规划原则。

设计通过量体裁衣，对不同建筑进行分类整治更新。立面改造更新采用了多元“拼贴”法，通过整饬、拆除、拆建、加建、移植五种技术手段对建筑风貌进行重塑。通过片段式记忆在空间中的联结，人文元素在场所中的融入，设计构建了人们对城市、建筑、历史的记忆网络。项目通过对城市进行织补缝合、场所重构，达到街区秩序性和多样性的平衡，塑造了人们对生活与城市空间的家园归属性。

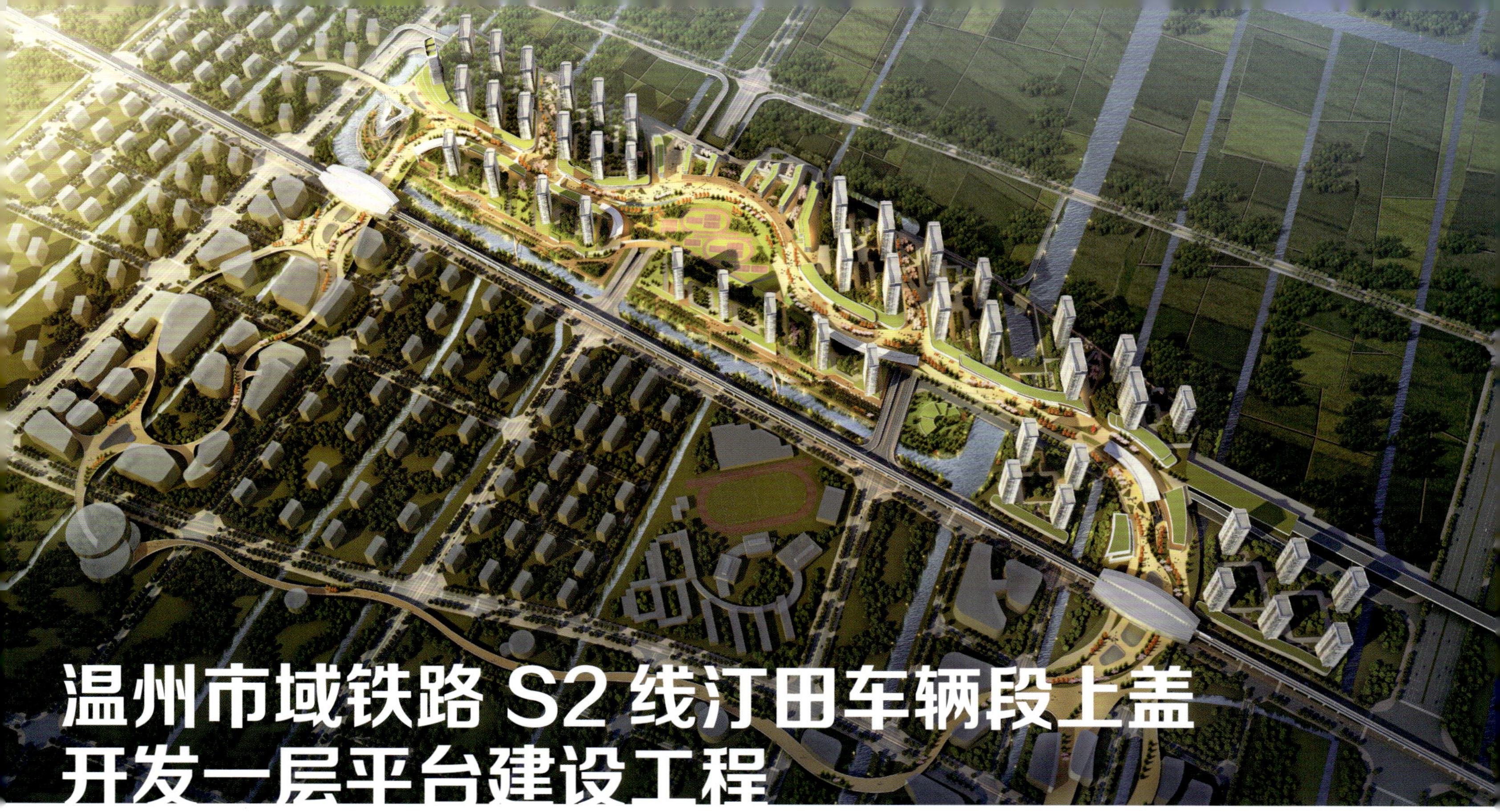

温州市域铁路 S2 线汀田车辆段上盖开发一层平台建设工程

The First Floor Platform Construction Project of Wenzhou City Domain Railway S2 Line Tingtian Depot Upper Cover Development

项目业主：温州市铁路与轨道交通投资集团有限公司
建设地点：浙江 温州
建筑功能：社区型TOD
用地面积：355 751平方米
建筑面积：699 145平方米（地上）
300 371平方米（地下）
设计时间：2020年
项目状态：在建
设计单位：温州设计集团有限公司
设计团队：王雪然、陈俊、雷震、王羽、郑梁泽、马思聪、胡安邦、钱正、俞益平、陈宏湛

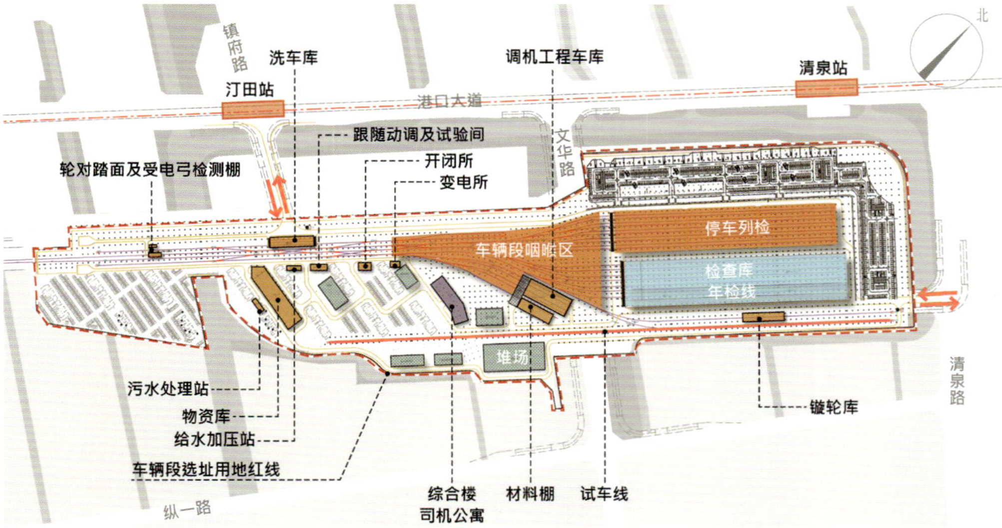

项目位于瑞安滨海新区，依托S2线汀田车辆段，西侧紧邻东新产城融合示范带，北接浙南产业集聚区，东侧为大面积生态农田，周边水网纵横，是未来城市向东拓展的枢纽地带，将成为承载城市功能转移，新兴产业发展的核心区域。项目包括住宅、小学、中学、酒店、办公、商业等业态。

方案以“都市绿芯、云上慢城”为设计理念，充分尊重场地现有生态环境，紧紧依托两个轻轨站点，以“小街区、密路网”的规划理念，打造真正意义上的“开放型社区”。规划以车辆段上盖运动公园为核心，通过多元立体慢行系统设计，联系不同类型的开放空间，使居民与公共开放空间串联起来，形成云上慢城。项目围绕步行系统设置多层次和复合型的城市功能与商业业态，提升地块价值，达到经济效益和社会效益的可持续发展。设计师希望创造一个不同以往发展模式的新型城市空间，从关注城市发展延展到关注人文需求，从提升空间效益到追求生活品质，使项目成为瑞安城区的新标杆。

王小红

职务：杭州市城建设计研究院有限公司副总建筑师
建筑第二分院副院长、消防咨询中心副主任、
浙江省综合评标专家
职称：教授级高级工程师
执业资格：国家一级注册建筑师

教育背景

1989年—1994年　浙江大学建筑学学士

工作经历

1994年至今　杭州市城建设计研究院有限公司

主要设计作品

杭政储出（2013）116号地块商业用房
荣获：2019年浙江省优秀工程勘察设计一等奖
2019年杭州市优秀工程勘察设计二等奖
余杭文化艺术中心一期
荣获：2020年浙江省优秀工程勘察设计一等奖
2020年杭州市优秀工程勘察设计一等奖
杭州市上城区行政中心及科技文化馆
荣获：2021年浙江省优秀工程勘察设计二等奖
2021年杭州市优秀工程勘察设计二等奖

任丹东

职务：杭州市城建设计研究院有限公司副总建筑师
建筑第三分院常务副院长
浙江省综合评标专家
浙江省土木建筑师分会常务理事
职称：教授级高级工程师
执业资格：国家一级注册建筑师

教育背景

1995年—2000年　重庆建筑大学建筑学学士

工作经历

2000年至今　杭州市城建设计研究院有限公司

个人荣誉

杭州市首届十佳优秀青年建筑师

主要设计作品

浙江节能环保科研开发（孵化）综合大楼
荣获：2009年全国优秀工程勘察设计二等奖
杭政储出（2007）69号地块
荣获：2019年全国优秀工程勘察设计三等奖
重庆忠县电竞场馆及配套设施项目
荣获：2020年浙江省优秀工程勘察设计二等奖

杭州市城建设计研究院有限公司成立于1952年，是国家高新技术企业、中国勘察设计协会民营设计企业分会副会长单位、浙江省勘察设计行业协会副理事长兼民营设计企业分会会长单位。

公司拥有建筑工程甲级、市政行业（给排水工程、道路工程、桥梁工程等）专业甲级、风景园林工程设计专项甲级、公路行业（公路）专业乙级、岩土工程设计乙级以及工程咨询、城市规划、施工图审查、建筑节能评估等资质，同时公司已通过ISO 9001质量管理体系、职业健康安全管理体系及环境管理体系认证。公司现有职工600余人，其中教授级高级工程师28人、中高级以上职称300余人、各类注册工程师100余人。

公司遵循“务实、诚信、优质、创新”的经营理念，坚持“信誉第一、质量至上、产品优质、服务周到、持续为顾客创造价值”的经营方针，自改制以来，荣获詹天佑奖、中华人民共和国成立60周年百项经典暨精品工程奖、国家勘察设计行业优秀设计奖、市级科技进步奖等多项奖项以及省市级优秀勘察设计奖200余项。

地址：杭州市江干区凤起东路207号中豪五福天地B-1座
电话：0571-87924668
传真：0571-87917516
网址：www.hcj1952.com
电子邮箱：hzscjy1952@163.com

义乌市中福广场（B组团）

Yiwu Zhongfu Square (Group B)

项目业主：义乌市中福置业有限公司
建筑功能：办公建筑
建筑面积：232 000平方米
项目状态：建成
设计单位：杭州市城建设计研究院有限公司
建设地点：浙江 义乌
用地面积：16 275平方米
设计时间：2013年—2015年

项目以组团协同规划为依托，充分发挥其规模优势，旨在打造一个城市中心的地标性建筑综合体。

设计从城市整体的角度对建筑的高低形态和空间布局进行组织，呈现出较强的在地统一性。

设计运用柔和的曲线造型及刚硬的折线切割赋予了各个建筑截然不同的外在性格，使得整个建筑组团富有变化和活力，具有科技感和鲜明的个性。

余杭文化艺术中心一期

Yuhang Culture and Art Center Phase I

项目业主：杭州余杭城市建设集团有限公司
建设地点：浙江 杭州
建筑功能：文化建筑
用地面积：52 954平方米
建筑面积：82 546平方米
设计时间：2014年—2016年
项目状态：建成
设计单位：杭州市城建设计研究院有限公司

项目包含三大建筑功能：1 200个座位的甲级中型大剧院和500个座位的黑盒剧场、架空城市平台、展览中心及配套商业。三组功能建筑巧妙地形成一个整体。

设计从良渚先人礼仪广场——堆土高筑的城台汲取灵感，高筑的堤岸造型是对良渚文明的致敬和传承。冰裂纹立面灵感来源于中国剪纸和余杭滚灯元素，外墙采用白色不规则GFRC大型板材幕墙系统。内部大厅采用明黄色与白色的体块穿插，干净纯洁，立面桁架在阳光的映射下，呈现出斑驳丰富的光影效果。

杭州市上城区行政中心及科技文化馆

Hangzhou Shangcheng District Administration Center and Science and Technology Cultural Center

项目业主：上城区行政中心、科技文化中心筹建办公室
建设地点：浙江 杭州
建筑功能：办公建筑
用地面积：13 400平方米
建筑面积：108 854平方米
设计时间：2012年—2014年
目前状态：建成
设计单位：杭州市城建设计研究院有限公司

项目由3幢19层主楼及1幢4层裙房组成。总平面采取中心对称的弧形布局，将行政中心与科技文化馆裙房连成一体，喻示项目强大的向心力和凝聚力。建筑功能众多，交通流线复杂。设计通过合理的交通组织，解决了不同需求的人行和车行问题。

建筑造型庄重简洁，立面加入点缀式宋式元素，具有较高辨识度，使其成为该区域形象的中心。

杭州钱江新城 D-08 地块

Hangzhou Qianjiang New Town D-08 Block

项目业主：浙江万银房地产有限公司
建设地点：浙江 杭州
用地面积：14 876平方米
建筑面积：187 000平方米
设计时间：2010年—2012年
项目状态：建成
设计单位：杭州市城建设计研究院有限公司

项目是一座高200米的城市综合体，地上44层、地下4层，建筑功能包括超高层办公楼、五星级酒店及配套商务服务设施。设计力求营造一种简洁、纯净的氛围，采用精细的外墙构件塑造肌理感和节奏感。

王磊

职务： 中国建筑第八工程局有限公司设计管理总院院长
职称： 教授级高级工程师
执业资格： 国家一级注册建筑师、一级注册结构工程师
教育背景： 1996年—2000年 山东建筑工程学院建筑工程学士
工作经历： 2000年—2006年 山东省金城建筑设计院有限公司
2006年—2010年 中国城市建设研究院有限公司
2010年—2017年 汉嘉设计集团股份有限公司
2017年—2021年 中建八局第二建设有限公司设计研究院
2021年至今 中国建筑第八工程局有限公司设计管理总院

主要设计作品
临沂景泰金湖明珠
荣获：2012年浙江省建设工程优秀勘察设计一等奖
济南市经十一路旧城改造项目A-3、A-4地块
荣获：2021年中国土木工程詹天佑奖优秀住宅小区金奖
山东第一医科大学济南主校区一期工程
荣获：2021年山东省优秀工程勘察设计二等奖
山东第一医科大学大学生活动中心、东区2#食堂
荣获：2021年山东省优秀工程勘察设计二等奖
中国（淮安）国际食品博览中心
荣获：第五届山东省优秀建筑设计方案三等奖
广西南宁职业技术学院
荣获：第六届山东省优秀建筑设计方案一等奖
山东第一医科大学图书馆
荣获：第六届山东省优秀建筑设计方案三等奖

个人荣誉
中建八局二公司劳动模范
中建八局二公司巾帼建功标兵
中建八局第六届勤廉兼优好干部
中建八局“工程总承包管理三年规划活动先进个人”
第二届济南公共服务榜样评选“建设标兵榜样”
第三届济南市优秀青年工程设计师
上海市建设交通系统三八红旗手

中国建筑第八工程局有限公司（简称中建八局），是中国建筑集团有限公司（以下简称中建集团）的全资子公司，综合实力位居中建集团前列，已发展成为国内著名、国际知名的现代化综合投资建设集团。中建八局主要有工程设计建筑行业（建筑工程）、公路行业、市政行业甲级设计资质和建筑工程、市政公用工程、公路工程施工总承包特级施工资质。中建八局设计板块（简称八局设计）是中建八局重点发展的新引擎之一，坚持以客户为中心，聚焦客户的关注点、需求点，致力于为客户提供项目全生命周期的专业支撑。八局设计以规划、咨询为先导，以建筑、市政、公路、景观等设计为重心，为客户提供“一站式”综合服务。八局设计对内支撑工程总承包及投资业务，服务中建八局转型升级，对外开展工程咨询及设计业务，通过将采购、施工要求融入设计，实现“全景式”统筹管理，以满足建筑产品功能需求为核心，减少全生命周期成本，打造“为客户创造最大价值”的八局设计服务品牌。

地址：上海市浦东新区新金桥路1599号东方万国企业中心C1栋4楼 电话：021-61691998 传真：021-61691999 微信公众号：八局设计

王一

中建八局设计管理总院
方案二所所长
高级工程师
上海市建筑学会成员

李妍蕾

中建八局设计管理总院
方案三所所长
高级工程师
国家一级注册建筑师

魏琨

中建八局设计管理总院
方案三所总工程师
高级工程师
国家一级注册建筑师
国家注册城乡规划师

师任远

中建八局设计管理总院
方案一所所长
高级工程师
国家一级注册建筑师

王洪涛

中建八局第一建设有限公司
设计研究院执行院长
高级工程师
国家一级注册建筑师

杨玲

中建八局第一建设有限公司
EPC管理部负责人
高级工程师
国家一级注册建筑师
国家注册城乡规划师

徐备

中建八局第二建设有限公司
设计研究院院长
正高级工程师
国家一级注册建筑师

王大卫

中建八局第二建设有限公司
设计研究院总建筑师
高级工程师
国家一级注册建筑师
国家注册城乡规划师

张立伟

中建八局第四建设有限公司
设计管理研究院院长
高级工程师
国家一级注册建筑师

苗琦

中建八局东北分公司
设计总监
高级工程师
国家一级注册建筑师

赵刚

中建八局华南设计研究院
院长
高级工程师
国家一级注册建筑师

王姣阳

中建八局南方设计研究院
院长
高级工程师
国家一级注册建筑师

陈娟

中建八局上海工程设计研究院
院长
高级工程师
国家一级注册建筑师

周挺

中建八局西南公司
设计研究院总建筑师
高级工程师
国家一级注册建筑师

王晓堂

中建八局华南设计研究院
总建筑师
高级工程师
国家一级注册建筑师

王同春

济南中建建筑设计院有限公司
总建筑师
高级工程师
国家一级注册建筑师

中微临港总部和研发基地

AMEC Lingang Headquarters and R&D Base

项目业主：中微半导体（上海）股份有限公司
建设地点：上海
建筑功能：办公、科研建筑
用地面积：16 700平方米
建筑面积：109 312平方米
设计时间：2020年—2021年
项目状态：在建
设计单位：中国建筑第八工程局有限公司

设计致力于打造一个引领发展、彰显特色的品牌总部，一个高端集聚、智慧办公的智慧总部，一个绿色节能、自然和谐的生态总部。项目建成后将成为科创研发产业标杆、智慧城市创新典范、滴水湖畔独具特色的新地标。

项目方案概念为“天空之幕、科技基石”，建筑设计蕴含了历史与现代、经典与科技的呼应，采用三段式的外观造型。底部设计采用经典手法，寓意大国重器，作为半导体行业科技基石，传承科学历史；中部用简洁的现代线条过渡上升至顶部；顶部采用LED屏打造天空之幕，营造漂浮于空中的未来科技感。项目与周围的环境交相辉映，象征着临港科创片区的科技灯塔。整体形象从古典、现代到未来逐层递进，是经典与现代的完美结合。方案既包含中微企业稳定隽永的气质，也符合高科技企业走在时代前列的现代化特点。

某办公楼

An Office Building

建设地点：河南 郑州
建筑功能：办公建筑
用地面积：35 000平方米
建筑面积：63 000平方米
设计时间：2019年
项目状态：建成
设计单位：中建八局第二建设有限公司

新建建筑为“L”形，与现状1#办公楼通过中庭空间进行衔接组合，共同组成一个流线独立、沟通方便、功能互补的建筑整体。南侧主楼为地上6 层，与新建建筑中间增加玻璃采光顶，形成中庭；整体位于院区的中心位置。西侧附楼为地上3 层，与现状主楼贴近布置。

新建6 层建筑与北侧13 层1#办公楼形成递进的空间秩序，有良好的形象展示及丰富的空间层次。西侧新建的3层裙房充分考虑与周边建筑呼应和空间感受，与6层主楼及3层办公楼共同围合成一个沿街形象完整、空间错落有致、立面层次丰富的整体空间。利用上述三个建筑体形成的围合空间设计挑高中庭，既增加雨雪天气人们通行的便利性，也丰富了建筑整体形象。中庭的挑高采光天窗和室内绿化，营造一个光影变化丰富、氛围轻松愉悦的过渡空间。

场地南侧布置主出入口，供内部人员车辆进出及步行使用；场地西侧布置次入口，供外来办事人员车辆进出及步行使用。局部的隔离，使这两股流线各行其道，实现空间分流。

王翔

职务：豪科设计咨询（上海）有限公司董事合伙人
大中华区执行总监
职称：美国绿色建筑协会LEED认证专家
美国建筑师协会会员
中国建筑师学会医疗学会常务理事
执业资格：美国俄克拉何马州注册建筑师

教育背景

1986年—1990年　华南理工大学建筑学学士
1990年—1991年　华南理工大学建筑学硕士生班
1991年—1993年　美国俄克拉何马大学建筑学硕士

工作经历

1996年至今　豪科设计咨询(上海)有限公司/HKS,INC.

个人荣誉

2017中国医院建设奖全国十佳医院建筑设计师

主要设计作品

武汉泰康同济医院
荣获：2021年上海市建筑学会普罗奖公共建筑金奖
2021年上海市建筑学会普罗奖室内设计银奖
合肥京东方医院
荣获：2020年机械工业部优秀工程勘察设计奖
2020年中国医院建设奖中国最美医院
中山大学附属第七医院（深圳）二期
上海瑞金医院
中山大学肿瘤防治中心医院
北京宣武医院雄安分院
北京爱育华妇儿医院
北京安贞医院通州院区

许豪哲

职务：豪科设计咨询（上海）有限公司董事
医疗规划总监
职称：美国绿色建筑协会LEED认证专家
健康建筑认证专家（WELL AP）
询证设计认证专家 （EDAC）

教育背景

1994年—1999年　台湾东海大学建筑学士
2001年—2003年　美国密歇根大学都市设计硕士
2008年—2010年　美国华盛顿大学工商管理硕士(MBA)

工作经历

2015年至今　豪科设计咨询(上海)有限公司/HKS,INC.

主要设计作品

合肥京东方医院
荣获：2020年机械工业部优秀工程勘察设计奖
2020年中国医院建设奖中国最美医院
成都鹰阁医院
荣获：2020年MIPIM ASIA最佳改建建筑类铜奖
深圳平安康复医疗中心
恒瑞医药北方总部基地
恒瑞医药厦门研发总部
北京宣武医院雄安分院
西电集团医院门诊及住院综合楼
北京安贞医院通州院区
上海圣康达医院
上海瑞金医院
华西质子及中心肿瘤专科医院

HKS

HKS建筑事务所成立于1939年，总部设在美国达拉斯。由1 400多名专业人士组成的国际化团队遍布全球26个办公室。HKS提供的专业类型包括医疗保健设施、商业综合体、酒店及度假村、办公大楼、企业总部、体育运动场馆、航空建筑、宗教建筑、公用建筑、公寓住宅及教育建筑等，设计作品遍布全球92个国家的1 500个城市。

HKS是全球顶尖设计事务所，长期位列世界建筑设计公司前十，全美排名前三。医疗设计常年处于全球及全美专业建筑设计公司前二的领先地位。HKS在全球拥有完善的医疗设计团队和丰富的医疗设计经验，同时也持续追求与客户、咨询公司的良性关系。作为医疗设计首选的咨询公司，HKS在全球范围内拥有丰富的医疗项目设计经验。迄今为止，HKS已完成了超过4 750个独立的医疗设施项目，面积总计约4 600万平方米。

地址：上海市徐汇区淮海中路999号2幢2号29层2901-2908、2914-2916室
电话：021-52986611
传真：021-52985301
网址：www.hksinc.com
电子邮箱：awang@hksinc.com

余伟琪

职务：豪科设计咨询（上海）有限公司董事
高级项目经理
执业资格：国家一级注册建筑师

教育背景
1981年—1985年　同济大学建筑学学士

工作经历
2017年至今　豪科设计咨询(上海)有限公司/HKS,INC.

社会职务
上海市建设工程资深评标专家
上海建筑协会会员
上海市施工图审查专员
中国消防协会成员

主要设计作品
合肥京东方医院
荣获：2020年机械工业部优秀工程勘察设计奖
2020年中国医院建设奖中国最美医院
深圳市质子肿瘤治疗中心
荣获：第九届“龙图杯”全国BIM大赛设计组优秀奖
绍兴柯桥未来医学中心
上海瑞金医院北院二期
上海瑞金医院
北京安贞医院通州院区
北京宣武医院雄安分院
北京京东方生命科技产业基地
华西质子及中心肿瘤专科医院
上海圣康达医院
上海张江高新技术产业开发区
西安空港国际医院

宋海珍

职务：豪科设计咨询（上海）有限公司副总裁
高级医疗规划师
职称：美国绿色建筑协会LEED认证专家
执业资格：国家注册城市规划师、医疗规划师

教育背景
2003年—2007年　同济大学建筑学学士
2018年—2019年　香港大学医疗管理硕士

工作经历
2015年至今　豪科设计咨询(上海)有限公司/HKS,INC.

主要设计作品
武汉泰康同济医院
荣获：2021年上海市建筑学会普罗奖公共建筑金奖
2021年上海市建筑学会普罗奖室内设计银奖
合肥京东方医院
荣获：2020年机械工业部优秀工程勘察设计奖
2020年中国医院建设奖中国最美医院
深圳市质子肿瘤治疗中心
荣获：第九届“龙图杯”全国BIM大赛设计组优秀奖
绍兴柯桥未来医学中心
上海瑞金医院
中山大学附属第七医院（深圳）二期
北京宣武医院雄安分院
北京京东方生命科技产业基地
英慈科谊（杭州）国际医院
西安空港国际医院
新疆克拉玛依中心医院

HKS大中华区办公室——豪科设计咨询（上海）有限公司成立于2010年，超过60名的专业人士为客户提供卓越的项目体验。公司业务涵盖众多项目类型，包含医疗建筑、酒店度假村、商业综合体、总部办公楼及体育建筑等。公司参与过的医疗项目达60多个，已建成项目13个，在建项目15个。项目类型包括大中型三甲综合医院、癌症中心、质子医院、妇女儿童医院、门诊医疗中心等；服务内容包括项目前期策划、建筑及总体规划、医疗规划咨询、建筑方案设计咨询、室内设计咨询等。

在大中华区的医疗项目包含成都医投华西国际肿瘤治疗中心（重离子质子）、上海瑞金医院、新疆克拉玛依中心医院、中山大学肿瘤防治中心医院、北京爱育华妇儿医院、合肥京东方医院、广州泰和肿瘤医院、北京安贞医院通州院区、北京宣武医院雄安分院、深圳市质子肿瘤治疗中心、成都百汇医院、上海百汇医院、苏州高新区人民医院二期等。

合肥京东方医院

Hefei BOE Hospital

项目业主：京东方科技集团
建设地点：安徽 合肥
建筑功能：医疗建筑
用地面积：89 646平方米
建筑面积：193 400平方米
设计时间：2016年—2019年
项目状态：建成
设计单位：豪科设计咨询(上海)有限公司/
HKS,INC.
施工图设计单位：中国电子工程设计院有限公司
项目负责人：王翔
项目经理：余伟琪
规划设计：叶庆亚、许豪哲、宋海珍

项目以“简约、高科技、治愈花园、注重患者体验”为设计理念，致力于为合肥创建出一所世界一流的智能化医院。医院床位数量为1 000张，两栋住院楼分别为16层和13层。项目在具备三甲医院的标准上建立4个专业中心：骨科中心、心血管中心、肿瘤中心及神经科中心。医疗规划遵循建立灵活的空间以符合未来的发展的理念，对绝大多数高端医疗技术的适应性强，可以满足医院远期扩建的需求。

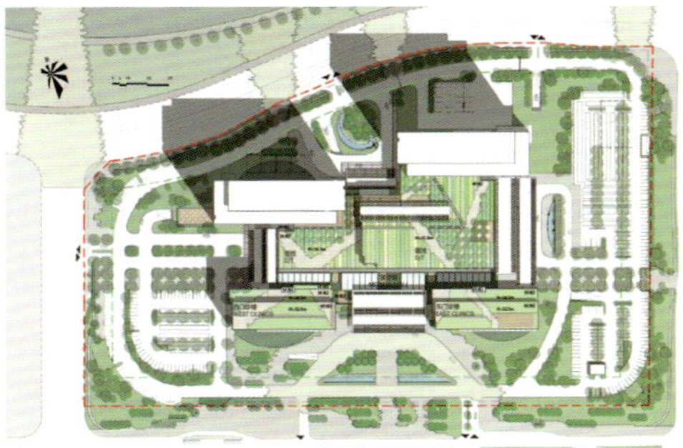

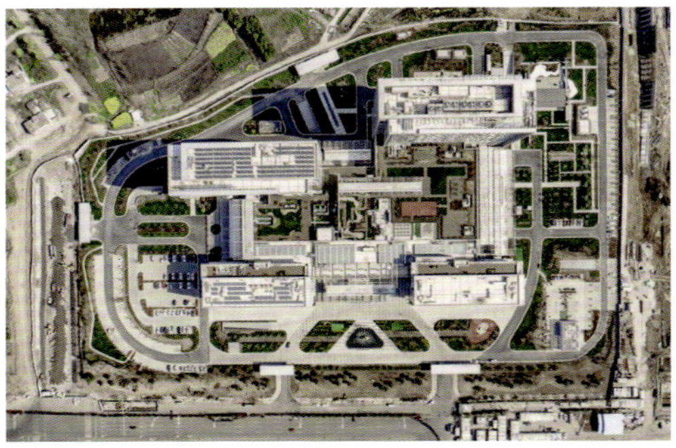

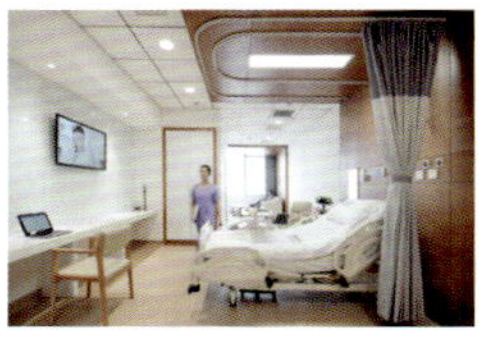

武汉泰康同济医院

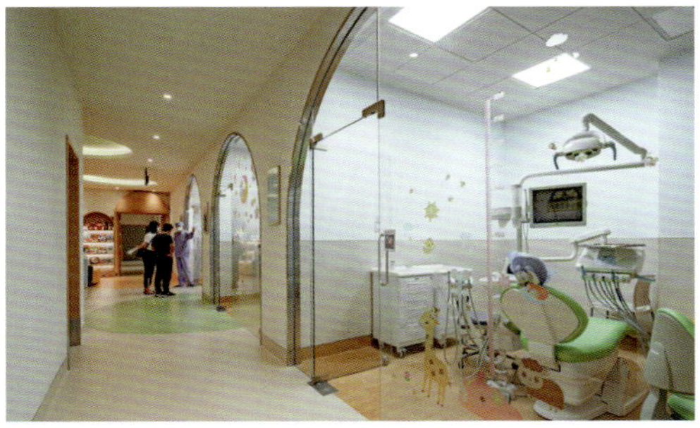

Wuhan Taikang Tongji Hospital

项目业主：泰康（湖北）医疗不动产有限公司
建设地点：湖北 武汉
建筑功能：医疗建筑
用地面积：90 089平方米
建筑面积：276 639平方米
设计时间：2016年—2019年
项目状态：建成
设计单位：豪科设计咨询(上海)有限公司/
HKS,INC.
施工图设计单位：悉地国际
项目负责人：王翔
规划设计：宋海珍、叶庆亚

项目定位为高品质的综合性三级医院，日门诊量3 000人，有1 500张病床，包括妇幼中心、母婴康育中心、癌症中心、生殖医学中心等多项医疗服务中心。建筑设计灵感来源于武汉长江大桥，造型模拟桥的横向空间感，不同体量之间、裙房和塔楼之间用“桥”的建筑语言联系在一起，呈现出稳健、简洁的现代感。

北京爱育华妇儿医院

Beijing Aiyuhua Children and Women Hospital

项目业主：北京爱育华妇儿医院有限公司
建设地点：北京
建筑功能：医疗建筑
用地面积：38 000平方米
建筑面积：73 000平方米
设计时间：2012年—2013年
项目状态：建成
设计单位：豪科设计咨询(上海)有限公司/HKS,INC.
项目负责人：王翔

项目是国际化的高端妇女儿童医院，为产妇和儿童提供全方位的门诊、住院及月子中心服务。作为北京第一家私营医院，爱育华主要提供以家庭为中心的护理和整体健康服务。爱育华与美国费城儿童医院合作，在病患安全、设施规划和信息技术方面获得了美国医疗机构国际联合委员会国际医院认证。医院共有310张病床，其中包括210个小儿科床位、10个一体化 LDR 床位、25个产后护理床位和45个月子护理床位。日门诊量1 200人，有2间剖腹产房、8间手术房、2间心导管室、儿童和新生儿重症监护中心及生殖医学中心。医院设计采用自然光线、宽敞的室内设计和高端饰面来打造宁静舒适的医疗环境。清楚明了的导路系统利用灯光和色彩标明目的地、路径和导航提示。爱育华的设计原则是打造人性化、技术先进的数字化医院和节能环保、可持续发展的绿色医院。

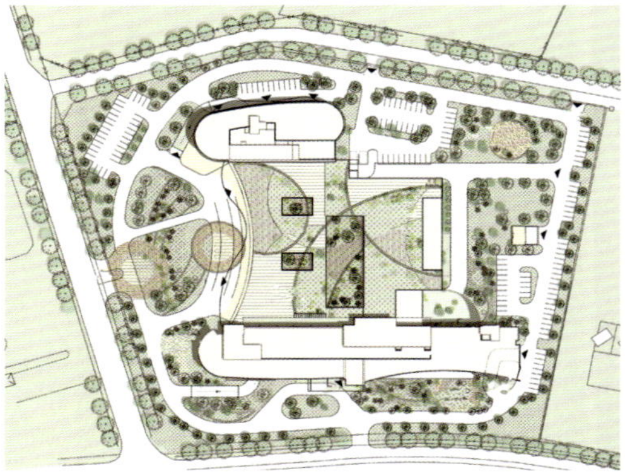

北京宣武医院雄安分院

Xiong'an Branch of Beijing Xuanwu Hospital

项目业主：北京宣武医院
建设地点：河北 雄安
建筑功能：医疗、教育建筑
用地面积：138 860平方米
建筑面积：270 000平方米
设计时间：2019年—2020年
项目状态：在建
设计单位：豪科设计咨询(上海)有限公司/HKS,INC.
联合体牵头人：北京市建筑设计研究院有限公司
项目负责人：王翔
项目经理：余伟琪
规划设计：叶庆亚 、许豪哲、宋海珍、陈笛
设 计 师：张译之

项目是雄安新区建设的第一家综合性医院和医疗中心，总床位数量1 200张。其中，一期用地面积60 310平方米，建筑面积122 000平方米，床位数量600张；二期用地面积78 550平方米，建筑面积148 000平方米，床位数量600张。

总体设计灵感源于河北白洋淀由湖而陆的地貌，模拟芦苇相连的水淀形态，将北侧溪谷景观引入用地。根据城市设计对贴线率的要求，临街建筑贴近城市道路，将主出入口结合开放广场布置于院区内部，下沉广场与地铁站及城市地下商业街相通，向城市开放。各种公共交通空间、室外庭院将门诊、医技、住院等医疗功能空间如同芦苇一样，连结成一个互不干扰、又紧密联系的生命体。

王大鹏

职务：杭州中联筑境建筑设计有限公司总建筑师
职称：教授级高级工程师
执业资格：国家一级注册建筑师

教育背景
1996年—2001年　武汉理工大学建筑学学士

工作经历
2001年—2003年　大连市规划设计研究院
2003年至今　杭州中联筑境建筑设计有限公司

专业研究领域：文化专项研创

主要设计作品
浙江美术馆
荣获：2009年中国建筑学会建筑创作大奖
　　　2009年全国优秀工程勘察设计一等奖
　　　第十四届全国优秀工程勘察设计银奖
昭山两型产业发展中心
荣获：2017年全国优秀工程勘察设计二等奖
沂蒙革命纪念馆
荣获：2017年全国优秀工程勘察设计三等奖
南京博物院二期工程
荣获：2016年中国建筑学会建筑创作银奖
　　　2017年全国优秀工程勘察设计一等奖
浙江同力服装有限公司新厂区
荣获：2017年佛罗伦萨“建东方”国际展创作大奖
金都华府居住小区
中亚机械股份有限公司科研楼
湘潭市规划馆及博物馆
杭州师范大学仓前校区二期工程(B区)
杭州九峰垃圾发电厂
杭州经济开发区景苑中学
长春雕塑博物馆
世博江西馆
杭州经济开发区启源中学
横店镇万盛街风貌改造项目
中国西部科技创新港
南京美术馆新馆
西交大创新港博物馆与多功能阅览中心
东阳市市民中心

CCTN 筑境设计 DESIGN

杭州中联筑境建筑设计有限公司（简称筑境设计）创立于2003年，由中国工程院院士、全国工程勘察设计大师程泰宁先生主持。筑境设计是一家以建筑设计为核心竞争力，同时涵盖城市规划、景观设计和室内设计的综合性专业设计咨询机构，具备建筑行业工程甲级资质。筑境设计聚焦文化建筑、高铁新城TOD、城市更新、泛地产四大专项研创板块，秉承“产学研一体、技术创新与理论研究并重”的理念。筑境设计打造“现代型的公司体制、市场化的运作机制和学术性的科研平台”三位一体的整体架构。

目前筑境设计布局涉及7大城市，在上海、杭州、青岛、厦门、成都均设有分支机构，拥有合资设计机构北京首钢筑境国际建筑设计有限公司和南京东南筑境建筑设计事务所有限公司，服务网络辐射全国。同时，由程泰宁院士主持的企业院士工作站于2014年正式成立，是江苏省设计行业首家院士工作站。程泰宁院士领衔的东南大学建筑设计与理论研究中心，既是筑境设计探索建筑文化内涵的学术支撑和培养设计人才的重要基地，也是延展学术触角、扩大国内外学术影响力的操作平台，更是配合筑境设计进行专项技术深入研发的核心智库。

筑境设计拥有强大的技术储备及完备的人才梯队，团队共有500人，其中中国工程院院士1人、中国工程设计大师1人、浙江省工程勘察设计大师1人、中国青年建筑师奖2人、教授级高级工程师7人、高级工程师39人，核心技术力量包含院士、博士、硕士及海归人士。基于学术科研、丰富的实践及国际化视野，高端人才会集的专业团队为客户提供“当代、地域、原创”的国际化专业服务。

地址：杭州市拱墅区大关路96号
　　　绿地中央广场7座6楼
电话：0571-85302456
传真：0571-85390622
网址：www.acctn.com
电子邮箱：hr-hz@acctn.com

浙江美术馆

Zhejiang Art Museum

项目业主：浙江省文化厅
建设地点：浙江 杭州
建筑功能：文化建筑
用地面积：34 550平方米
建筑面积：31 550平方米
设计时间：2004年
项目状态：建成
设计单位：杭州中联筑境建筑设计有限公司
设计负责：程泰宁
建筑专业：钱伯霖、王大鹏、郑茂恩、胡洋、郭莉
（吴健、陈渊韬参加了方案设计）
建筑摄影：姚力、陈畅、赵伟伟

浙江美术馆位于杭州西子湖畔，背靠苍翠的玉皇山麓，建筑依山傍水，环境得天独厚。项目总建筑面积31 550平方米，其中地下部分15 338平方米、地上部分16 212平方米。

建筑依山形展开，并向湖面层层跌落。起伏有致的建筑轮廓线达到了建筑与自然环境和谐共生的状态。建筑造型自然而又充分地流露出江南文化所特有的韵味，粉墙黛瓦的色彩构成、坡顶穿插的造型特征，在“似与不似之间”被带入了创作之中，体现了一种清新脱俗而又空灵含蓄的文化品位。设计是以大片白色墙面为图底，以黑色屋顶为构件勾勒，线条张扬洒脱而又不失法度，极富传统水墨画和书法的审美意趣。钢、玻璃、石材的运用，强调了材质的对比；坡顶既变形生成多种形态的锥体与水平体块的穿插组合，又使建筑充满强烈的雕塑感和现代感。

独特的建筑形体和空间充分体现了传统文化与现代精神的深层次融合，具有原创性。

南京博物院二期工程

Nanjing Museum Phase II Project

项目业主：南京博物院
建设地点：江苏 南京
建筑功能：文化建筑
用地面积：67 300平方米
建筑面积：84 900平方米
设计时间：2008年
项目状态：建成
设计单位：杭州中联筑境建筑设计有限公司
合作单位：江苏省建筑设计研究院股份有限公司
设计负责：程泰宁
建筑专业：王幼芬、王大鹏、柴敬、张朋君、刘辉瑜、骆晓怡、应瑛
建筑摄影：张广源、陈畅

本项目是一个重要的改扩建工程。梁思成、杨廷宝、刘敦桢及徐敬直等中国老一代建筑大师们先后主持或参与过项目的设计建设。另外它也承载着城市的历史记忆。因此，改扩建方案的设计理念是补白、整合、新构。

建筑布局体现了“金镶玉成，宝藏其中”的理念，在前后关系、檐口高度、材质颜色以及细部装饰等方面形成视觉平衡。整体风貌既有传统元素，又有现代气息，二者协调融合、交相辉映。

经测算后，将“老大殿”原地抬升3米，并在不影响建筑与紫金山山体轮廓线的同时，改善了原建筑低于城市道路的不利现状，减少了地下空间大面积的填挖土方，为地上与地下空间流线的综合组织创造了有利条件。

长春雕塑博物馆

Changchun Sculpture Museum

项目业主：长春市政府投资建设项目管理中心
建设地点：吉林 长春
建筑功能：文化建筑
用地面积：19 846平方米
建筑面积：17 729平方米
设计时间：2014年
项目状态：建成
设计单位：杭州中联筑境建筑设计有限公司
设计负责：程泰宁、王大鹏
建筑专业：吴旭斌、汪毅、刘鹤群、吕思扬、谢潘扬
建筑摄影：陈畅、黄临海

长春雕塑博物馆以展示雕塑特色文化、传播知识、陶冶性情为目的，同时也为雕塑的收藏、保护、展示、研究提供现代化的场所和窗口。

场地位于长春国际雕塑公园东南角，周边的自然环境优越。如何让建筑自然和谐地处于雕塑公园中，既能体现出文化建筑自身的特点，又能与雕塑公园的整体环境相协调，这是设计师思考的问题。

本方案的设计理念为“经天纬地、雕刻时光”，整体以经纬纵横的两条时光长廊为架构，其中南北方向的长廊与整个公园的核心雕塑形成对位关系，东西方向的长廊串联起了门厅、中央大厅、展厅以及研究办公室等空间序列。整个建筑如同巨石破土而出，体积感强烈厚重，极具雕塑感，虽出自人工，却宛如天成。建筑利用天窗和立面的缝隙对不同朝向的光线进行捕捉处理，影随光移，空间被时光雕刻，并且为雕塑的展陈营造了良好的氛围。

中国西部科技创新港

Western China Science and Technology Innovation Port

项目业主：西咸新区交大科技创新港发展有限公司
建设地点：陕西 西安
建筑功能：教育建筑
用地面积：796 000平方米
建筑面积：1 590 000平方米
设计时间：2016年
项目状态：在建
设计单位：杭州中联筑境建筑设计有限公司
设计负责：程泰宁、王大鹏
建筑专业：蓝楚雄、杨涛、柴敬、吴旭斌、刘翔华、郑思源、裘梦颖、王静辉、邱培鑫

项目地处西安沣西新城的信息服务产业园区和国际文教园区，北临渭河。科技创新港的使命是实现由教学型高校向教学研究型高校、由重点院校向国际一流学府的转型，体现“人才进港，知识出港”的新型大学模式。项目以高效、多功能、高交流性、高景观性的综合体形象和创新理念实现了大学与城市的融合，体现集约化、科技化、园林化的建设策略。

工程博物馆和多功能阅览中心的创意来自中国四大发明的印刷术，利用简洁的方形体量组合形成错落有致的形体关系，既像活字印刷的模块，又像是西安交大四大发明广场上的雕塑，联系了新老校区的时空记忆。各个功能体块之间高耸狭窄的空间作为一种特殊的公共空间存在，增加了空间的趣味性和神秘感。现代有力同时充满机械感的造型也符合西安交大作为著名工科院校的形象。

汪洁

职务： 中国联合工程有限公司第二建筑工程设计研究院副总建筑师
职称： 教授级高级建筑师
执业资格： 国家一级注册建筑师

教育背景
1994年—1998年　郑州大学建筑学学士

工作经历
1998年至今　中国联合工程有限公司

个人荣誉
2022年首届长三角建筑学会联盟青年建筑师奖

主要设计作品
杭州市建兰中学
荣获：2013年浙江省优秀工程勘察设计一等奖
　　　2015年全国优秀工程勘察设计三等奖
湖州师范学院新建会堂
荣获：2018年浙江省优秀工程勘察设计一等奖
浙江省地理信息产业园芯片科技大楼
荣获：2018年机械工业部优秀勘察设计一等奖
国遥地块联建产业大楼
荣获：2018年浙江省优秀工程勘察设计二等奖
浙江师范大学行知学院图书馆
荣获：2021年浙江省优秀工程勘察设计一等奖
　　　2021年全国优秀工程勘察设计三等奖
正泰量测装备生产基地
荣获：第五届中国建筑学会优秀建筑设计二等奖
浙江省地理信息小镇
浙江省地理信息创新园
德清智创科技城
南浔区数字文旅创意园
镇海中学南浔分校
镇海中学嵊州分校
湘湖公学
开元森泊度假酒店（与DWP合作设计）

中国联合工程有限公司
China United Engineering Corporation Limited

中国联合工程有限公司是以原机械工业第二设计研究院为核心，联合多家国家甲级勘察设计单位组建的大型科技型工程公司，隶属于中央大型企业集团、世界500强企业——中国机械工业集团有限公司，总部设在杭州。

中国联合工程有限公司的专业技术人员占95%以上，其中有7位两院院士、8位全国勘察设计大师、1位“新世纪百千万人才工程”国家级人选、104位享受国务院政府特殊津贴的专家，现有高级技术职称专家1 728人（含正高级工程师186人）、各类国家一级注册工程技术人员2 190人、美国项目管理协会(PMI)认证的项目管理专业人士80人。

在住建部对全国10 000多家勘察设计单位“综合实力和营业收入排名”中，中国联合工程有限公司连年进入百强榜，最高排名为第9名。在美国《工程新闻纪录（ENR）》对“中国工程设计企业60强”的统计排名中，中国联合工程有限公司连年榜上有名，排名在第10名左右。中国联合工程有限公司连年被授予“守合同重信用”企业称号，获得AAA企业信用评定等级。

地址：浙江省杭州市滨江区1060号
网址：www.chinacuc.com
电话：0571-88151982
电子邮箱：610542867@qq.com

浙江师范大学行知学院图书馆

Library of Xingzhi College of Zhejiang Normal University

建设地点：浙江 兰溪
建筑功能：教育建筑
用地面积：533 328平方米
建筑面积：校区290 000平方米
　　　　　图书馆33 000平方米
设计时间：2014年
项目状态：建成
设计单位：中国联合工程有限公司
本人角色：主创建筑师、专业负责人

项目位于兰溪市，是浙江省重点项目。兰溪市自古盛产兰花，故建筑以“若溪如兰”为设计概念。校园规划脉络如兰叶傍溪，空间中心的图书馆将“兰花”的神韵风骨提取凝练，三个体块向心而列，似兰花绽放，典雅舒展，形成视觉焦点。扩散线条犹如兰花叶脉，勾画出建筑表皮的精致肌理。多功能集约型图书馆，不仅包含藏书阅览部分，还包含高规格剧院会堂。

杭州市建兰中学

Hangzhou Jianlan Middle School

建设地点：浙江 杭州
建筑功能：教育建筑
用地面积：23 333平方米
建筑面积：40 000平方米
设计时间：2009年
项目状态：建成
设计单位：中国联合工程有限公司
本人角色：主创建筑师、专业负责人

项目地处杭州南宋皇城历史文化保护街区。设计师在充分研究和理解地域文化的基础上，用现代建筑语言诠释江南传统建筑的内涵。设计以江南“院落空间”模式组织学校各功能区块，群体造型通过体块分解、传统元素提取等手法有效地表达建筑的江南意向，新老建筑和而不同，“形”“神”统一，充分展现江南书院的书卷气息。场地内多处古树、古井得到保留，并与建筑共生互融，延续场景记忆。

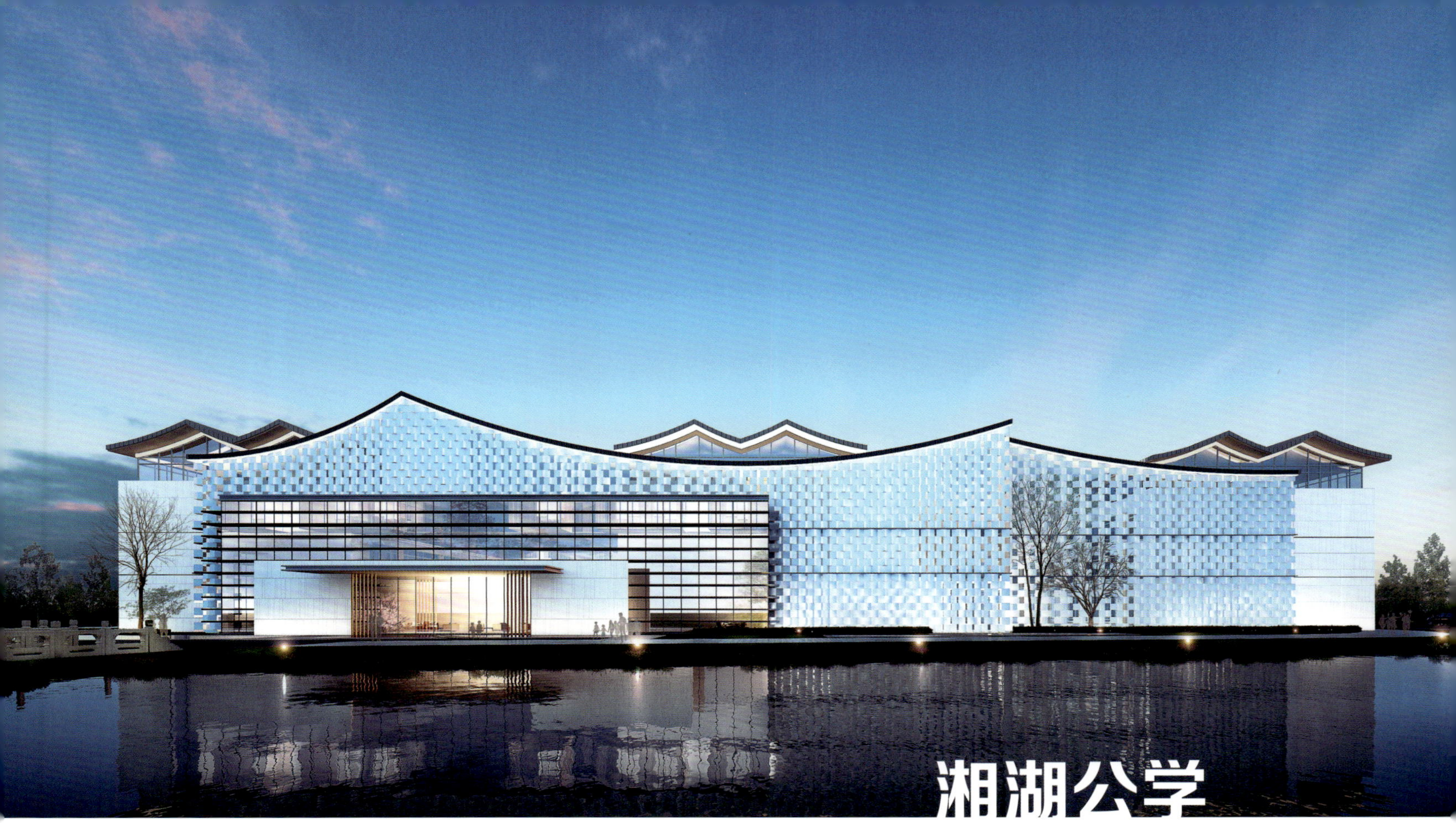

湘湖公学

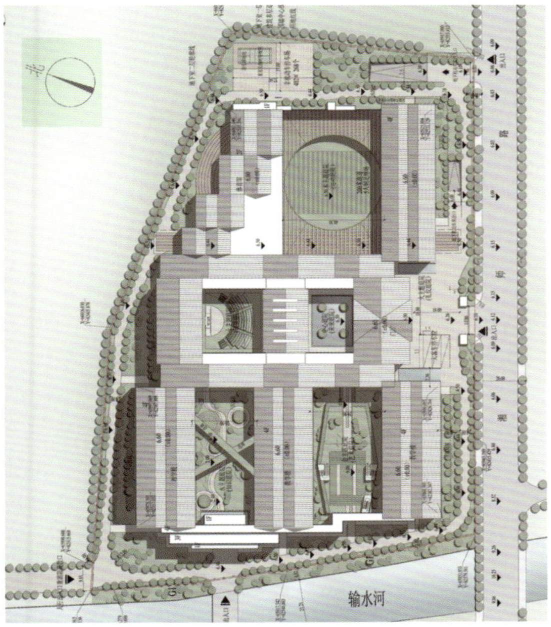

Xianghu Public School

建设地点：浙江 杭州
建筑功能：教育建筑
建筑面积：67 000平方米
设计时间：2018年
项目状态：在建
设计单位：中国联合工程有限公司
本人角色：主创建筑师、项目负责人、专业负责人

项目是与教育大家叶翠微先生合作的一所具有文化和功能内涵的国内首个4.0代学校。建筑师通过对中国传统建筑形式的提炼和简化，采用新的建筑材料和设计手法，以现代禅意对古典庭院进行了全新的诠释。错落起伏的屋顶、跃动的屋脊线条、斑驳的游廊光影，赋予了粉墙黛瓦新的时代特征。

浙江省地理信息小镇

Zhejiang Geographic Information Town

建设地点：浙江 德清　　建筑功能：办公建筑
用地面积：3 666 630平方米　　建筑面积：1 030 000平方米
设计时间：2013年　　项目状态：建成
设计单位：中国联合工程有限公司
本人角色：主创建筑师、项目负责人、专业负责人

项目是浙江省重点工程，是2018年国内首次召开的联合国世界地理信息大会的会议配套设施。项目设计强调群体关系的同时，各分地块在整体规划框架中和而不同、各具特色，力求与地理信息的科技性相契合，彰显特色小镇的属性。项目共分15个地块，各个分地块体系完整、相对独立，现已全部建成。在设计牵头的EPC总承包项目中，设计师全程负责所有地块建筑的总体规划、详细设计及最终实施，积累了丰富的大型产业小镇项目完整落地的设计经验。

南浔区数字文旅创意园

Nanxun District Digital Cultural Tourism Creative Park

建设地点：浙江 杭州　　建筑功能：办公建筑
建筑面积：57 000平方米　　设计时间：2021年
项目状态：在建
设计单位：中国联合工程有限公司
本人角色：主创建筑师、项目负责人、专业负责人

项目为湖州南浔旅游投资发展集团有限公司办公楼。南浔自古盛产湖丝，且以“水晶晶南浔”著称，故设计根植于地域印象并由此展开，通过建筑构成变化来实现地域特征和文化标志性的表达。无论是“如丝如缕”般的轻盈表皮，还是空中的水幕庭院与立体水街，都集中描绘出一幅辑里湖丝、江南水乡特有的南浔印象。

正泰量测装备生产基地

Chint Measurement Equipment Production Base

建设地点：浙江 杭州
建筑功能：办公建筑
建筑规模：84 000平方米
设计时间：2011年
项目状态：建成
设计单位：中国联合工程有限公司
本人角色：主创建筑师、专业负责人

项目位于杭州滨江区物联网产业园核心区域。造型设计遵循“少就是多”的设计原则，力求采用极简的设计手法，用统一的建筑语言，形成一致的建筑韵律，彰显高科技生产企业的建筑属性和时代精神。

湖州师范学院新建会堂

New Hall of Huzhou Normal University

建设地点：浙江 湖州
建筑功能：教育建筑
建筑面积：11 000平方米
设计时间：2010年
项目状态：建成
设计单位：中国联合工程有限公司
本人角色：主创建筑师、专业负责人

项目位于湖州师范学院主入口中轴线上，具有显著地标性质。造型设计强调舞台文化的寓意，结合中国传统建筑穿斗元素，将传统文化与地域特色相结合，形成鲜明的建筑地标形象。

汪昆

职务： 吉林省建苑设计集团有限公司
建筑方案二院院长、总建筑师
职称： 正高级建筑师
执业资格： 国家一级注册建筑师

教育背景
1997年—2002年　吉林建筑大学建筑学学士

工作经历
2002年至今　吉林省建苑设计集团有限公司

个人荣誉
吉林省明星建筑师
吉林省建苑设计集团课题研发一等奖

社会职务
吉林省工程建设标准化专家
住房和城乡建设部人居环境专业委员会委员
长春建筑学院客座讲师

主要设计作品
吉尔吉药业医药健康产业园
荣获：2015年吉林省优秀建筑设计一等奖
长白山吉视传媒铂尔曼度假酒店
荣获：第五届全国民营工程设计华彩奖铜奖
长春残疾人康复中心工程
荣获：2019年全国优秀工程勘察设计三等奖
2019年吉林省级优秀建筑设计二等奖
长春全民健身活动中心游泳馆
荣获：2021年吉林省优秀建筑设计一等奖
吉林省档案馆、方志馆新馆
吉林大学法学院大楼
吉林大学超硬材料国家重点实验室实验综合楼
吉林北大湖滑雪度假小镇
吉林北大湖滑雪度假区洲际源宿酒店
吉林北大湖滑雪度假区Club Med国际度假酒店
长春净月区会议会展中心及假日旅游度假村
际华运动中心
吉林东北亚金融中心二期
长春人民大街历史文化街区改造楼体整饰项目
华润昆仑御

吉林省建苑设计集团有限公司
JILINSHENG JIANYUAN DESIGN GROUP COMPANY LIMITED

吉林省建苑设计集团有限公司前身为1956年成立的吉林省建筑设计院，该院于2012年组建为吉林省建苑设计集团有限公司。公司成立66年来一直是吉林省规模最大、实力最强和国内影响力较强的大型建筑设计龙头企业，为国家，特别是为吉林省经济社会发展做出了突出贡献。

公司拥有一支600余人的高端人才队伍，包括中国优秀青年建筑师1人、吉林省政府决策咨询委员3人、吉林省勘察设计大师17人、吉林省勘察设计青年大师3人、研究员53人、高级工程师162人、各类国家注册资格人员157人，是吉林省规模最大、专业最全、水平最高的建设智库。

公司致力于为政府、社会提供工程设计、综合工程咨询和工程建设服务。工程设计板块涵盖建筑方案创作、建筑工程设计、市政工程设计、风景园林设计、智能化设计、文物保护设计、装饰工程设计、城市设计、城乡规划；综合工程咨询板块涵盖投资决策咨询、项目策划、项目包装、PPP咨询、招标代理、工程勘察、工程测量、造价咨询、绿建咨询、消防咨询、机电顾问咨询、工程检测、工程鉴定、工程监理、项目管理及全过程工程咨询；工程建设板块涵盖设计牵头工程总承包、项目代建、施工总承包。公司拥有建筑行业全资质、全牌照。

自2014年以来，公司强化行业龙头社会责任，践行“服务国家战略，助推吉林振兴”理念，发挥“政府和城乡建设智库”作用，全面为吉林省城乡建设发展提供技术支撑和保障，研发建设前沿技术，探索实践建筑行业改革新模式。公司陆续承担了吉林省现代木结构建筑示范、吉林省设计牵头工程总承包示范、吉林省建筑师负责制示范、吉林省全过程工程咨询示范等多项建筑业重大创新课题，引领和促进了全省勘察设计企业转型升级，为建筑行业高质量发展和社会经济发展贡献了“建苑”方案、“建苑”智慧和“建苑”力量。

地址：吉林省长春市正阳街4326号
电话：0431-82727494
传真：0431-82727494
网址：www.jljydg.cn
电子邮箱：JADG_Group2@163.com

长春市全民健身活动中心游泳馆

Swimming Pool of Changchun National Fitness Center

项目业主：长春市全民健身活动中心
建设地点：吉林 长春
建筑功能：体育建筑
用地面积：18 317平方米
建筑面积：10 162平方米
设计时间：2018年
项目状态：建成
设计单位：吉林省建苑设计集团有限公司
主创设计：汪昆、王也
设计团队：吉林省建苑设计集团有限公司建筑方案二院团队

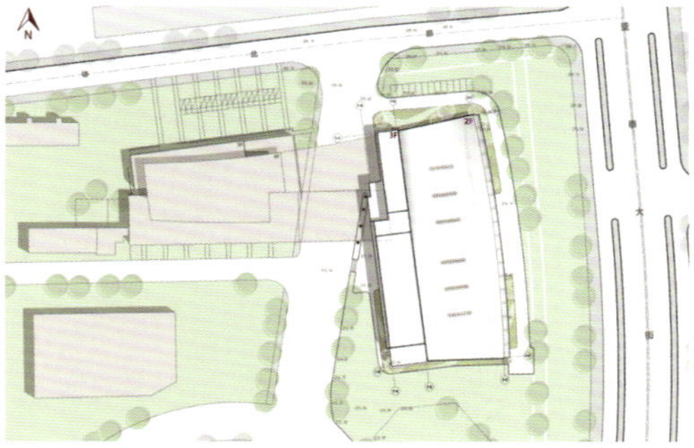

项目是吉林省“三示范工程”，即吉林省重点科技研发项目示范工程、吉林省首例现代木结构建筑示范工程、吉林省设计牵头工程总承包示范工程。

项目用现代木结构代替了原有钢网架结构，目标是用“木材”这样一种最天然、最原始的建筑材料来展现创新的水上运动设施。大跨度张弦梁结构是本建筑的核心设计元素，这种创新设计为游泳馆提供了无障碍的超长跨度。建筑内外木结构的运用优化了游泳场馆的建筑性能，同时木材质作为一种兼具亲和力、多变性及可塑性的建筑材料，与轻质屋面、玻璃幕墙联合使用，呈现出建筑形式美与结构美的高度融合，在北方寒地打造了一处温暖且环保的室内运动空间，塑造了一处极具识别性的城市节点。

吉林省档案馆、方志馆新馆

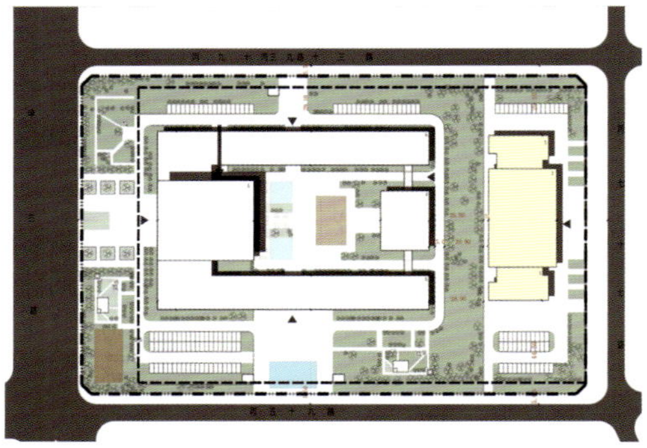

Jilin Provincial New Archives and Museum of Local Chronicles

项目业主：吉林省省直机关统建管理办公室
建设地点：吉林 长春
建筑功能：文化建筑
用地面积：44 653平方米
建筑面积：62 100平方米
设计时间：2016年
项目状态：在建
设计单位：吉林省建苑设计集团有限公司
主创设计：汪昆
设计团队：吉林省建苑设计集团有限公司建筑方案二院团队

项目设计关注“空间、建筑形象、文化传承”三个主题，设计师以具有诚意的态度完美诠释这三个主题，让新馆可以充分发挥档案及方志馆“存凭、留史、资政、育人”的作用。

项目于用地上规划两栋记录性建筑，设计在体量及手法上强调平衡与适用，使两栋建筑交相辉映，避免顾此失彼，在各自的领域彰显各自的场所特性。建筑外观设计关注文化传承，简洁、端庄、厚重、大气，色彩及选材呈现出对地域文化及历史的关注。严谨的建筑构图、厚重有力的建筑体量、清晰简洁的建筑层次、大尺度台基及台阶的运用、柱廊的设计，体现高级别场所的严谨性与秩序性，不用夸张的形体符号，不做花哨的装饰，稳重地承担其历史使命。设计以石材传达建筑的文化属性及历史的厚重感，以玻璃强化空间感，以金属装饰体现时代感。

长白山吉视传媒铂尔曼度假酒店

Changbai Mountain Jishi Media Pullman Resort Hotel

项目业主：吉视传媒股份有限公司
建设地点：吉林 白山
建筑功能：酒店建筑
用地面积：25 000平方米
建筑面积：48 113平方米
设计时间：2014年
项目状态：建成
设计单位：吉林省建苑设计集团有限公司
主创设计：汪昆
设计团队：吉林省建苑设计集团有限公司建筑方案二院团队

项目位于白山市抚松县松江河镇，场地处于林区边缘，绿化条件极佳，具有天然的乔木、灌木资源，土壤适宜植物生长。

项目注重保持场地的地理形态、生态多样性和地域特色，并极力处理好开发与保护之间的矛盾以及与周边环境之间的关系，在充分利用原有植被和水系景观的基础上，构建多功能、多用途的高端旅游度假型五星级酒店。

酒店采用分散式布局，充分尊重场地固有的地貌秩序，巧妙利用竖向变化和茂密林木，将酒店前场区（宴会区、餐饮区、大堂区、温泉康养区）和5个客房区用曲折的景观连廊连接起来。建筑看似随意散落在森林中，缠绕蜿蜒的“河流”融入大自然的怀抱，让人们身在其中感受到自然清灵俊秀之美，实现人们“涤清本新，释放真我”的精神追求。

吉林大学法学院大楼

Law School Building of Jilin University

项目业主：吉林大学
建设地点：吉林 长春
建筑功能：教育建筑
用地面积：12 498平方米
建筑面积：24 000平方米
设计时间：2021年
项目状态：在建
设计单位：吉林省建苑设计集团有限公司
主创设计：汪昆
设计团队：吉林省建苑设计集团有限公司建筑方案二院团队

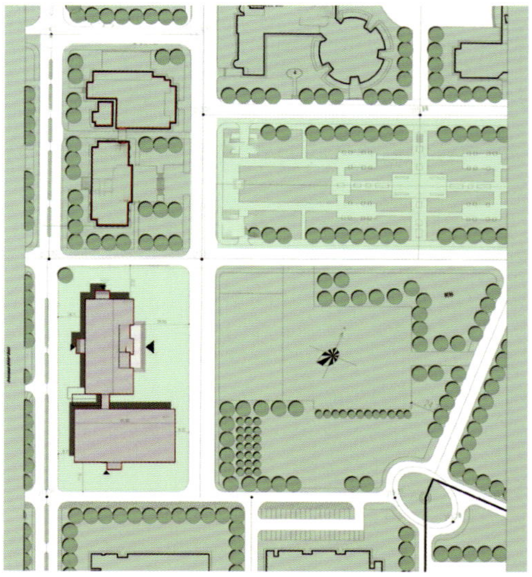

项目选址毗邻吉林大学东区核心轴线，建筑设计以现代的手法，整合周边建筑秩序；以极简的手法，体现法学院的时代特性。两座高低不同、稳重方正的建筑体量象征法律的庄严，极具力量感和标志性。建筑主体四个方向的立面均采用对称式的布局，以强化建筑公正、严谨、理性的属性，反映出法律的平等与尊严。法学院大楼除彰显其学科特性之外，更为重要的是提供一个氛围与时代发展相吻合的教学科研与学习场所，创建一个可以激发思考、交流、合作和沟通的高品质校园建筑空间。

法学院大楼对于吉林大学校区的建设而言是一个序曲和希望。设计致力于通过引入创新性的空间使整个校区得到更新，提供优质教学建筑空间的同时，也可以巩固法学院在国内和国际上的地位和知名度，促进学院向专业化、国际化的方向发展。

际华运动中心

Jihua Sports Center

项目业主：际华集团股份有限公司
建设地点：吉林 长春
建筑功能：体育建筑
用地面积：267 459平方米
建筑面积：25 000平方米
设计时间：2016年
项目状态：建成
设计单位：吉林省建苑设计集团有限公司
主创设计：汪昆
设计团队：林省建苑设计集团有限公司建筑方案二院团队

项目位于长春际华园区内，2017年投入建设，2019年对市民开放，有风洞跳伞、室内冲浪、室内滑索及攀岩等娱乐项目，是国内首家室内外相结合的高科技体验式娱乐运动中心。项目设计既具有专业难度，又有通过设计提升空间吸引力的考验。设计致力于吸引目标人群，打造先锋性、唯一性和休闲性运动中心。规划及形态与已开发建设的奥特莱斯发挥最大化的互动效应，强调对话与融合，在此前提下表达自身的特征，打造与使用功能相符的建筑作品，最大限度增加建筑的体量感，强化视觉冲击力，以体现运动娱乐建筑的标识性。这样一个有想象力、有活力、有专业性、有亲和度的空间设计，为使用者提供了具有社会认知度、具备良好可行性的娱乐运动场所。

汪骅

职务：苏州华造建筑设计有限公司副院长
职称：高级工程师
执业资格：国家一级注册建筑师

教育背景

1997年—2002年　南京工业大学建筑学学士

工作经历

2002年—2007年　苏州市建筑设计研究院有限责任公司
2007年—2008年　苏州原石建筑设计有限公司
2008年—2016年　苏州规划设计研究院股份有限公司
2016年至今　苏州华造建筑设计有限公司

个人荣誉

苏州市城乡建设局勘察设计行业专家
昆山市建筑设计专家库专家

主要设计作品

扬州新城西区商务写字楼中心（一期）
荣获：2011年江苏省优秀工程勘察设计二等奖
　　　2012年江苏省第十五届优秀工程设计二等奖
苏州市金阊新城实验中学
荣获：2012年江苏省优秀工程勘察设计二等奖
　　　2012年江苏省第十五届优秀工程设计二等奖
荣巷历史文化街区善文化线保护修复工程（中段）
荣获：2013年江苏省优秀工程勘察设计二等奖
　　　2014年江苏省第十六届优秀工程设计二等奖
荣巷历史文化街区善文化线保护修复工程（南段）
荣获：2014年江苏省优秀工程勘察设计二等奖
　　　2014年江苏省第十六届优秀工程设计二等奖
苏州大学附属儿童医院（总院）
荣获：2016年江苏省优秀工程勘察设计二等奖
　　　2016年江苏省第十七届优秀工程设计二等奖
润南大厦
荣获：2017年江苏省优秀工程勘察设计二等奖
　　　2017年全国优秀工程勘察设计三等奖
　　　2018年江苏省第十八届优秀工程设计二等奖
聚思园
荣获：2019年江苏省优秀工程勘察设计二等奖
　　　2020年江苏省第十九届优秀工程设计二等奖
苏州国际博览中心
苏州市吴中区行政中心改造
苏州市姑苏区行政中心
无锡太湖新城三房巷集团商务办公楼
苏州工业园区星湖医院
苏州工业园区建屋新罗酒店
亨通凯莱度假酒店
昆山中航格兰云天酒店
苏州皇家金旭酒店
苏州市艺术学校、昆曲学校
苏州月星环球港
红星国际生活广场
苏州盛博商业广场
苏州仁恒耦前别墅
苏州中海上华琚

華造設計
ARCHITECTURAL DESIGN

苏州华造建筑设计有限公司（以下简称华造设计）成立于2007年，并于2011年获得国家建筑行业（建筑工程）甲级设计资质，2012年获得风景园林乙级设计资质。2016年华造设计与中衡设计集团实现战略整合，成为中衡设计集团旗下具有独立法人资格的全资子公司，目前人员规模为300人。

华造设计的业务范围涵盖项目策划、城市设计、建筑设计（含古建设计）、人防设计、装配式深化设计、加固改造设计、BIM设计、景观设计、海绵城市设计、绿建咨询、装饰工程设计、幕墙工程设计、轻型钢结构工程设计、智能化系统设计、照明工程设计和消防设施工程设计等。

华造设计目前是江苏省泛地产专业化设计集成机构、综合性建筑甲级设计公司。华造设计打造“地产+产业”的“泛地产”设计领域布局，以地产设计为基石，联动教育、文旅、科创、医养、商业、办公等相关设计领域全面发展，取得了卓越成绩，获得了广泛认可。

近几年，华造设计获得了多项社会荣誉称号，包括苏州高新技术企业、江苏省先进单位、江苏省勘察设计质量管理单位、江苏省AAA级信用单位，连续三年荣获苏州市企业信用A级，同时承担了多项社会职责包括UED理事单位、时代建筑理事单位、新建筑理事单位、苏州市海绵城市建设技术咨询单位、苏州科技大学实习基地、苏州大学实习基地等。近年的设计作品获得国家级奖项5项、省部级奖项29项、市级奖项45项，以及暖通行业金铅笔奖等。

地址：江苏省苏州工业园区月亮湾八达街111号设计大厦12~16F
电话：0512-69331020
传真：0512-62577088
网址：www.hzarch.cn
电子邮箱：wanghua@hzarch.cn

聚思园

Jusi Yuan

项目业主：仁恒地产（苏州）有限公司
建设地点：江苏 苏州
建筑功能：企业会所
用地面积：1 812平方米
建筑面积：2 247平方米
设计时间：2016年
项目状态：建成
设计单位：苏州华造建筑设计有限公司
合作单位：上海日清建筑设计有限公司
设计团队：汪骅、黄宇琮、唐炎君、陆国琦、李红岩、葛舒怀、浦秋健

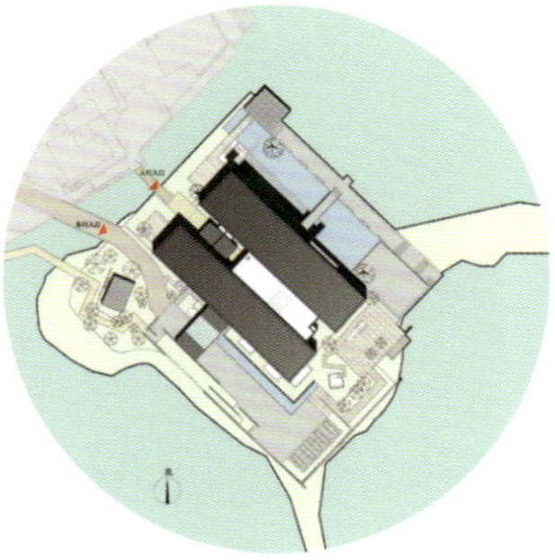

项目规划设计充分考虑位置的优越性及景观资源优势，在满足布局合理的前提下，最大限度利用滨湖景观，保证主要功能空间的观景视线。同时考虑院落空间，内外结合，使建筑在景观中若隐若现，充分享受庭院景致以及开阔湖景，强调人与自然的互动。

建筑整体布局源于一个“十”字形的分割，顶部为两道微垂的“一”字形弧面。功能上可在四个方向上形成限定，形体为两条相似的体块。建筑色彩借鉴徽派建筑粉墙黛瓦的特点，以灰黑色金属勾勒顶部轮廓，以白色石材铺满所有墙面。建筑以写意的理念完成，像完成一幅幅水墨画一样生成建筑的每一个面，黑色的线与白色的面理性又浪漫地表达着立体主义的魅力，以建筑的语言激发出场所的诗意。

润南大厦

Runnan Building

项目业主：苏州市相城城市建设有限责任公司
建设地点：江苏 苏州
建筑功能：办公、商业、文化建筑
用地面积：34 240平方米
建筑面积：40 542平方米
设计时间：2013年
项目状态：建成
设计单位：苏州华造建筑设计有限公司
主创设计：汪骅、汪洋、蒋一新

润南大厦是一座供多部门使用的多功能复合型建筑，功能上承担了润元路公交首末站、相城区城建档案馆、相城区城管指挥中心、街道及众创办公区以及上述部门使用的公共配套用房。设计经过对建筑形体的处理，形成了富于变化的建筑天际线，使各功能区与建筑形态完美结合。

为了塑造相城区的门户形象，建筑造型采用了在绿色屋顶上悬浮一个盒子的处理方式，并对悬浮的盒子做了精心的虚实处理，在南北方向做了大面积的玻璃幕墙，而在其他方向设计了带肌理的实体墙面。到了夜晚，内部的灯光全部打开后，整个盒子像一个方形的手电筒，向南照亮了沪宁高速，向北照亮了相城区，塑造了建筑强烈的视觉冲击力，令人印象深刻。

苏州大学附属儿童医院（总院）

Children's Hospital Affiliated to Suzhou University (General Hospital)

项目业主：苏州大学附属儿童医院
建设地点：江苏 苏州
建筑功能：医疗建筑
用地面积：59 168平方米
建筑面积：127 905平方米
设计时间：2010年
项目状态：建成
设计单位：苏州华造建筑设计有限公司
主创设计：焦寒尽、汪骅、王志斌、汪洋、孙为华、蒋一新、徐辰

项目位于苏州工业园区，总体规划分为四部分：西南部为医疗区、西北部为住院区、东北部是未来发展区、东南部是国际医疗区。项目依托目前最先进的儿童医院的设计理念，重点是对功能流线的安排和环境氛围的营造，以实现合理的功能和益于儿童身心康复的环境作为设计目标。

建筑群的外观处理风格朴素大方、新颖别致，既反映时代感，又突出儿童医院本身的特殊性。本项目为全国相同类型设施的建设提供了一个可以参考的样板。儿童医院不仅要提供对儿童身体病痛的治疗，还要最大限度地营造出一种氛围，消除儿童的紧张情绪。

荣毅仁纪念馆

Rong Yiren Memorial Hall

项目业主：荣毅仁纪念馆项目筹建组
建设地点：江苏 无锡
建筑功能：文化建筑
用地面积：11 000平方米
建筑面积：3 140平方米
设计时间：2009年
项目状态：建成
设计单位：苏州华造建筑设计有限公司
主创设计：汪骅、欧泉

项目是在荣氏宗族故居原址上进行修建的，建筑由主入口展示厅、荣氏故居、大公图书馆、移建的荣毅仁北京旧居四部分组成。其中荣氏故居包括原址保留的转盘楼、承德堂（读书处）和按原貌复建的承馀堂等建筑。位于主入口的展厅部分是唯一新建的建筑，方正的造型也是设计者对荣老高尚品德的一种诠释。

荣毅仁纪念馆的建筑设计归根到底就是如何处理好新老建筑在形式和空间上的关系。在纪念馆的形式上，建筑师选择了在荣巷历史街区的江南老街巷风格的基础上，运用现代的表现手法加以提炼和升华，依旧是粉墙黛瓦，依旧有蟹眼天井，但是在造型的处理上则运用了现代的手法，想表达一种传统中渗透着现代、现代中隐含着传统的意境。

魏觊

职务：江西省建筑设计研究总院集团有限公司
　　　建筑三院副院长
职称：高级工程师

教育背景

2001年—2006年　南昌大学建筑学学士

工作经历

2006年至今　江西省建筑设计研究总院集团有限公司

主要设计作品

宜春明月山机场航站楼
荣获：2017年全国优秀工程勘察设计三等奖
　　　2017年江西省优秀工程勘察设计一等奖
中共江西省委党校新校区
荣获：2021年江西省优秀工程勘察设计一等奖
南昌市第28中高新实验学校
荣获：2021年江西省优秀工程勘察设计二等奖
锦峰大酒店附属楼
荣获：2017年江西省优秀工程勘察设计三等奖
中国烟草井冈山传统教育基地
荣获：2015年江西省优秀工程勘察设计三等奖
江西理工大学新校区
江西省省级党政机关办公楼
南昌县廉政教育基地
南昌县四卫一体（妇保院、血防站、疾控中心及120急救中心）
江西省税务干部学校教学综合楼
黄石万达广场酒店

刘子岳

职务：江西省建筑设计研究总院集团有限公司
　　　建筑三院创作中心主任、主创设计师
职称：高级工程师

教育背景

2005年—2010年　华东交通大学建筑学学士

工作经历

2010年—2011年　北京波士顿国际设计集团
2011年—2014年　悉地（北京）国际建筑设计顾问有限公司
2014年至今　江西省建筑设计研究总院集团有限公司

主要设计作品

宜春明月山机场航站楼
荣获：2017年全国优秀工程勘察设计三等奖
　　　2017年江西省优秀工程勘察设计一等奖
东营奥体中心
荣获：2019年深圳建筑设计奖二等奖
南昌市第28中高新实验学校
荣获：2021年江西省优秀工程勘察设计二等奖
刚果布拉柴维尔体育中心游泳馆
江西理工大学新校区
垦利体育会展中心
南昌市欣悦湖大厦、欣悦湖学校
南昌昌北国际机场T1航站楼
南昌华侨城欢乐象湖三期及旅游信息服务中心
瑞金经济技术开发区创新创业孵化园

江西省建筑设计研究总院集团有限公司
Jiangxi Provincial Architectural Design and Research Institute Group Co.Ltd

江西省建筑设计研究总院集团有限公司（以下简称集团公司）创建于1952年，系江西省最早成立的工业和民用建筑设计院，是集工程设计、城乡规划、工程勘察、工程监理、施工图审查、市政工程、工程咨询、绿色建筑、工程造价、园林设计、特种工程、工程代建、BIM技术、EPC工程总承包、室内装修设计等于一体的综合性甲级企业，业务领域覆盖建筑行业全过程。

集团公司现有职工1 000余人，其中专业技术人员900余人。集团公司遵循团结、进取、开拓、务实的办院宗旨，注重信誉、效率、服务，依靠科研技术，把繁荣建筑创作、探索建筑全过程服务、强化内部管

地址：南昌市东湖区省府北二路66号
电话：0791-86225731
网址：www.jxsjzy.com
电子邮箱：yzyx_jxsjzy2019@163.com

祝超

职务：江西省建筑设计研究总院集团有限公司
建筑三院创作中心副主任、主创建筑师
职称：工程师

教育背景
2007年—2012年　南昌大学建筑学学士
2012年—2015年　南昌大学建筑学硕士

工作经历
2015年至今　江西省建筑设计研究总院集团有限公司

主要设计作品
江西理工大学新校区
南昌市第28中高新实验学校
荣获：2021年江西省优秀工程勘察设计二等奖
南昌市新建区人民医院二部及疾控中心
江西现代职业技术学院共青产教融合基地
瑞金经济技术开发区创新创业孵化园
南昌县廉政教育基地
南昌县四卫一体（妇保院、血防站、疾控中心及120急救中心）

何文

职务：江西省建筑设计研究总院集团有限公司
建筑三院创作中心主创建筑师
职称：工程师

教育背景
2007年—2012年　南昌大学建筑学学士

工作经历
2012年—2017年　上海市建工设计研究总院有限公司
2018年至今　江西省建筑设计研究总院集团有限公司

主要设计作品
南昌市欣悦湖大厦、欣悦湖学校
江西现代职业技术学院共青产教融合基地
南昌县人民医院改扩建项目

理作为工作目标，勇于竞争，大胆创新。改革开放以来，集团公司已有200余项工程设计、科研项目荣获国家级、省部级优秀勘察设计奖和科技进步奖，并培养了许多在省内外享有盛誉的杰出人才。集团公司将继续深化改革，以“精心设计、质量第一、竭诚服务、业主满意”为宗旨，立足国内，面向世界，再创辉煌。

建筑三院于2021年集团公司改制时正式成立，旗下有建筑一所、建筑二所及创作中心3个部门，共有员工150人。在技术上细心打磨，为客户提供最优质服务是建筑三院的宗旨。建筑三院业务涵盖规划、建筑、景观、装修等方面，将努力为客户提供专业的定制化全过程设计服务。

宜春明月山机场航站楼

Yichun Mingyueshan Airport Terminal

项目业主：江西省机场集团公司
建设地点：江西 宜春
建筑功能：交通建筑
用地面积：61 925平方米
建筑面积：7 164平方米
设计时间：2010年
项目状态：建成
设计单位：江西省建筑设计研究总院集团有限公司
主创设计：魏觊

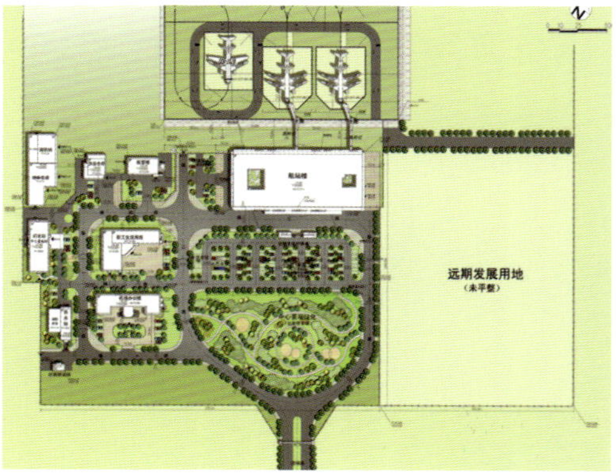

项目是一座富有宜春特色的现代化航站楼，也是宜春对外交流的一个重要窗口。建筑形式在主体建筑结构、细部空间装饰方面体现现代化的面貌和宜春当地特色。设计手法巧妙，从建筑美学、色彩、体量、尺度、比例的角度出发，创造了一种欣欣向荣、富有感染力的建筑造型。银色复合金属材料自墙面一直延伸至屋面，呈现出飞翔的姿态，模糊了墙面与屋面、水平与垂直的关系，暗示了宜春的多元化特色。建筑师从平面布局、流线设计、建筑体量、结构形式等方面入手，创新地设计了两个天井置于航站楼中，一个为贵宾旅客服务，另一个为普通旅客服务，给所有旅客创造明亮通透、空气良好的候机环境。

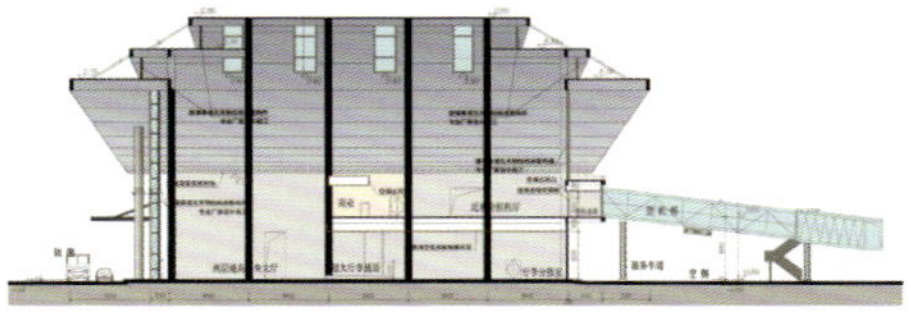

剖面图 1

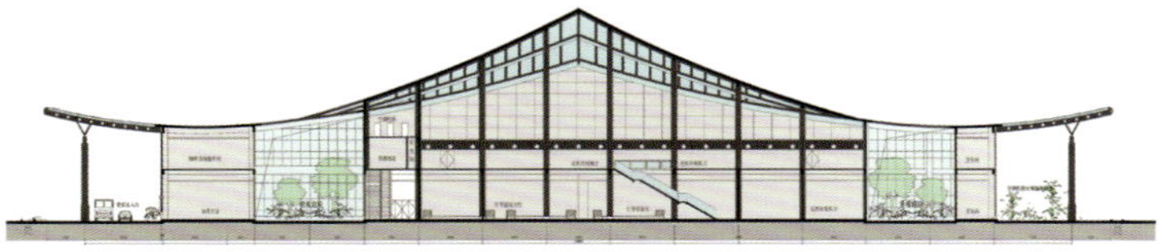

剖面图 2

中共江西省委党校新校区

New Campus of the CPC Jiangxi Provincial Party Committee Party School

项目业主：中共江西省委党校
建设地点：江西 南昌
建筑功能：教育建筑
用地面积：193 677平方米
建筑面积：114 841平方米
项目状态：建成
设计单位：江西省建筑设计研究总院集团有限公司
主创设计：建筑三院创作中心

项目位于南昌市九龙湖片区，该区域自然环境优越，“山、江、湖”三要素齐备，利于生态化、高标准建设。建筑是一座集教学、办公、餐饮、住宿和活动于一体的综合型、现代化教学楼。作为面临主要交通干道的建筑群落，项目还要起到丰富城市景观的作用，因此，在用地区域内建筑是以简洁而庄重的形象呈现的。建筑师深度挖掘地域文化、传统文化，在现代建筑的形式中寻找更丰富的精神内核，创造了高效、便捷、人性化的教学空间；将绿色节能的新技术、先进的设计理念与传统文化相结合，打造了一座行业的标杆建筑。

江西理工大学新校区

New Campus of Jiangxi University of Technology

项目业主：江西理工大学
建设地点：江西 赣州
建筑功能：教育建筑
用地面积：1 070 000平方米
建筑面积：655 300平方米
设计时间：2017年
项目状态：建成
设计单位：江西省建筑设计研究总院集团有限公司
主创设计：建筑三院创作中心

项目位于赣州市新能源汽车科技城规划区域内，整体规划设计贯彻“创新、协调、绿色、开放、共享”的新时期大学校园建设五大理念，营建灵活多样、和谐统一的校园空间环境。

项目设计的总体思路有两点：第一点是强调新校区与赣南客家地域环境的特点，创造独特的校园环境；第二点是塑造空间有序、功能便捷的集约型新校园。

校园主要由教学区、运动区及宿舍区等几部分组成。项目建成后将以“综合实力江西一流、优势学科国内领先、特色领域国际知名的高水平理工大学”为战略目标，为赣南地区打造出一片“汇聚高素质人才的活力新区、提高效率服务的共享新区、人文生态相辉映的绿色新区。”

魏丹枫

职务：浙江工业大学工程设计集团有限公司
总裁助理、工程设计中心主任
职称：高级工程师
执业资格：国家一级注册建筑师

教育背景
2003年—2008年　浙江工业大学建筑学学士

工作经历
2008年至今　浙江工业大学工程设计集团有限公司

个人荣誉
2019年中国建筑学会建筑改造和城市更新专业委员会第一届理事会理事
2022年杭州市优秀青年建筑师

主要设计作品
羊锅村美食街
荣获：2016年浙江省优秀工程勘察设计二等奖
2016年杭州市优秀工程勘察设计二等奖
杭州拱墅瓜山未来社区
荣获：2021年浙江省优秀工程勘察设计一等奖
2021年杭州市优秀工程勘察设计一等奖
杭州运河新城30 班小学工程
荣获：2021年浙江省优秀工程勘察设计二等奖
2022年杭州市优秀工程勘察设计三等奖
秦山第三核电有限公司办公楼
义乌汽车交易中心
宁波鄞州龙汇未来社区
浙江工业大学德清校区
浙江工业大学屏峰校区1-A区块

张晖

职务：浙江工业大学工程设计集团有限公司
第六建筑设计研究院院长
职称：高级工程师

教育背景
2003年—2008年　兰州交通大学建筑学学士

工作经历
2008年至今　浙江工业大学工程设计集团有限公司

主要设计作品
青川县姚渡乡九年制学校
荣获：2010年浙江省优秀工程勘察设计三等奖
兰溪世贸大饭店
荣获：2014年杭州市优秀工程勘察设计三等奖
杭州市肢残人综合服务中心
荣获：2016年杭州市优秀工程勘察设计一等奖
固原市会议服务中心与档案馆
荣获：2017年浙江省优秀工程勘察设计优质奖
2017年杭州市优秀工程勘察设计三等奖
大江东金融小镇
荣获：2017年浙江省优秀工程勘察设计一等奖
小和山后勤公建项目1-B地块D-4学生宿舍
荣获：2017年杭州市优秀工程勘察设计二等奖
浙江工业大学德清校区
荣获：2018年全国优秀工程勘察设计一等奖
个推互联网科技大楼
荣获：2020年杭州市优秀工程勘察设计二等奖

浙江工业大学工程设计集团有限公司
ZHEJIANG UNIVERSITY OF TECHNOLOGY ENGINEERING DESIGN GROUP CO.,LTD

浙江工业大学工程设计集团有限公司成立于1983年，是一家集设计、建设、科研于一体的大型工程咨询企业。公司现有专职技术人员1 000多名，其中具有中、高级职称的工程师500多名，有国家一级注册建筑师、国家一级注册结构工程师等各类注册人员300多名，并拥有国家级和省级青年优秀建筑师、工程勘察设计大师及杭州市青年优秀建筑师等高层次人才。

近年来，公司在国内率先开展了特色小镇、未来社区、智慧城市、建筑工业化、工程总承包、全过程工程咨询等领域的工程实践和技术创新，先后荣获国家级、省部级、市级优秀勘察设计奖（优质工程奖）400多项和省级科学技术进步奖10多项，主编20多项国家级、省级规范和图集，荣获100多项国家专利。公司入选浙江省工程总承包第一批试点企业、浙江省第一批建筑工业化示范企业、国家装配式建筑产业基地，并荣获全国建筑设计行业首批“诚信单位”、中国建筑设计百家名院、国家高新技术企业等称号。

公司始终秉持“挑战、创新、引领、卓越”的企业宗旨，充分发挥高校设计院的科研、技术和人才优势，持续探索高质量、内涵式的发展路径，努力成为全国一流的综合性工程设计咨询公司。

地址：杭州市拱墅区潮王路18号
浙江工业大学校内
电话：0571-88320325
传真：0571-88320731
网址：www.azut.cn
电子邮箱：azut@azut.cn

杭州拱墅瓜山未来社区

Hangzhou Gongshu Guashan Future Community

项目业主：杭州上塘实业投资有限公司
建设地点：浙江 杭州
建筑功能：居住、商业建筑
用地面积：289 434平方米
建筑面积：299 199平方米
设计时间：2018年
项目状态：建成
设计单位：浙江工业大学工程设计集团有限公司

项目为浙江省第一批完成省级备案的整合提升类未来社区，实施单元由瓜山新苑、瓜山东苑、瓜山北苑三个城中村构成。该项目作为浙江省首个落地运营的未来社区，集居住、商业、办公、文化、教育、体育等多种功能于一体，是杭州未来社区九大场景齐备的示范项目，也是浙江省唯一由城中村翻新的未来社区。

项目围绕江南美丽乡村、运河工业文脉与现代都市生活三者有机融合的主题，留存江南乡村记忆，延续运河工业文脉，激发创业创新活力。设计通过提升改造基础工程、整治美化乡村风貌、保护性开发工业遗存、传承工业人文脉络，全力打造独具运河韵味的工业历史风貌区、极具归属感的智慧配套居住区、青年人才向往的创业创新活力区、智能化国际化新青年生活生态区，并最终打造成“四区融合”的全国城中村样板区和未来社区示范区。

宁波鄞州龙汇未来社区

Ningbo Yinzhou Longhui Future Community

项目业主：宁波五乡镇镇府
建设地点：浙江 宁波
建筑功能：居住、商业建筑
用地面积：233 000平方米
建筑面积：690 779平方米
设计时间：2021年
项目状态：在建
设计单位：浙江工业大学工程设计集团有限公司

项目是浙江省第四批完成省级备案的拆改结合类未来社区，规划总面积为146.21万平方米，实施单元面积为23.30万平方米。龙汇未来社区依托紧邻东部新城、国家高新区、轨道一号线地铁站的区位优势以及中车产业基地的产业优势和得天独厚的江南水乡生态资源优势，倡导TOD开发模式，以“古鄮五乡、塘河新城”为总体定位，以“重回古鄮之乡、再现九水之境、塑造塘河新城、开启未来画卷”为四大规划策略，延续“古鄮文化”精神内涵，秉承塘河生态资源优势，打造“生命绿肺、水韵静脉、TOD动脉、五乡之心”的活力新区。

义乌汽车交易中心

Yiwu Automobile Trading Center

项目业主：义乌市市场发展集团有限公司
建设地点：浙江 义乌
建筑功能：商业建筑
用地面积：118 488平方米
建筑面积：23 030平方米
设计时间：2016年
项目状态：建成
设计单位：浙江工业大学工程设计集团有限公司

项目选址于义乌市后宅街道、沪昆高速以西，场地南侧为义浦二线，北侧为规划道路，交通便利，区位条件优越。项目总体规划设计灵感源于河流的自然动态之美，体现义乌经济的生机勃勃，经久不息。项目的外立面精巧地运用富有流动质感的浅灰色铝板，为面向义浦线的义乌汽车交易中心打造别具一格的时代特征。设计力求在深刻理解汽车产业内涵的基础上来构思，以规划目标及各建筑单体功能的内在联系为基础，根据地形现状，考虑空间张弛关系，将相关单体紧密联系，创造了一个具有动态之美的现代建筑群。

金华城投孵化园

Jinhua Urban Investment Incubation Park

项目业主：金华城投集团
建设地点：浙江 金华
建筑功能：科教、办公建筑
用地面积：59 546平方米
建筑面积：131 294平方米
设计时间：2018年
项目状态：建成
设计单位：浙江工业大学工程设计集团有限公司

项目位于金华市金义都市新区，建设内容主要包括产业用房、研发检测生产用房、宿舍楼、食堂及配套设施。基地周边交通运输和基础设施较为完善，可以为不同的小微企业提供企业孵化生产、培训、展示交流及生活配套服务，既减少了不同功能之间的相互干扰，又形成便利、快捷的创新创业孵化氛围。

该项目已达到国家级科技孵化园区标准，也是金义都市新区国家级工业产业孵化园，落地可孵化80家中小型企业和多家大型企业，为当地创造了良好的社会效益和经济效益。

玉环市陈屿中心小学

Yuhuan Chenyu Central Primary School

项目业主：玉环市陈屿中心小学
建设地点：浙江 玉环
建筑功能：教育建筑
用地面积：37 501平方米
建筑面积：28 204平方米
设计时间：2017年
项目状态：建成
设计单位：浙江工业大学工程设计集团有限公司

项目位于玉环市大麦屿，办学规模为48个班，可容纳2 160名学生。设计引入中国古典园林造园艺术，结合现代建筑活泼简洁的外观和先进的节能环保元素，形成良好的整体校园环境，以达到全面的教学目标。

设计充分尊重学校的历史文脉，以敦厚的建筑形态体现山海文化，同时注重孩子的心理需求，打造多姿多彩的立面外观，体现继承与发展的融合性。

设计着重强调人体工程学设计和空间的安全性，重视校园建筑形态和建筑功能相统一的原则；既充分体现小学校园的功能特征，又兼顾依山傍海的地域环境和人文特色的传承发扬。

威宁民族中学

Weining Ethnic Middle School

项目业主：贵州省威宁民族中学
建设地点：贵州 威宁
建筑功能：教育建筑
用地面积：175 339平方米
建筑面积：109 184平方米
设计时间：2019年
项目状态：在建
设计单位：浙江工业大学工程设计集团有限公司

项目是威宁县一所现代化、智慧型、高品质、绿色环保的超大型高级中学，教学规模为120个班，每班计50人，总人数为6 000人，另有教职工375人。

规划建设包括教学楼、实验楼、行政办公楼、体艺楼、报告厅、食堂、图书馆、学术交流中心、学生宿舍楼、活动综合楼、附属用房、地下停车场、400米标准田径场，以及标准篮球、排球、乒乓球场等。项目延续和传承了石门坎教育文化，获得了当地对于高级中学集中办学的优质资源，是一所省级示范性学校。

吴建

职务：上海交通大学设计学院副教授、研究生导师
混合发展空间科学研究中心主任
职称：副教授

教育背景

2003年—2009年　同济大学建筑与城市规划学院博士

工作经历

2006年—2008年　珀金斯伊士曼建筑设计咨询(上海)有限公司
2009年—2012年　匠人规划建筑设计股份有限公司
2012年至今　上海交通大学设计学院

社会职务

三亚学院特聘教授

个人荣誉

2010年美国建筑师协会教育建筑创新奖
2015年美国建筑A+设计奖提名奖
2012年第八届中国人居典范建筑规划设计方案竞赛规划金奖
2012年第八届中国人居典范建筑规划设计方案竞赛绿色建筑奖
2018年河南省勘察设计创新奖二等奖
2019年上海勘察设计协会三等奖
2019年上海优秀青年工程勘察设计师
2021年上海勘察设计协会广联之星第三届大学生建筑设计竞赛最佳指导教师
2022年意大利A'设计大赛银奖
2022年意大利A'设计大赛年度最佳设计师提名奖

主要设计作品

美国国际协和学校设计三期
荣获：2010年美国建筑师协会教育建筑创新奖
海南世界健康养生论坛
荣获：2012年中国建筑学会建筑设计奖规划金奖
梦上海概念规划
荣获：2012年中国建筑学会建筑设计奖绿色建筑奖
稻城亚丁机场航站楼设计
荣获：2015年美国建筑A+设计奖提名奖
郑州龙宇国际
荣获：2018年上海勘察设计协会三等奖
2018年河南省勘察设计创新奖二等奖
青岛平度奥体中心
荣获：2022年意大利A'设计大赛银奖

设计学院
SCHOOL OF DESIGN
ARCHITECTURE 建筑 / DESIGN 设计
LANDSCAPE ARCHITECTURE 风景园林

上海交通大学最早培养人居环境方面的设计人才可追溯到其前身——20世纪初的上海高等实业学堂。2017年12月学校整合全校设计类学科的优质资源，将建筑系、设计系及风景园林系重组成立了设计学院。上海交通大学以“创新设计”学科群涵盖建筑学、设计学与风景园林学三个一级学科，并将其列入学校“双一流”重点建设的17个学科群之一。

经过近30年的学科建设，上海交通大学设计类学科着力于交融人文艺术与科学技术，旨在培养理论与实践相结合的具有家国情怀、领袖才能、国际视野、求真精神的精英人才。设计学院在人才培养、研究、社会服务、实践与国际化等领域均取得瞩目成就，在近年英国QS世界大学学科排名中，“建筑与人居环境学科”在国内外高校中排名前列，于2019年进入全球50强，2020年上升到全球第47位，“艺术与设计学科”近年连续进入全球100强。

设计学院目前拥有140多位教职员工，900余名学生。大部分教师拥有国际一流大学博士及工作访学经历。在今后3到5年内，设计学院将大幅增强研究与教学力度，诚邀海内外英才加盟。

上海交通大学设计学院目前已面临千载难逢的历史机遇：“中国制造”转向“中国设计”的广阔前景、上海市“设计之都”与“科技创新中心”的地域优势，都让学院的未来充满希望。在上海交大世界级平台以及一流生源、一流研究的基础上，设计学院正在打造国际化教育高地，汇聚全球顶级学者与设计大师，创建有鲜明上海交大特色、国际一流的设计学院。

地址：上海市闵行区东川路800号
电话：021-54740000
网址：上海交通大学设计学院
(sjtu.edu.cn)
designschool.sjtu.edu.cn

郑州龙宇国际

Zhengzhou Longyu International

项目业主：河南煤炭化工集团
建设地点：河南 郑州
建筑功能：办公建筑
用地面积：22 450平方米
建筑面积：158 218平方米
设计时间：2010年—2019年
项目状态：建成
设计单位：匠人规划建筑设计股份有限公司
主创设计：吴建
参与设计：焦志鹏、黄震、孙兵、佘敦峰、陈宗喜、李兵、黄何

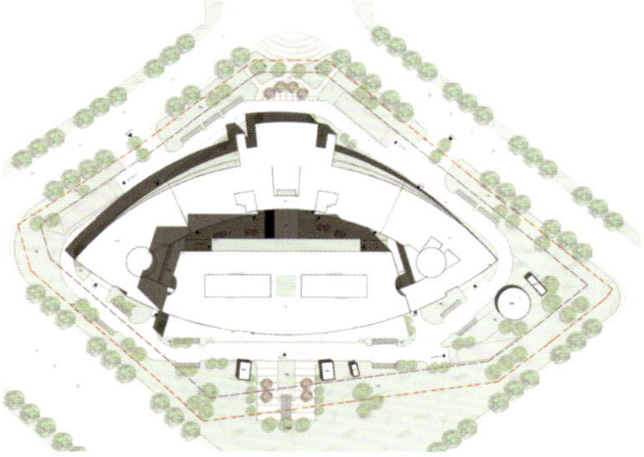

项目为河南煤炭化工集团总部，东接郑东高铁站，北邻超高层双子塔。设计希望在因高楼林立而造成城市空间割裂的现状中，对郑东新区重要城市节点进行缝补，并在高度受限的条件下形成与城市地标超高层双子塔的互动。外部“空间效益”研究对不同形态类型与城市空间资源的互动结果进行定量比较，筛选出具有最大外部“空间效益值”的形态，使之成为生成建筑形态的参照。在具体操作中，设计兼顾建筑形态在“水平—竖直”维度的并进发展，推导出“L (Length) +H(Heigh)”的形态生成途径，由此突破了周边区域高层建筑固有的设计模式。建筑不仅完成了对城市的最大化展现，并且实现了对周边资源的最大化利用，从而与城市建立紧密的内在联系。

青岛平度奥体中心

Qingdao Pingdu Olympic Sports Center

项目业主：平度市城市建设投资开发有限公司

建筑功能：体育建筑

建筑面积：86 078平方米

设计时间：2016年—2018年

项目状态：建成

设计单位：上海交通大学设计研究总院
上海交通大学设计学院

主创设计：吴建

设计团队：李亮、杨友军、陆林军、史建勇、陈福熙、周峻、窦荣海、艾兴勇、王毅、张二卫、黄何、李颖超等

建设地点：山东 青岛

用地面积：430 000平方米

青岛平度奥体中心是首次将空间效率理论与设计实践相结合的建成项目。

项目是山东省全运会主场馆之一，包含15 000个座位的体育场、7 000个座位的篮球馆和1 500个座位的游泳馆，并设置必要的室外场地。设计关注内部“空间效益”研究，通过对大型体育场馆的主要矛盾“建设规模大而利用方式少”“专业属性强而使用频率低”“技术难度高而建成品质差”的分析，选取关键指标进行量化比较，使之成为设计依据。设计通过对功能元素重组，通过功能体系优化来减少建筑面积、提升空间紧凑度、实现功能多样化、缩减结构跨度（降低施工难度），从而在“建设规模—利用模式”“专业属性—日常使用”“技术难度—施工方式”之间建立新的对应。设计秉承“以小建大”的设计理念，以尽可能少的社会资源创造尽可能多的综合效益，由此将建筑转变为对社会资源有效吸纳并高效产出的载体。

稻城亚丁机场航站楼设计

Daocheng Yading Airport Terminal Design

项目业主：中国西南航空公司

建筑功能：交通建筑

建筑面积：15 465平方米

项目状态：建成

主创设计：吴建、黄震

建设地点：四川 甘孜

用地面积：231 000平方米

设计时间：2010年—2013年

设计单位：匠人规划建筑设计股份有限公司

参与设计：孙兵、佘敦峰、陈宗喜、李兵、黄何

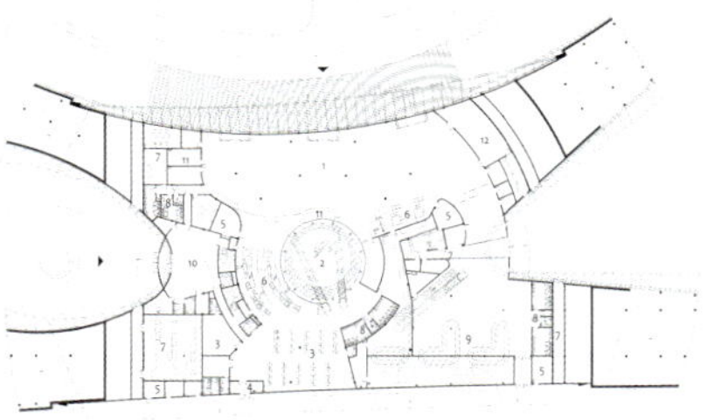

一层平面图

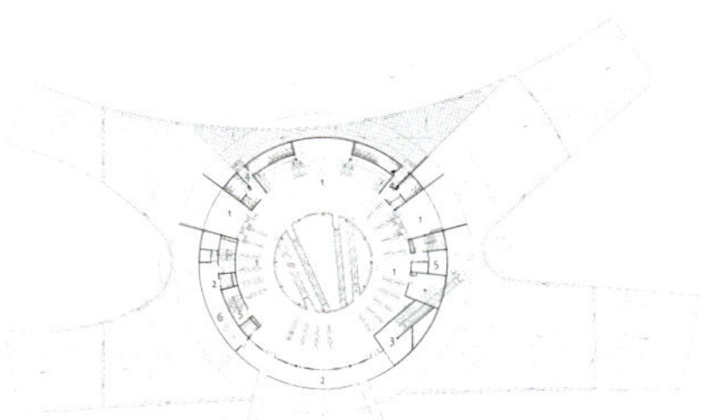

二层平面图

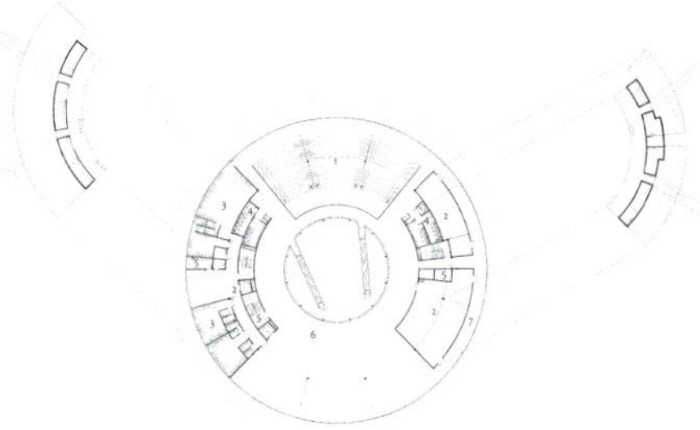

三层平面图

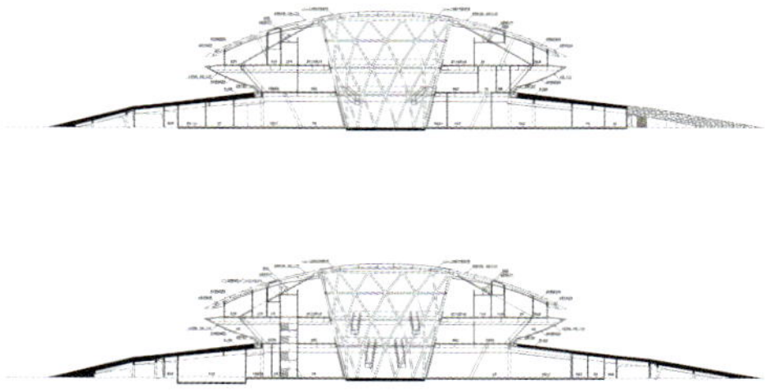

剖面图一

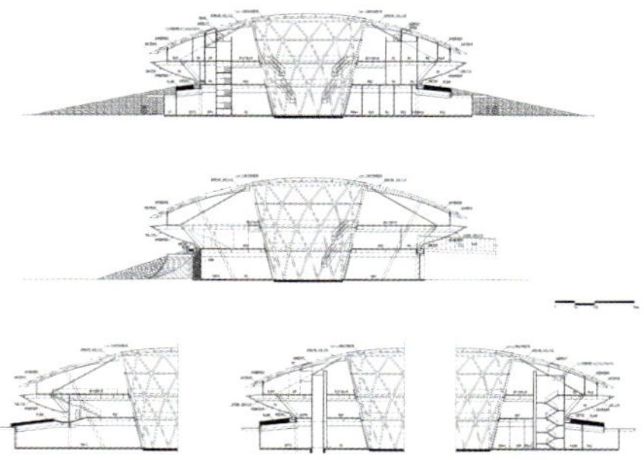

剖面图二

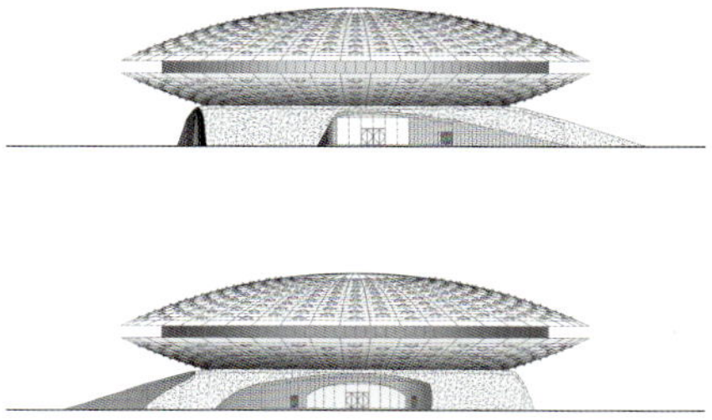

立面图

项目位于甘孜州海子山，海拔高度4 411米，为世界海拔最高的民用机场。海子山现存类似月球表面一样苍凉的独特地貌。减少对地表的破坏且形成独特的表达，成为设计的关键。在整体的布局上，辅助建筑呈环绕的带状分布，覆盖于地表之上，与环境融为一体。这不仅减少了对环境的破坏，且最大限度尊重了文脉和地貌；通过利用地方材料与植被覆盖，减少建筑能源损耗并有效适应恶劣的自然环境。航站楼犹如来自天外的飞碟，悬浮于具有原始风貌的基地之上，造型新颖独特。建筑在“藏一露”之间，形成对环境的尊重及自身的彰显；并在原始与未来、自然与科技之间建立起新的对话，产生不同的诗意。建筑群体呈现出极强的视觉张力，并形成机场即景区的设计效果。

吴昊

职务：瓦地工程设计咨询（北京）有限公司总经理
首席设计师、活水沙龙联合创始人
执业资格：荷兰注册景观设计师

教育背景

2002年—2006年 清华大学水利水电工程学士
2006年—2008年 荷兰瓦赫宁根大学景观规划设计硕士

工作经历

2009年—2010年 荷兰H+N+S景观事务所
2010年—2015年 安博戴水道景观设计公司
2015年至今 瓦地工程设计咨询（北京）有限公司

社会职务

中国水利学会生态水利工程学专业委员会专家
中国城市科学研究会景观学与美丽中国建设专业委员会专家
中国城市科学研究会生态城市研究专业委员会专家

个人荣誉

2017年亚洲园林协会“优秀设计师”
2020年德国设计大奖

主要设计作品

玉溪东风广场
荣获：2017年亚洲园林协会市政园林设计类金奖
2020年德国设计大奖
玉溪第二幼儿园
荣获：2017年桃花源生态保护基金会海绵社区先锋奖
2018年ELA生态景观十佳大奖
天津文化中心
荣获：2017年IFLA亚太景观奖文化和城市景观类别杰出奖
珠海市香炉湾海滩生态修复工程
荣获：2017年中国人居环境奖
深圳市布吉河（罗湖段）沿线地区城市设计
荣获：2018年国际公开竞赛第二名
东莞滨海湾新区滨海景观长廊
荣获：2018年国际公开竞赛第三名
大同云冈矿山修复公园
荣获：2019年艾景奖年度十佳景观设计
中科院深圳理工大学景观和水系统设计
荣获：2021年国际公开竞赛第一名

建筑实践

吴昊先生长期从事景观设计、生态水环境的研究与实践工作，在绿色基础设施规划、生态恢复技术、雨洪管理等领域有着丰富的经验。他主持项目160余项，负责完成了天津文化中心、深圳宝安活力西海岸环境设计、北京亦庄国锐金顶广场、南京生态科技岛湿地公园、荷兰莱茵河堤防空间质量提升计划、玉溪东风广场、镇江征润洲湿地公园、北京通州新城海绵城市示范、上海星空之境海绵公园等工程项目，多次荣获国内外奖项。吴昊倡导将可持续技术、生态美学、人性化尺度三者统一的策略，并关注城市更新过程中的景观和水文格局重构问题，相继主持落地了上海、武汉、嘉兴、玉溪、镇江、大连、北京等地的国家级海绵试点项目。

企业微信公众号

地址：北京市朝阳区东三环中路39号
建外SOHO九号楼3106
电话：18101051037
传真：86-010-59527102
网址：www.wadistudio.com
电子邮箱：info@wadistudio.com

WADI

瓦地工程设计咨询（北京）有限公司由荷兰注册景观设计师吴昊先生于2015年创立，是具有国际背景的环境咨询设计机构，汇集了中国与欧洲环境设计领域的精锐力量，组成跨地域、跨专业、跨文化的优秀团队，坚持“一体化环境设计”的方法论，推出了一系列引领行业的优秀设计作品。公司秉承“国际生态设计，助力美丽中国”的经营理念，坚守终身质量的职业伦理，在城市景观和水环境领域提供的咨询服务均为一站式服务，注重技术亮点的融入和落地，在材料选用和施工监理方面也提供全程的跟踪服务。

中科院深圳理工大学景观和水系统设计

CAS Shenzhen Institutes of Advanced Technology Landscape and Water System Design

项目业主：深圳市工务署
建设地点：广东 深圳
设计类型：景观设计
用地面积：541 563平方米
建筑面积：562 000平方米
设计时间：2021年—2022年
项目状态：在建
设计单位：瓦地工程设计咨询（北京）有限公司
主创设计：吴昊
设计团队：李辰、郭奇、郑钧、胡左贝、杜超、李治、郭书岳、贺逸萱、袁军营

场地位于具有独特自然环境的生态敏感地带与正在建设的光明科学城之间。设计在尊重山体地形的基础上勾勒出未来蓝绿廊道，使之成为山水校园的生态骨架，并将校园划分为6个尺度紧凑、功能复合的街区组团。设计将原有的单一水利功能进化为南北连通的多功能生态水系，多级而弹性的浅表海绵系统能够有效应对极端天气对校园的冲击，并提供了多样性的栖息环境和疏密有致、隐于山水的沉浸式景观体验。水境、园境、生境三者合而为一。

玉溪东风广场

Yuxi Dongfeng Square

项目业主：中建集团
建设地点：云南 玉溪
设计类型：景观设计、海绵城市
用地面积：54 000平方米
设计时间：2016年—2017年
项目状态：建成
设计单位：瓦地工程设计咨询（北京）有限公司
主创设计：吴昊、曹冰

东风广场位于玉溪市红塔区红塔大道与东风中路交叉口，是玉溪人民的“大广场”。设计通过构建生态缓冲区及雨水调蓄控制体系，不仅解决了雨水径流污染问题，还提升了景观环境品质，改善了交通组织，使陈旧的老广场重新焕发活力，使生态性、公益性和文化性并重。项目建成后具有推广性及示范性。设计团队坚持以“低影响开发和最小化干扰”“生态审美下的城市空间”和“回归人的海绵城市”等三项策略来构筑新的广场肌理和景观，为市民创造更舒适的活动场地。

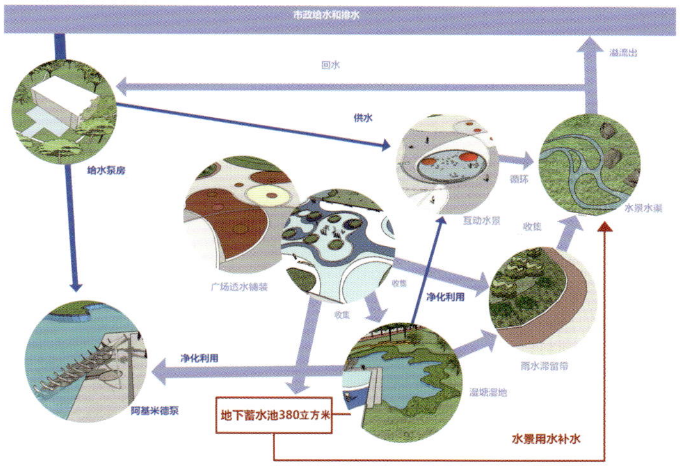

大同云冈矿山修复公园

Datong Yungang Mine Restoration Park

项目业主：金隅冀东水泥集团
建设地点：山西 大同
建筑功能：生态修复、景观设计
用地面积：50 000平方米
设计时间：2019年—2020年
项目状态：建成
设计单位：瓦地工程设计咨询（北京）有限公司
主创设计：吴昊、李辰

大同云冈矿山的再生整体设计概念包括两个部分。

1．生态修复和最小化干预原则：基于生态学原理确定场地修复布局和有针对性地选择土壤喷播和修复技术，系统化地修复破坏的山体并附加多元的新功能。采用最小化干预原则进行景观系统规划，新加入的景观元素为叠加在生态基底上的“引导”和“点缀”，不喧宾夺主。在植物种植策略上，有效保留当地的杂草物种库，并在生态修复中采用。

2．因地制宜和尊重场所精神：基于不同的坡度、高度、破坏度、水土条件等，得出不同的分区定位，体验游线重点布置在可达性高、修复难度小，并且和城市周边视线关系密切的区域。在水土条件较脆弱的地段，采用战略性留白策略为后续的生态修复创造时间和空间。设计尊重场地的后工业化特征，承认矿山的修复不是回到原始的自然，而是营造具有生态功能的后工业化特色的人工自然，在修复过程中，保留珍贵的工业文化记忆。

总平面图

❶斑块生态厂区
❷文化广场
❸原生植被保护区
❹时光工业遗址隧道
❺大地艺术景观
❻山体修复展示
❼露天博物馆
❽生态果园
❾山地营造
❿矿坑体验
⓫景观平台
⓬边坡山景
⓭山顶服务处
⓮花溪画廊
⓯大同文化展示

息悦

职务：大连市建筑设计研究院有限公司副总建筑师
　　　C+Z建筑师工作室主创建筑师
执业资格：国家一级注册建筑师
　　　　　国家注册城乡规划师

教育背景

2006年—2011年　天津大学建筑学学士

工作经历

2011年—2018年　中国建筑东北设计研究院有限公司大连设计院
2018年至今　大连市建筑设计研究院有限公司C+Z建筑师工作室

主要设计作品

大连香格里拉酒店二期
荣获：2021年辽宁省建筑设计建筑创作三等奖
大连周水子火车站旧址修缮工程
荣获：2021年辽宁省建筑设计建筑创作三等奖
大连海事大学实验楼
大连远洋钻石湾A4、A5商业综合社区
长兴岛兰亭假日二期酒店及商业
大连长兴岛市民文化健身中心
吉林省长白山十八坊商业街区
大连巷里·巷外辰熙商业街改造
大连创新创业园（德泰大厦）
大连中海疏港路办公楼
大连万科东港E06办公楼
大连远洋钻石湾D4商业综合社区
桂林万达城酒店群项目

C+Z建筑设计工作室

大连市建筑设计研究院有限公司C+Z建筑师工作室（以下简称C+Z建筑师工作室）成立于2005年，隶属于大连市建筑设计研究院有限公司，是由知名建筑师崔岩、赵涛领衔，10多名有共同理念的职业建筑师组成的方案创作设计团队。

C+Z建筑师工作室是一个试图将“个别特殊性设计的坚守”转化成“普遍型的关注”，让个体的坚守、努力成为建筑师群体行为，并付诸实践的青年建筑师团队。

C+Z建筑师工作室秉承设计源于对生活方式的深刻理解的理念，用作品诠释着建筑师的态度，坚信建筑的魅力在于设计的品质和对生活的感悟，只有充满生机和活力的建筑才会在岁月中留下设计的印迹。

经过多年的设计实践，C+Z建筑师工作室形成了一套成熟的方案创作方式，在作品从前期研究至最终完成的每个工作环节中，最大限度地体现艺术激情与专业理性的完美结合。C+Z建筑师工作室借助大连市建筑设计研究院有限公司的综合技术平台，在方案设计过程中提前引入相关专业的设计概念和方案优化信息，确保作品有条不紊地全方位推进直至投入使用。

多年的设计经验及成功的建成作品，使C+Z建筑师工作室逐步成为建筑行业方案设计领域中一支有着显著特色的设计队伍。

地址：辽宁省大连市西岗区胜利路
　　　102号310室
电话：0411-84310272
网址：www.cz-studio.cn
电子邮件：ud_studio@126.com

大连中海疏港路办公楼

Dalian Zhonghai Shugang Road Office Building

项目业主：大连中信海港投资有限公司
建设地点：辽宁 大连
建筑功能：办公建筑
用地面积：11 210平方米
建筑面积：50 000平方米
项目状态：建成
设计单位：C+Z建筑师工作室
设计团队：息悦、高清泉、李龙君

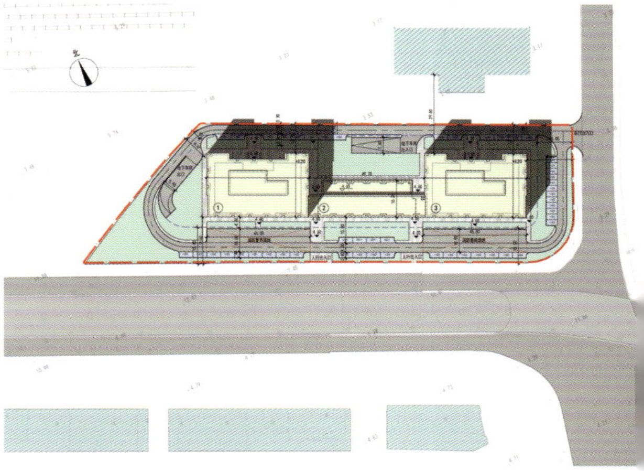

项目基地红线南侧4米即为上口匝道，南侧12米为高架桥；周边高层建筑林立且风格多样。地块在噪声、视野、光线、形象定位等方面均受到不同程度的限制和影响。

建筑设计的策略是实现整体性与通透性：首先在满足退线及防火间距的基础上，尽量加大与南侧高架桥、北侧办公楼和东侧规划路的间距，以减少对城市的压迫感；其次采用双塔的形式，让视线更加通透，通过裙房的连接实现整体性的表达；最后底层的局部架空与退让设计，可以释放出更多的绿化与活动空间。

造型上的策略是传承大连建筑的古典主义：项目临近中山广场、港湾广场，属于中山区乃至大连市古典氛围相对较浓郁的一个区块；设计将当地的古典主义建筑风格进行提炼与传承，充分展示大连中西方融合的地域特色。

大连香格里拉酒店二期

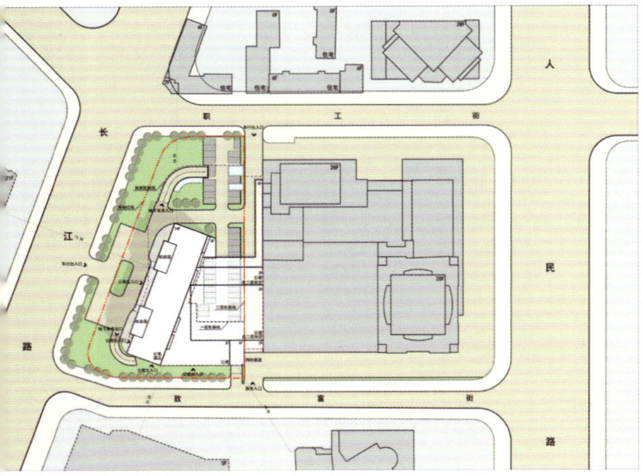

Dalian Shangri-La Phase II Hotel

项目业主：大连香格里拉酒店有限公司
建设地点：辽宁 大连
建筑功能：酒店、商业建筑
用地面积：5 900平方米
建筑面积：51 800平方米
设计时间：2013年—2014年
项目状态：建成
设计单位：中国建筑东北设计研究院有限公司大连设计院
设计团队：邹冬、息悦、陈天禄、赵成中、孔祥吉、李渺、张建坡、姜天泽

项目为香格里拉酒店的二期扩建工程，设计目标是为大连中山广场商圈及未来的东港商圈提供一个包含居住、商业、会议等功能的城市综合体。设计着重解决建筑群体与周围城市空间的关系以及相邻建筑物之间的逻辑关系和视觉关系，并在城市空间设计中确立新的区域轴线和地标：

1. 最大限度地利用自然海景，体现国际五星级酒店品质，强化品牌竞争力；
2. 注重一、二期的功能衔接与动线延续，整体提升酒店的接待能力；
3. 尊重环境文脉传承，精心组织建筑形体及造型设计，使其融入城市环境中；
4. 充分利用土地，在满足各项规定和要求的前提下，努力提高绿地覆盖率，满足城市和市场的需要；
5. 建立完善的交通体系，合理组织人车流线，使停车位充足。

大连海事大学实验楼

Experimental Building of Dalian Maritime University

项目业主：大连海事大学
建设地点：辽宁 大连
建筑功能：教育建筑
用地面积：13 185平方米
建筑面积：29 223平方米
项目状态：方案设计
设计单位：C+Z建筑师工作室
设计团队：息悦、赵虎、吴良琦、王悦

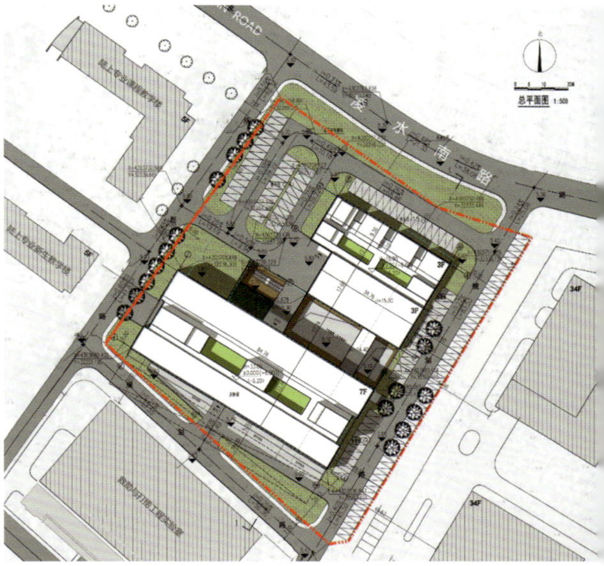

项目规划设计充分考虑周边校园肌理和使用者的需求。项目属于实验室建筑，对于室外场地、地面荷载、货物进出等有特殊要求。设计将5个学科进行族群式布局，使5个学科分别环抱各自庭院形成相对独立的个体，同时又相互临近构成紧密联系的整体，营造绿色、安静、健康的科研环境。

建筑立面以横向的金属线条和水平长条窗形成工业风的建筑形态，展现实验室建筑的个性，带有强烈的时代感；同时水平向的立面构图与校园整体氛围契合。横向的金属线条以流动的形式，隐喻大连海事大学海洋类院校的独特性质。室内外一体化设计，室内设计沿用部分室外材料，并采用不同质感材料和颜色搭配。整体建筑现代、简洁，富有海洋类院校特色。

大连远洋钻石湾A4、A5商业综合社区

Dalian Ocean Diamond Bay A4, A5 Commercial Comprehensive Community

项目业主：大连新悦置业有限公司
建设地点：辽宁 大连
建筑功能：商业、办公、酒店建筑
用地面积：67 700平方米
建筑面积：196 330平方米
项目状态：在建
设计单位：C+Z建筑师工作室
设计团队：息悦、郝俊龙、崔鸣轩、高清泉

项目北侧为A4区，是一座集公寓、总部办公、五星级酒店及高端商业等功能于一体的城市商业综合体；项目南侧为A5区，是一座以公寓为主、结合办公及商业的综合社区。

立面设计上，以极简风格的造型融入部分怀旧元素，强化材料及造型杆件的细部设计，并在局部配以玻璃幕墙和轻快的颜色，充分表现建筑的时尚感、精致感和简约感；取大连传统建筑砖墙之米黄赭红、海天之湛蓝与云朵之洁白，丰富的造型与明亮的色彩为整个街区带来独特的吸引力和现代都市氛围，也让大连的海景天际线焕然一新，使整个街区不论在近人尺度还是滨海远景上都能形成层次丰富又独具特色的视觉效果。

大连万科东港E06办公楼

Dalian Vanke Donggang E06 Office Building

项目业主：大连奥泰置业有限公司
建设地点：辽宁 大连
建筑功能：居住、办公建筑
用地面积：6 400平方米
建筑面积：22 400平方米
设计时间：2020年—2021年
项目状态：在建
设计单位：C+Z建筑师工作室
设计团队：息悦、郝俊龙、闫鹏超

项目规划布局为1栋22层塔楼和连接塔楼的2层“L”形裙房，西南侧设计为开放式的下沉景观广场，形成良好的城市街道景观界面，带动地下部分的商业价值，激发街区活力。标准层为创新研发的分户式办公产品，室内可改造为类住宅布局，空间灵活多变、出房率较高。

建筑造型采用现代滨海设计风格，错动的水平线条处理及局部玻璃幕墙体量，既延续了东侧E07住宅区的立面风格，又充分体现了公建类建筑的造型特点。既有整体感又有独特性的街区形象，能够较好地与周边环境相融合。立面细节设计结合了使用功能，在夜景亮化效果等方面进行了设计深化，做到无论在城市远景还是近人尺度上都能实现美观统一的视觉效果。

吴巍

职务：武汉市规划设计有限公司
综合策划与规划设计中心主任
职称：高级建筑师
执业资格：国家一级注册建筑师
国家注册城市规划师
LEED高级工程师

教育背景

2005年—2008年　武汉理工大学建筑学硕士
2007年—2008年　法国南锡国立建筑学校建筑学硕士
2014年—2015年　美国伊利诺伊大学芝加哥分校城市规划访问学者

工作经历

2013年至今　武汉市规划设计有限公司

社会职务

湖北省历史建筑研究会理事

主要设计作品

城市设计

武汉空港国际商务新城
武汉长江新城创新发展中心
环同济健康城次级功能区
武汉东西湖临空港新城门户区
武汉野芷湖车辆段TOD综合开发项目

城市更新

蔡锷路历史街区修建性详细规划
荣获：2017年全国优秀城乡规划设计二等奖
武汉市江岸区六合社区更新规划
荣获：2019年全国优秀城乡规划设计奖
汉口原租界风貌区黎黄陂路街道设计
荣获：2019年SRC优秀城市街景项目优秀奖
武昌造船厂更新改造
荣获：2021年湖北省优秀城乡规划设计二等奖
2022年GHDA环球人居设计大奖银奖
汉口原法租界核心区保护更新
荣获：2022年GHDA环球人居设计大奖金奖
武汉古四社区更新单元实施性规划

建筑设计

武汉市汉阳区社会福利院
荣获：2019年湖北省优秀工程勘察设计入围奖
2019年武汉市优秀工程勘察设计二等奖
华中科技大学梧桐语问学中心改造
荣获：2019年全国优秀城市规划设计三等奖
2020年湖北省优秀工程勘察设计二等奖
2022年GHDA环球人居设计大奖银奖
武汉食品化妆品检验中心
荣获：2021年国家工程建设项目设计水平评价三等奖
武汉地铁秦园路枢纽上盖综合体
武汉地铁赵家条枢纽上盖综合体
武汉东西湖樱花溪公园文化中心
杨泗港都市T台
武汉柏泉茅庙集擦亮小镇及民俗博物馆群设计

景观设计

中华路城市阳台
荣获：2020年第四届ELA国际景观大奖
2020年武汉年度园林景观设计二等奖
2021年湖北省优秀工程勘察设计一等奖
2022年GHDA环球人居设计大奖银奖
武汉杨泗港都市T台景观工程
武汉府河生态公园
武汉东西湖樱花溪公园

武汉城建集团·武规公司

武汉市规划设计有限公司是武汉城建集团二零四九集团有限公司下属的全资企业，是湖北省高新技术企业。公司依托规划、建筑、景观、交通、市政多专业的团队优势，以构筑“平台+智库”为发展目标，构建以规划策划为龙头的涵盖城乡规划、交通市政、建筑设计、生态园林、水环境治理、数字传媒的规划设计产业链，形成规划技术全流程服务的综合能力，为城市发展建设提出从规划、策划、设计、建设到运营的全过程系统解决方案。

公司广泛开展技术服务相关研究工作，围绕智慧、生态等要素，开展前端研究和顶层设计，致力于为政府和企业提供决策支撑；与国内高校及顶尖设计机构建立密切合作关系，推动设计创新，提供高质量服务。

地址：武汉市江岸区胜利街275号
包豪斯大厦A座2F-9F
电话：027-82709923　82709917
网址：www.wpdc2012.com
邮箱：wpdc2013@163.com

武汉食品化妆品检验中心

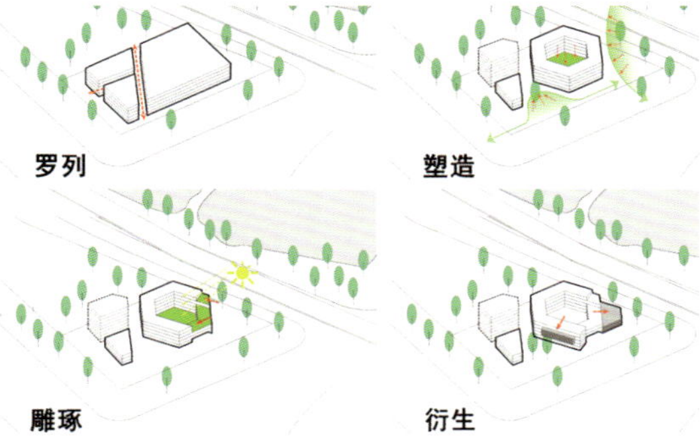

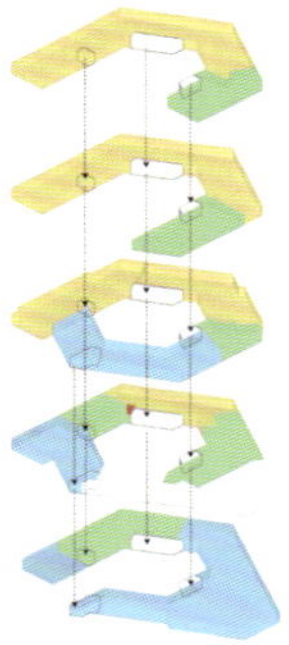

Wuhan Food and Cosmetic Inspection Center

项目业主：武汉食品化妆品检验所　　建设地点：湖北 武汉
建筑功能：科研建筑　　用地面积：20 000平方米
建筑面积：31 000平方米　　设计时间：2017年
项目状态：建成
设计单位：武汉市规划设计有限公司、中国医药集团联合工程有限公司
主创设计：吴巍、胡程远
设计团队：姜启洋、李才新、程义平、杨丽、孙远兆、李臣、娄博文、熊小璋、杨军民、陶新伟、鲁文、肖金刚、佘超、石飞、杨文轩

项目位于武汉市东西湖区，码头潭文化遗址公园西侧。设计从自然界中汲取“六边形分子结构”为基本元素，结合分子有机生长的理念，利用六边形的形体特征，建立实验、检验、科研的高效闭环流线，形成“三线双通道”系统。

项目结合区域生态资源优势，以六边形中庭的方式，将周边自然资源有机引入，营造生态办公科研基地。综合实验楼地上五层、地下一层，建筑层层退台，不仅与周边环境自然融合，而且具有良好的室外公共空间。

建筑以科技发展为母题，从建筑布局、科研工艺、办公设施等多个方面打造智慧创新的科研建筑。建筑立面通过舒展而简练的横向线条彰显稳健与可靠的建筑个性，同时通过在建筑功能布局、屋顶绿化设计、建筑材料应用等方面使用节能手段，大幅度降低办公楼能耗。

武汉地铁秦园路枢纽上盖综合体

Wuhan Metro Qinyuan Road Hub Upper Cover Building

项目业主：武汉地铁集团有限公司
建设地点：湖北 武汉
建筑功能：办公、商业建筑
用地面积：22 000平方米
建筑面积：171 000平方米
设计时间：2017年
项目状态：在建
设计单位：武汉市规划设计有限公司
中煤科工集团武汉设计研究院有限公司
主创设计：吴巍

项目位于武昌滨江商务区中央绿轴旁，是武昌滨江商务核心区先导项目，是武汉地铁5、7、8号线换乘枢纽。项目与长江隧道、轨道工程建设相结合，是集办公、酒店、商业、观光于一体的地铁上盖综合体。

项目造型为简洁的立方体，通过升起、切割、拉升形成一个有力向上的双塔造型。主塔高168米处为华中地区首个异形悬挑观景平台，可俯瞰长江两岸及中央绿轴的壮丽景色。

华中科技大学梧桐语问学中心改造

HUST Wutongyu Learning Center Reconstruction

项目业主：华中科技大学　　建设地点：湖北 武汉

建筑功能：教育建筑　　用地面积：22 000平方米

建筑面积：10 000平方米　　设计时间：2017年

项目状态：建成　　设计单位：武汉市规划设计有限公司

主创设计：吴巍、周霞

设计团队：刘慧、何展宏、娄博文、肖苏洋、刘剑、赵宸、李臣

项目位于华中科技大学校园内，是基于原苏式小楼的改造项目，是学校为师生打造的一个以学术交流、成果展示和论坛讲座等活动为主的公共空间。

根植校园文化，匠心塑造“场所精神”。设计师通过梳理本项目用地交通组织、生态环境、步行系统、空间结构，推导出规划设计理念。保留建筑与局部扩建的组合，围合出不同的庭院空间。

尊重建筑原型，唤醒校园“历史记忆”。设计师研究华中科技大学校园内现有建筑型制、立面构造等具有苏式建筑历史特点的建筑要素，将平面形态结合场地围合各个庭院，保留原有树木，最大限度地体现对场所的尊重。

谦逊理性营造，体现时空“哲学思辨”。会议中心以谦逊的姿态向老建筑致敬，采用规则的矩形、低矮的回廊，理性而谨慎地植入场地，体现出建筑与自然既对立又共存的辩证关系。

传承百年筑园，凝聚华科“人文气息”。我国自古就有“凤栖梧桐”的说法，“梧桐语”不仅回应华中科技大学繁盛的梧桐树，更暗含了学校广纳贤才的寓意。景观设计以梧桐树叶的造型进行公共艺术的设计，再造具有艺术沉淀和想象力的校园环境。

中华路城市阳台

Zhonghua Road Urban Balcony

项目业主：武汉碧水集团有限公司
建设地点：湖北 武汉
建筑功能：文化建筑
用地面积：16 000平方米
设计时间：2018年
项目状态：建成
设计单位：武汉市规划设计有限公司
　　　　　武汉市城市防洪勘测设计院
主创设计：吴巍
设计团队：武静、刘佳佳、李臣、向浩、胡程远、孙远兆、何展宏、孟祥东、胡明、涂沅

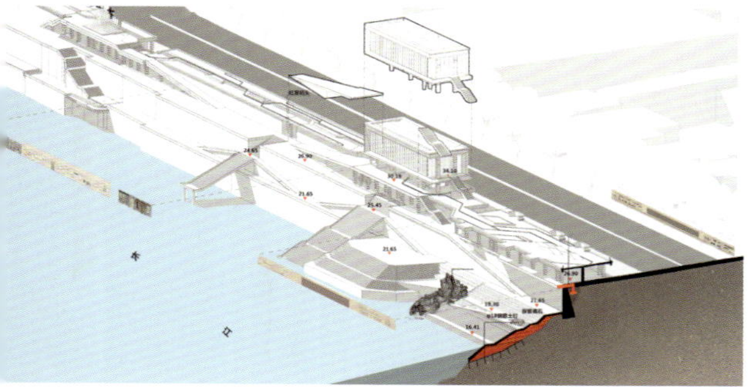

项目是武汉长江主轴首个实施并建成的城市阳台示范工程，它位于长江右岸“龟蛇锁江”核心景观轴线上，是武汉城市文化对外展示的重要窗口。

项目打造了一座展示馆、一卷长江图、三条文化长廊、四大文化主题。项目以建筑景观设计为骨，结合艺术装置、植物造景、雕刻绘画等多种艺术形式，将长江文化、大桥文化、渡江文化和古城文化镌刻在长江之滨，在刚柔并济间构建一个崭新的长江文化地标。

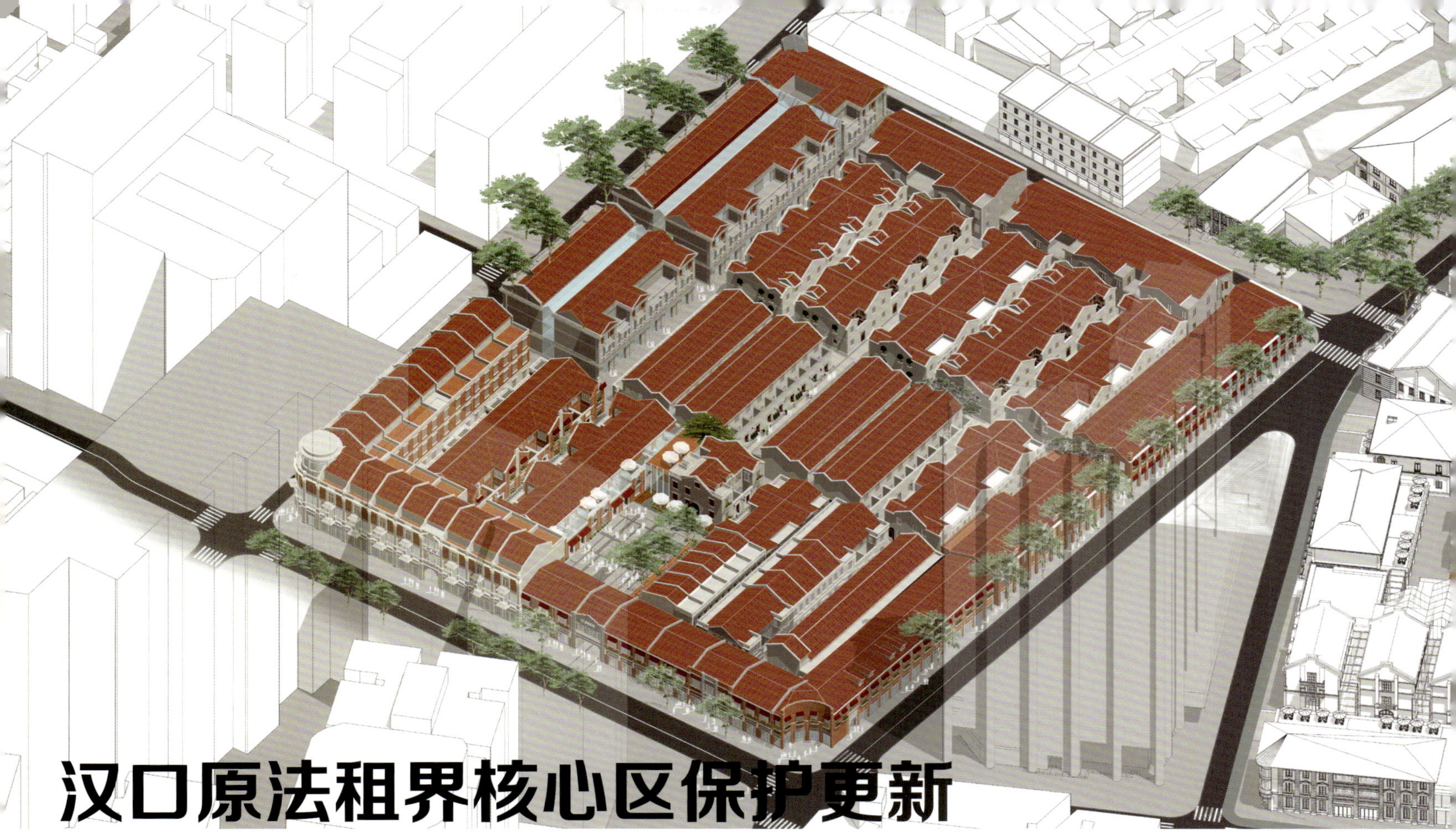

汉口原法租界核心区保护更新

Conservation Renewal Of Hankou French Concession Core Area

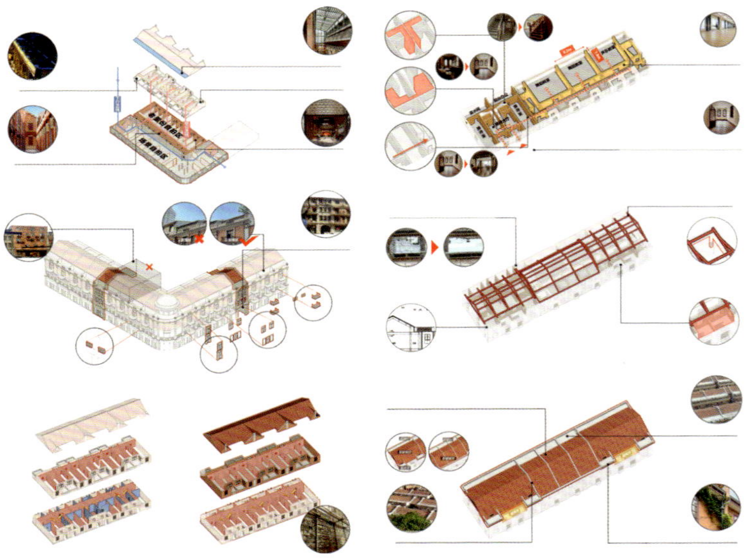

项目业主：武汉旅游体育集团有限公司
建设地点：湖北 武汉
建筑功能：办公、展演建筑
用地面积：21 000平方米
建筑面积：29 000平方米
设计时间：2022年
项目状态：在建
设计单位：武汉市规划设计有限公司
主创设计：吴巍、袁诺亚
设计团队：熊姗姗、李臣、孙远兆、杨文轩、余楠、胡倩倩

项目范围由三德里、公德里、宏伟里三处里分建筑群组成，包含20余栋历史建筑，承载着深厚的历史文化记忆。

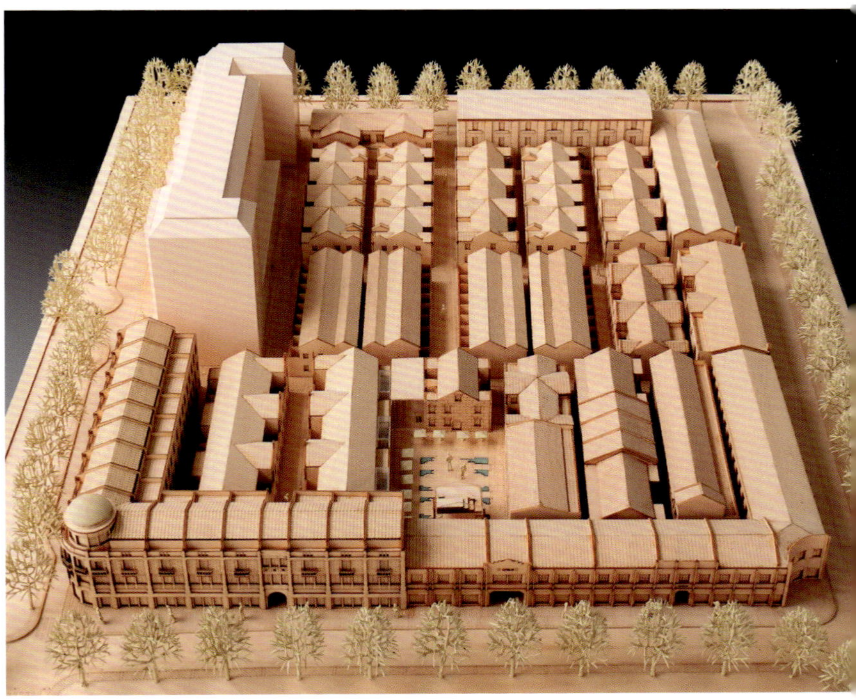

项目通过引入数字科技、音乐娱乐等产业，实现历史建筑的活化新生。规划方案本着最大限度地保留历史格局与建筑风貌的原则，采取绣花式、精细化、可逆式的微更新思路，统筹历史保护与功能更新，进行街巷空间精细化改造、建筑风貌保护性修缮，并完善适应现代化生活的配套设施，最大限度地延续场地文脉、激活场地活力、改善人居环境、提升空间品质。

温天伟

职务：浙江绿衡建筑设计有限公司副总经理、总建筑师
职称：工程师

教育背景

2004年—2009年　天津大学建筑学学士

工作经历

2008年—2009年　法国AS建筑工作室
2009年—2018年　浙江绿城东方建筑设计有限公司
2018年至今　浙江绿衡建筑设计有限公司

个人荣誉

2021年荣获美国缪斯设计奖
2021年荣获布里斯班设计奖
2021年荣获墨尔本设计奖

主要设计作品

中广绿城桂语江南
温州绿城锦玉潮明
绿城荷畔春风
绿城荷畔春风度假酒店
荣获：2021年美国缪斯设计奖银奖
　　　2021年布里斯班设计奖金奖
绿城夏邑和园

张吉宇

职务：浙江绿衡建筑设计有限公司总建筑师
职称：工程师
执业资格：国家一级注册建筑师

教育背景

2009年—2011年　东南大学建筑学硕士

工作经历

2011年—2019年　浙江绿城建筑设计有限公司
2019年至今　浙江绿衡建筑设计有限公司

主要设计作品

温州绿城鳌江留香园
武汉绿城尊蓝
临安绿城天语山居
淄博绿城玉兰花园
宿迁绿城世贸广场
单县绿城明月江南
安阳蓝城桃李春风
开封蓝城诚园
广德蓝城桃花源

浙江绿衡建筑设计

GREENTOWN HENG ARCHITECTURAL DESIGN

浙江绿衡建筑设计有限公司（以下简称绿衡设计）于2018年由原绿城旗下数位资深主创设计师联合发起而成立，秉承绿城设计体系一贯严谨、创新、务实的精神，在产品设计和过程把控上拥有丰富的经验。绿衡设计提供从策划规划、方案设计到施工图的全过程解决方案，实现策划、建筑、景观、规划、室内等多领域的整合，是一家创新型专业设计公司。

绿衡设计致力于诠释“美好营造”，要求每一位管理者和设计师敏锐地感知客户需求和市场变化，拥有前沿的设计思路，在设计、技术和管理中始终保持前瞻性和创新性，为客户提供有力的设计支持和品质保证。绿衡设计成立至今，业务遍布全国十余个省市，包含乡村小镇、高端居住区、低密度合院、商业街、酒店、总部办公楼、展示区等多种业态的设计营造，在实施项目的设计感、落地性、还原度上效果卓然。近年来，绿衡设计的作品不断获得国际高质量奖项的青睐，赢得了各国业界专家、评委的一致认可。

绿衡设计的企业文化：美好营造，实现你的想象。

地址：浙江省杭州市西溪国际E座301
电话：0571-85121580
网址：https://lhsj.cn
电子邮箱：lg@ghd.art

中广绿城桂语江南

Zhongguang Greentown Guiyu Jiangnan

项目业主：绿城置业发展集团
浙江中广电器股份有限公司
建设地点：浙江 丽水
建筑功能：居住建筑
建筑面积：1 980平方米
设计时间：2020年
项目状态：建成
设计单位：浙江绿衡建筑设计有限公司

项目位于丽水市南城核心板块，在丽水城市绿轴上。该区域有完整的教育产业链、高端的商业服务、优质的医疗资源和景观资源，周边配套齐全，拥有得天独厚的优势，是不可多得的城市基址。建筑师融合了珠宝设计的手法，以打造献礼未来城市的精致工艺品为核心理念，通过进退有度的空间设计将“独处”与“相处”恰当地融合；同时设计引入人文精神，保持建筑与城市发展的协调性，去标签化和个性化，实现建筑对城市的双向引导，体现了对城市泛设计美学与城市多边共生的新理解。

温州绿城留香园

Wenzhou Greentown Liuxiang Garden

项目业主：绿城置业发展集团
建设地点：浙江 温州
建筑功能：居住建筑
用地面积：42 435平方米
建筑面积：145 677平方米
设计时间：2019年—2020年
项目状态：建成
设计单位：浙江绿衡建筑设计有限公司

项目位于温州市平阳县，基地南朝鳌江，北靠城市公园，有着得天独厚的自然景观资源。项目包括6栋高层住宅和68户低层住宅。高层建筑为庄重典雅的现代风格，以通透的材质、轻盈灵动的顶部、充满韵律感的中段、沉稳的底部彰显现代主义建筑的核心美学。低层合院则采用中式的设计手法，营造传统的院落文化，重新拉近人与自然的距离，将“粉墙黛瓦”与“花木繁重”这类国画中常见的意向打造成临江面的景观前景。从江上望来，现代简约的高层住宅与传统韵味的中式合院显得相得益彰。

绿城 留香園

绿城荷畔春风度假酒店

Greentown Lotus Side Spring Resort Hotel

项目业主：绿城置业发展集团
建设地点：山东 济南
建筑功能：酒店建筑
用地面积：21 934平方米
建筑面积：16 532平方米
设计时间：2019年—2020年
项目状态：在建
设计单位：浙江绿衡建筑设计有限公司

项目位于济南市济阳区，南邻新元大街，北接市政公园，交通便捷，并可远眺黄河，自然景观资源优越。项目设计客房90间，其中集中式客房70间，庭院式客房20间。

规划设计上采用园林式设计手法：南侧为酒店核心区，大堂、集中客房、宴会厅、全日餐厅、健身房等功能围绕中心景观庭院呈“回”字形布置，功能分区明确、流线清晰合理，通过不同大小的庭院嵌套组合，打造步移景异的酒店空间；北侧设计Villa式客房，强调传统街巷院落感的氛围，配合巧妙的庭院景观设计，营造天人合一的中式生活。造型设计上承接近代历史文脉，采用民国中式的设计风格，亲切自然又端庄典雅。

临安绿城天语山居

Lin'an Greentown Tianyu Mountain Residence

项目业主：绿城置业发展集团
建设地点：浙江 杭州
建筑功能：居住建筑
用地面积：13 359平方米
建筑面积：38 593平方米
设计时间：2019年
项目状态：建成
设计单位：浙江绿衡建筑设计有限公司

设计以功能为出发点，让建筑回归居住功能，同时强调材料特性与建筑结构相适应，突出建筑设计的经济性原则，不过多装饰。在具体设计上，着重考量空间设计，突出立体空间的雕塑感。建筑设计的基础是逻辑性和科学性，而不是视觉上的装饰性。设计寻求一种以新观念取代旧形式的建筑风格，并且使建筑与环境融为一体。在设计别墅建筑时建筑师不是单独设计房子本身，而是将周围的参天林木一并考虑进去，以达到丰富的“借景”效果，这是本土建筑师对现代主义与中国传统精神的理解和诠释。

夏伟

职务：清华大学建筑设计研究院有限公司
雄安分院院长、绿色建筑所所长
职称：高级工程师
执业资格：国家一级注册建筑师

教育背景

1995年—2000年　合肥工业大学建筑学学士
2001年—2004年　合肥工业大学建筑学硕士
2004年—2009年　清华大学建筑学工学博士

工作经历

2009年—2011年　清华大学建筑学院
2011年至今　清华大学建筑设计研究院有限公司

社会职务

中国绿色建筑委员会青年委员会委员
国际标准化组织ISO/TC 59/WG4成员
中国建筑学会会员
雄安勘察设计协会理事
保定市城乡规划评审专家

主要设计作品

青岛天人环境集团办公楼
荣获：2009年教育部优秀建筑设计二等奖
2009年全国优秀工程勘察设计三等奖
2011年中国建筑学会建筑创作佳作奖
株洲市规划展览馆
荣获：2011年教育部优秀建筑设计二等奖
株洲云龙发展中心
荣获：三星级绿色建筑设计标识证书
佛山绿色建筑技术推广中心
株洲室内滑雪馆
镇江室内滑雪馆
齐齐哈尔室内滑雪馆
中原文旅城欢乐世界一期（雪世界项目）
醴陵1915文化特色街区
衢州市城市展示馆
雄安容东片区13号街区整体建筑风貌设计
雄安启动区综合西南片区建筑风貌设计
雄安容东片区C组团安置房及配套设施
雄安容西片区B组团安置房及配套设施

学术研究

1. 参与编写《北京市绿色建筑设计标准》
2. 参与北京市科委课题“基于低碳城市框架下的绿色建筑设计指标体系的研究与应用”
3. 参与教育部专项课题“国外职业教育院校（园区）研究”
4. 参与国家“十二五”科技支撑项目“公共机构绿色节能关键技术研究与示范”
5. 参与“十三五”国家重点研发计划的研究工作

建筑思想

建筑设计是一种服务性的创造。设计价值产生的前提是能感知需求，并且为需求找到妥善的出口。可持续发展的设计是一个不断演进的过程，不仅需要协调自然的因素，如气候、自然资源、碳排放，也需要协调整合各种技术，更需要协调人们的不同需求。因此，设计师需要掌握更全面系统的知识，并且学会找到每个项目中最核心的要点，将业主的需求和环境相互协调，并且进行全寿命周期的思考，这是挑战，也是责任。

清華大學建筑设计研究院有限公司
ARCHITECTURAL DESIGN & RESEARCH INSTITUTE
OF TSINGHUA UNIVERSITY CO., LTD.

清华大学建筑设计研究院成立于1958年，是国内知名的建筑设计机构。2010年11月，清华大学建筑设计研究院获教育部批准进行改制，于2011年1月5日改制为清华大学建筑设计研究院有限公司（简称THAD）。2011年11月，THAD被认定成为北京市“高新技术企业”。

THAD现有工程设计人员1 300余人，其中中国科学院和中国工程院院士6人、勘察设计大师4人、国家一级注册建筑师228名、一级注册结构工程师74名，中高级专业技术人员占60%以上，人才密集，专业齐全，人员素质高，技术力量雄厚。

近年来，由THAD设计并建成的工程已获得国家级、省部级优秀设计奖达600余项，位居全国建筑设计机构前列。THAD为综合性设计咨询机构，从事的设计咨询业务领域十分广泛，既包括各类公共与民用建筑工程设计、城市设计、居住区规划与住宅设计，也包括国土空间规划、城市总体规划、详细规划和专项规划的编制，还包括文物保护工程设计、文物保护规划编制以及室内装饰装修工程设计、园林景观工程设计、智慧园区与建筑智能化设计、照明工程设计、机电设计咨询、建筑策划研究与后评估、可行性研究报告编制等，全方位、多角度满足国家和社会的需要。

地址：北京市海淀区清华科技园
创业大厦207
电话：18610684364
传真：010-87414651
网址：www.thad.com.cn
电子邮箱：zhangrui@thad.com.cn

株洲市规划展览馆

Zhuzhou Planning Exhibition Hall

项目业主：株洲市规划局
建设地点：湖南 株洲
建筑功能：展览建筑
用地面积：7 125平方米
建筑面积：10 430平方米
设计时间：2008年
项目状态：建成
设计单位：清华大学建筑设计研究院有限公司
设计团队：栗德祥、栗铁、夏伟、任小东

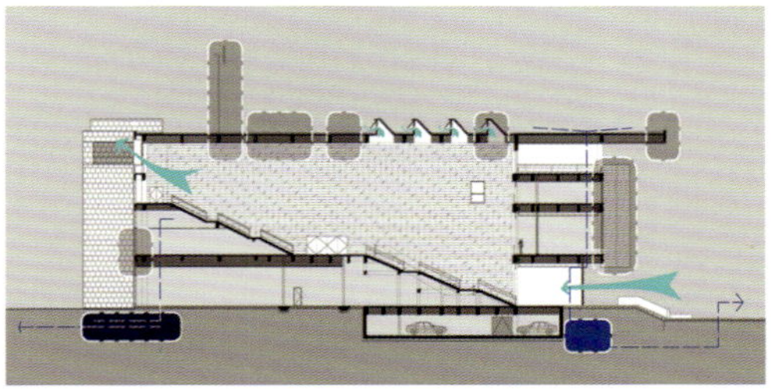

项目主要用于展示株洲市城乡规划发展成就，宣传城市形象。业主要求按照节能减排的要求，建设具有示范作用的“两型社会”代表建筑。规划展览馆的主要功能为建设成就展示、历史文化展示、规划信息公示、城市形象推介、咨询学术交流、宣传教育等。设计结合形象，运用绿色建筑设计方法，在优化布局、构建缓冲、促进通风等被动式设计方面进行深化，同时采用适宜的主动式技术。

设计强调城市客厅的理念。在绿色设计的过程中，设计采用优化空间布局、组织自然通风、构建缓冲空间等被动式策略，并采用结合展陈运用光导管自然采光、结合展示利用可再生能源、结合景观设计雨水收集系统及生物床污水处理系统等主动式绿色技术。

青岛天人环境集团办公楼

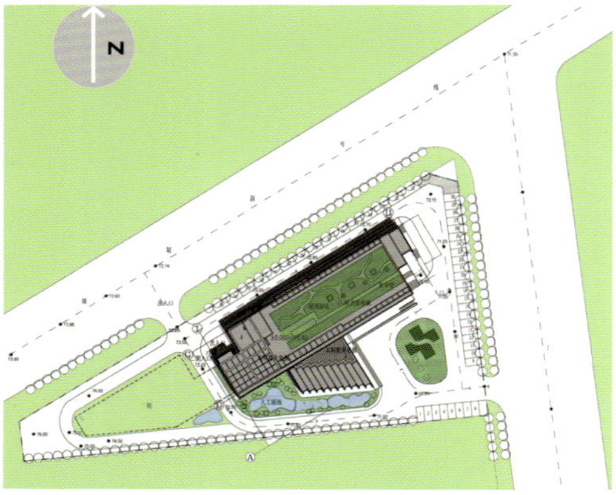

Qingdao Tianren Environment Group Office Building

项目业主：青岛天人环境集团
建设地点：山东 青岛
建筑功能：办公建筑
用地面积：7 000平方米
建筑面积：6 400平方米
设计时间：2006年
项目状态：建成
设计单位：清华大学建筑设计研究院有限公司
主创设计：栗德祥、栗铁、夏伟

在具体的设计过程中，方案遵循了从规划布局层面、单体设计层面到构造（细部）设计层面全面的“绿色”设计原则。

1. 场地规划和建筑布局：生态补偿、保留自然的地形、采用自然采光和通风。

2. 较小的体型系数和优化的维护结构：为达到更好的热工性能，减少建筑对能源的需求，建筑形态采用类矩形平面，以得到较小的体形系数。

3. 功能布局：办公空间融入自然景观，增加绿化率，以“生态舱＋生态核”的形式充分表达建筑与自然共融的理念，同时方案设计在建筑的室内空间中加入了“生态核——绿化中庭”这一元素。

4. 建筑外观：生态措施的结晶，“绿色＋生态核＋遮阳”。

5. 室外空间：生态化的场地特征再现室外空间，同样也贯彻了与自然相融合的理念。

6. 能源屋顶：“光电+风电+屋顶花园+光导管”，屋顶可再生能源系统由小型光伏电池组和3组 5kW 风力发电机组成。

中交未来科创城招商服务中心

Investment Promotion Service Center of CCCG Future Sci-Tech Innovation City

项目业主：中交雄安产业发展有限公司
建设地点：河北 雄安
建筑功能：办公、会议建筑
用地面积：6 590平方米
建筑面积：2 484平方米
设计时间：2021年
项目状态：建成
设计单位：清华大学建筑设计研究院有限公司
主创设计：夏伟、刘玉峰、王绯
设计团队：韩旭、王浩冉、康艳忻、宁苑、王森

设计源于雄安“青莲滴露、润泽雄安”的寓意，以雄安的淀泊风光为灵感。建筑像层层莲叶，高低错落，虚实结合；景观像莲叶上的一颗颗露珠，有机地漂浮在蓝绿交织的城市组团之中，形成一幅科技、生态的“莲影上河图”。建筑形式从中国传统“亭”的形象及建造理念汲取灵感，高度抽象为具有传统意蕴的空间形象，创造了丰富的互动空间。

项目选址于玉带公园起点处，以建筑景观一体化为设计目标。设计师规划了一个高差7米的连接地面与下沉公园的大台阶，并借鉴吊脚楼的设计手法，在大台阶上设置房子，使展示厅和发布厅位列大台阶两侧。二层办公会议空间覆盖在大台阶之上，整体建筑形成“门亭”的空间造型，使建筑空间成为雄安昝岗TOD大流线的门户节点。

雄安容东片区 C 组团安置房及配套设施

Resettlement Houses and Supporting Facilities of Group C In Xiong'an Rongdong District

项目业主：中国雄安集团城市发展投资有限公司
建设地点：河北 雄安
建筑功能：居住、教育、文化建筑
用地面积：608 666平方米
建筑面积：1 620 000平方米
设计时间：2021年
项目状态：建成
设计单位：清华大学建筑设计研究院有限公司
主创设计：夏伟、梁多林、袁凌、许笑梅、李宝丰、李成磊、鲍雪梅
设计团队：绿色建筑工程设计所等联合设计团队

项目位于雄安启动区北部的容城县东部，为雄安新区规划建设发展的重要节点。容城为新区开发建设的先行区，承担首期居民安置、贯通新区生态廊道的重任。C组团位于容东片区西北部，紧邻北部水系与中央生态绿带，共分为3宗地块，自西向东编号分别为004、005、006，主要功能为新区居民安置房。

组团总体规划结构为片块式布局，片块之间由水系、道路相分隔，各自相对独立，居住空间具有良好的舒适性。“十”字形商业结构与“一横五纵”的景观廊道、街道空间与绿地系统构建起多元共生的立体生活花园。住宅与配套服务设施有机结合，打造出精细实用、生态宜居的示范型新社区和街坊院落式精致的邻里生活场所。

中原文旅城欢乐世界一期（雪世界项目）

The Original Chinese Version of Tourism City Happy World Phase I (Snow World Project)

项目业主：河南融首新越文旅开发有限公司
建设地点：河南 新乡
建筑功能：体育建筑
用地面积：82 385平方米
建筑面积：54 130平方米
设计时间：2020年
项目状态：在建
设计单位：清华大学建筑设计研究院有限公司
主创设计：夏伟、邓洁、栗铁
设计团队：许佳、韩伟、祁妙、任小东、高君卿

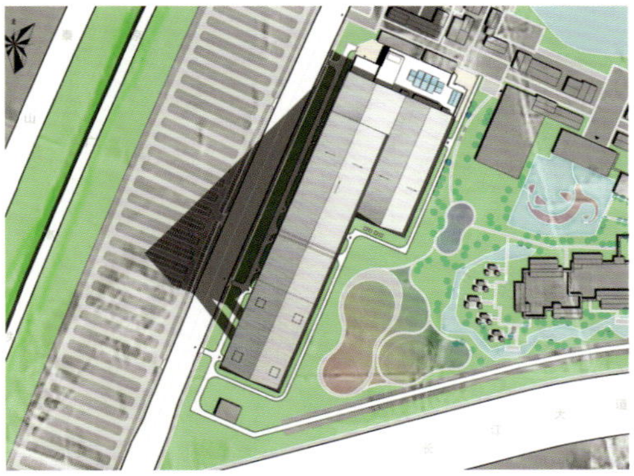

项目是中原地区规模最大的室内滑雪场，也是河南省首座城市型室内滑雪场，雪区面积35 000平方米，最长滑道300米，最大落差66米，包含初、中、高全等级雪道以及娱雪区。项目摆脱了滑雪运动的季节性限制，可以促进大众滑雪运动的普及与发展。设计理念以兼顾经济性与艺术性为主导原则，既保证了土建成本及运营能耗的经济合理，又体现了冰雪运动速度感和力量感的建筑造型特点，结合“冰晶”的意向，形成简洁有力的形体。设计师通过一系列基于运营需求的功能空间设计论证，找到最优的室内雪场空间组合形式，在满足当前中原地区最大的客户群需求的同时，又兼顾未来提升与发展。

肖艳

职务：中国建筑科学研究院有限公司建筑环境与能源研究院建筑师
职称：高级建筑师
执业资格：国家一级注册建筑师

教育背景
2003年—2006年　北京工业大学建筑学硕士

工作经历
2006年至今　中国建筑科学研究院有限公司

主要设计作品
中石油科技创新基地A12地块
荣获：2013年全国工程建设项目优秀设计二等奖
2013年北京市优秀工程勘察设计二等奖
北京荟聚中心
荣获：2017年中国建筑设计奖（建筑防火）
2017年全国工程优秀建筑设计奖三等奖
2017年北京市优秀工程勘察设计二等奖
北京市东城区青少年科技馆
某宾馆安全改造工程
孔雀湖四期（高层区）
北京亦庄移动硅谷创新中心一期
万象汇五彩城
嘉铭中心

毋剑平

职务：中国建筑科学研究院有限公司建研科技建研设计院程绍革工作室副主任
职称：研究员
执业资格：国家一级注册建筑师
注册咨询工程师（投资）

教育背景
2000年—2003年　中国建筑科学研究院硕士

工作经历
2003年至今　中国建筑科学研究院有限公司

主要设计作品
北京天文馆（老馆）改造
鸿立大厦加层改造
北京青年政治学院教学楼改造
某宾馆安全改造工程
北京航空航天大学改造工程

严焯玲

职务：中国建筑科学研究院有限公司建研科技建研设计院一所建筑师
职称：工程师

教育背景
1995年—2000年　河北建筑工程学院建筑学学士

工作经历
2003年—2008年　北京中华建规划设计研究院有限公司
2009年—2019年　北京墨臣工程咨询有限公司
2020年至今　中国建筑科学研究院有限公司

主要设计作品
天颐津城
北京京能电建洺悦湾
北京牡丹宾馆改造加固工程
国家网球中心南广场廊桥项目
浙江嘉兴中山影城改造提升项目
北京航空航天大学改造工程

中国建筑科学研究院有限公司
China Academy of Building Research

中国建筑科学研究院有限公司（简称中国建研院）成立于1953年，原隶属于建设部，2000年由科研事业单位转制为科技型企业，隶属于国务院国有资产监督管理委员会，是建筑行业综合性研究和开发机构，是建设行业博士、硕士学位授予点，建有土木工程博士后科研流动站，拥有院士、设计大师、数百名各领域知名专家和一大批优秀人才队伍。中国建研院以建筑工程为主要研究对象，致力于解决我国工程建设中的关键性技术问题，负责编制与管理我国主要的工程建设技术标准和规范，开展行业所需的共性、基础性、公益性技术研究，承担国家建筑工程、空调设备、建筑节能等质量监督检验和测试任务。近年来，中国建研院又加强了绿色建筑技术、新能源应用技术、智能化集成技术等方面的研究与开发。60多年来，中国建研院科研成果丰硕，为推动中国建设事业的科技进步做出了突出贡献。中国建研院加大创新力度，不断研发新技术、新产品，充分发挥综合技术优势，综合实力显著增强，形成了集科研与标准、建筑工程咨询与服务、规划与建筑设计的多元化发展格局。

地址：北京市朝阳区北三环东路30号
中国建筑科学研究院C座12层
电话：13910603152
网址：www.cabr.com.cn

某宾馆安全改造工程

A Hotel Safety Reconstruction Project

建设地点：北京
建筑功能：办公、宾馆、餐饮、会议
用地面积：5 490平方米
建筑面积：19 448.5平方米
设计时间：2018年—2019年
项目状态：建成
设计单位：中国建筑科学研究院有限公司
精装设计：凯基鼎世建设发展有限公司
项目负责：肖艳、白雪霜
设计团队：毋剑平、齐娟、郑东泉、张兵、王寰、景跃、徐丽暖、谢勇斌、吴华宇等

项目主体建筑始建于1955年，历经多次改建、扩建形成现有的规模。在此次改造前项目已停业长达8年。此次改造的主要内容有建筑节能改造、结构抗震加固、建筑内外装修、设备升级改造、消防工程改造、电力增容改造、热力升级改造、小市政设施改造等。通过改变结构体系的方案，彻底消除该宾馆原结构体系混乱、抗震能力不足的安全隐患；同时对消防设备设施进行全面的更新、升级，彻底消除消防安全隐患。

此次工程改造特别注重建筑本身历史文化的延续，对外立面采用干挂陶砖以展现原建筑的清水砖墙效果，窗槛墙镶嵌凸起雕花，部分恢复原来的外立面效果，与周边建筑风格协调一致，维持原有街区形象与整体效果。内装修设计分别从装修材料、色彩、效果、物理环境等多个方面展开深化研究，突显室内空间的庄重沉稳与精致细腻。在经过内外装修改造后，项目成为集办公、会议、宾馆等诸多功能于一体的综合性建筑。

改造前

改造后

北京航空航天大学改造工程

Beijing University of Aeronautics and Astronautics Reconstruction Project

改造前

项目业主：北京航空航天大学
建设地点：北京
建筑功能：教育、办公、综合建筑
建筑面积：29 804平方米
占地面积：5 971平方米
设计时间：2020年—2021年
项目状态：建成
设计单位：中国建筑科学研究院有限公司
项目负责：毋剑平、白雪霜
设计团队：严焯玲、赵倩鑫、罗开海、保海娥、张兵、王寰、景跃、吕润泽、胡小雨、郑一鑫、王璐璇等

改造后

主楼群为砖混结构，平面呈对称的“U”字形，1956年建成并交付使用。2007年主楼群被列入北京市第一批优秀近现代历史保护建筑。

此次改造包括结构加固、室内外装修、水暖机电设备系统更新。如何在保留历史记忆的前提下完成建筑的现代化变身成为项目团队的设计主题。经过深入现场踏勘，掌握建筑结构现状后，项目团队对建筑结构做补足设计，尊重原有特点，结构加固不改变原有建筑布局。在建筑风貌上秉持“修旧如旧”的理念，最大限度地保持建筑外立面的比例尺度及立面风格，通过原有石材清洗矫色、真石漆仿砖表皮等方式提升外立面质感。同时，优化空间功能，增加公共空间，为共享、交流提供可能。增设先进设备设施，满足现代化教学需求。

改造后的主楼群旧貌换新颜，功能定位为现代教育教学中心，成为集课堂教学、交流研讨等为一体的多元化、专业性教学空间。

中国建研院空调楼光电建筑改造

Reconstruction of Photoelectric Building in Air Conditioning Building of China Construction and Research Institute

项目业主：中国建筑科学研究院有限公司
建设地点：北京
建筑功能：办公建筑
建筑面积：2 850平方米
设计时间：2021年
项目状态：建成
设计单位：中国建筑科学研究院有限公司
项目负责：李博佳、薛明、肖艳
方案设计：薛明、王军等
设计团队：齐娟、王聪辉、张莓、吕润泽、周宣彤、岳永兴、陶轶男等

改造前

改造后

项目始建于20世纪70年代中期，之后陆续对其进行过装修改造，但基本外形还保留原建筑的样貌，因为这代表着中国建研院的历史。此次改造的初衷是做一次尝试，在满足既有建筑基本功能需求的同时，探索现代光电技术与历史风貌的有机融合。项目运用国际领先水平的建筑光伏技术，打造产品研究示范基地，形成集科研、展示、体验等功能于一体的综合实验平台。

项目通过光伏发电满足建筑自身用电需求，同时还向周边建筑输送能源。这里不仅是未来科技的示范区，玻璃幕墙是可以发电的设备；还是光伏直流技术示范区，会议室的灯、空调、冰箱、插座都是使用直流电；室外充电桩可消化光伏产生的多余电，根据光伏的发电功率调整充电桩充电的功率。这既是技术上的创新，也是一次利用太阳能实现零碳建筑的有益尝试。

谢高皓

职务：中船第九设计研究院工程有限公司
创作室主任、主创建筑师
职称：工程师

教育背景
2007年—2011年　华中科技大学建筑学学士
2011年—2013年　华中科技大学建筑学硕士

工作经历
2013年至今　中船第九设计研究院工程有限公司

个人荣誉
2019年首届上海市乡村振兴新锐设计师库设计师

主要设计作品
上海市青浦区莲湖综合为民服务中心
荣获：2021年上海市建筑学会建筑创作佳作奖
上海市崇明区三星镇稻田驿站
荣获：2019年上海首届乡村振兴大赛崇明站一等奖
金湖文化艺术中心
江苏科技大学文体中心
南浔星荟家具展览馆
上海交通大学海洋装备研究中心
青浦东湖中学

田野

职务：中船第九设计研究院工程有限公司
创作室主创建筑师
职称：高级工程师
执业资格：国家一级注册建筑师

教育背景
2004年—2009年　武汉理工大学建筑学学士
2009年—2012年　南京大学建筑学硕士

工作经历
2012年至今　中船第九设计研究院工程有限公司

个人荣誉
2019年首届上海市乡村振兴新锐设计师库设计师

主要设计作品
西安航天动力研究所新区整体规划
江苏科技大学
中船三亚深远海实验保障中心
青浦东湖中学
上海青西郊野公园能级提升规划及单体设计

李兆年

职务：中船第九设计研究院工程有限公司
创作室主创建筑师
职称：工程师
执业资格：国家一级注册建筑师

教育背景
2005年—2010年　沈阳建筑大学建筑学学士
2011年—2014年　同济大学建筑学硕士

工作经历
2014年至今　中船第九设计研究院工程有限公司

个人荣誉
2020年华东师范大学入库设计师

主要设计作品
上海市崇明区三星镇稻田驿站
荣获：2019年上海首届乡村振兴大赛崇明站一等奖
深圳市特种设备安全检验测试基地
荣获：2020年“龙图杯”全国BIM大赛三等奖
上海船厂研发大楼
涪陵五中艺术楼

NIS
NDRI INSPIRED STUDIO
创　作　室

中船第九设计研究院工程有限公司（简称中船九院）创作室成立于2018年，是中船九院全力打造的方案创作核心团队。创作室主要承接包括科研办公、文化教育、体育医疗、工业试验、酒店商业、乡村振兴等各类型公共建筑的方案设计工作，并依托中船九院深厚的全过程工程技术储备，实现原创方案的高质量实施。创作室旨在为客户提供创新、前瞻、可持续的精品建筑解决方案。

地址：上海市杨浦区河间路1280号
中船第九设计研究院10楼
电话：021-62549700-8273
18616150065
网址：www.ndri.sh.cn
电子邮箱：ndriinspire@163.com

薛思雯

职务：中船第九设计研究院工程有限公司
创作室主创建筑师
职称：高级工程师
执业资格：国家一级注册建筑师

教育背景
2005年—2010年　同济大学建筑学学士
2010年—2013年　同济大学建筑学硕士

工作经历
2013年至今　中船第九设计研究院工程有限公司

个人荣誉
2020年公司优秀质量工作者

主要设计作品
江苏科技大学
青浦东湖中学
上海质量检验公共服务平台质检综合实验基地一期
上海崇明东滩科研中心
上海青西郊野公园能级提升规划及单体设计
徐州市徐商公路北侧D地块
上海市金山卫镇01街坊安置基地

马磊

职务：中船第九设计研究院工程有限公司
创作室建筑师
职称：助理工程师

教育背景
2016年—2021年　中南大学建筑学学士

工作经历
2021年至今　中船第九设计研究院工程有限公司

主要设计作品
嘉定站北管村基地BG02
荣获：2020年上海乡村振兴设计大赛二等奖
上海交通大学海洋装备研究中心
上海市崇明区三星镇稻田驿站
荣获：2019年上海首届乡村振兴大赛崇明站一等奖

秦闰琦

职务：中船第九设计研究院工程有限公司
创作室建筑师
职称：助理工程师

教育背景
2011年—2016年　重庆大学建筑学学士
2017年—2021年　东南大学建筑学硕士

工作经历
2021年至今　中船第九设计研究院工程有限公司

主要设计作品
中国船舶重工集团公司某研究所研发大楼
上海青西郊野公园能级提升规划及单体设计

龙南

职务：中船第九设计研究院工程有限公司
创作室建筑师
职称：助理工程师

教育背景
2014年—2019年　扬州大学建筑学学士
2020年—2022年　悉尼大学建筑学硕士

工作经历
2022年至今　中船第九设计研究院工程有限公司

主要设计作品
上海船厂研发大楼
青浦东湖中学

金湖文化艺术中心

Jinhu Culture and Art Center

项目业主：江苏省淮安市金湖县人民政府
建设地点：江苏 淮安
建筑功能：文化建筑
用地面积：39 819平方米
建筑面积：55 000平方米
设计时间：2014年
项目状态：建成
设计单位：中船第九设计研究院工程有限公司
主创设计：中船九院创作室团队、中船九院建筑二院方案室

设计本着创建金湖县公共文化活动空间、提升城市整体文化氛围、改善金湖人居生活品质的原则，深入挖掘金湖本土历史文脉，将荷文化、水文化、尧文化以及剪纸文化等元素融入建筑的空间表达中；结合功能要求将大剧院、档案馆、文化宫、青少年活动中心等空间融为一体，并对其赋以“莲”的外在形象。建筑外表皮采用金湖剪纸的镂空处理方式，将传统手工艺术的外衣与现代建筑的形体相结合，形成一个饱含地域特色、突显金湖精神文明风貌的城市标志性建筑。

上海市青浦区莲湖综合为民服务中心

Shanghai Qingpu District, Lianhu Comprehensive Service Center for The People

项目业主：上海青浦新城发展（集团）有限公司
建设地点：上海
建筑功能：文化建筑
用地面积：1 000平方米
建筑面积：1 923平方米
设计时间：2019年
项目状态：建成
设计单位：中船第九设计研究院工程有限公司
主创设计：中船九院创作室团队

项目面临的最大挑战是如何在满足使用功能的基础上，将一个大尺度的公共服务空间融入莲湖村现有的传统村落肌理之中，最大限度地降低对原始村落尺度的破坏，并实现快速建造。设计采用化整为零的办法，对建筑进行解构重组。解构重组围绕屋顶及山墙展开，以连续错落的折板屋面和延续民居尺度的山墙形成整个建筑的外部形象，并结合景观、庭院、回廊、露台等开放空间，共同组成一处与环境友好对话、与村庄自然融合的公共建筑群。

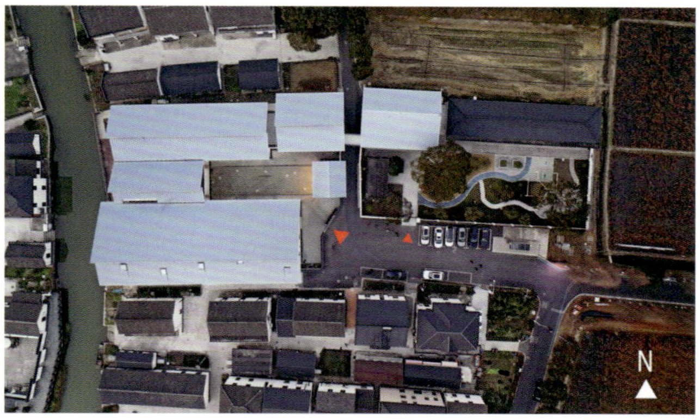

青浦东湖中学

Qingpu Donghu Middle School

项目业主：上海青浦淀山湖新城发展有限公司
（上海市青浦区校产管理中心）
建设地点：上海
建筑功能：教育建筑
用地面积：47 083平方米
建筑面积：34 012平方米
设计时间：2019年
项目状态：在建
设计单位：中船第九设计研究院工程有限公司
主创设计：中船九院创作室团队

项目位于青浦新城，设计团队巧妙利用楔形用地的特点，合理布置出入口和建筑功能，沿楔形的纵深方向形成东西贯通的视觉通廊，以充满动感的形体塑造自由流畅的校园基调，使建筑空间与校园环境自然渗透、交融。

校园布局将核心功能空间在形式上凝聚为一个紧密的整体，以寻求稳定性；将辅助功能空间在形式上化整为零，以塑造流动感，从而形成以小体量辅助空间围合大体量核心空间、主辅空间形式分离的布局模式。实践证明，这种模式对不规则形状的用地具有较好的适应性，并带来了建筑与环境之间更为积极的对话关系。

上海交通大学海洋装备研究中心

Marine Equipment Research Center of Shanghai Jiao Tong University

项目业主：上海交通大学
建设地点：上海
建筑功能：科研、办公建筑
用地面积：91 570平方米
建筑面积：125 400平方米
设计时间：2021年
项目状态：在建
设计单位：中船第九设计研究院工程有限公司
主创设计：中船九院创作室团队

项目总体布局兼顾内外、统筹协调，设计结合基地内地块特点，对研发实验、交流学习等功能进行合理组织布局，形成“一轴线、三片区”的总体空间布局。“一轴线”即南北贯穿的景观通道。“三片区”由南至北依次为：南部实验片区（4#智能制造实验室、5#智能设备实验室），中部科研片区（1#数字化实验中心、2#数字化设计中心、3#数据中心），北部学习交流片区（6#科研人员公寓、7#国际交流中心、8#科研楼）。三大片区既相对独立而又相互渗透、紧密联系，形成“产、研、学”一体化空间布局。

上海崇明区三星镇稻田驿站

Shanghai Chongming District Sanxing Town Paddy Field Post Station

项目业主：上海市崇明区三星镇人民政府
建设地点：上海
建筑功能：会展建筑
用地面积：1 825平方米
建筑面积：1 100平方米
设计时间：2019年
项目状态：在建
设计单位：中船第九设计研究院工程有限公司
主创设计：中船九院创作室团队

建筑方案取名“上禾洞舍”，意为“漂浮于稻田之上的洞状房子”。建筑形体以崇明早期民居“环洞舍”为原型，设计立足乡野，追求野趣、朴拙的田园气息，建筑为竹木结构、稻草敷顶，回归原始建造方式，力求唤醒人们对田野的原始记忆。

建筑师以“溯本清源，坚持原创”为设计原则，建筑形态既有崇明早期民居“环洞舍”的形，也兼顾了“稻田草垛”之意，是一次积极响应场所精神和乡野文脉的建筑重塑。设计成果着眼当下，植根乡间，是一次对乡村振兴建设思路的全新探索。

上海崇明东滩科研中心

Shanghai Chongming Dongtan Scientific Research Center

项目业主：上海实业东滩投资开发（集团）有限公司
建设地点：上海
建筑功能：科研、办公建筑
用地面积：11 189平方米
建筑面积：12 576平方米
设计时间：2019年
项目状态：在建
设计单位：中船第九设计研究院工程有限公司
主创设计：中船九院创作室团队

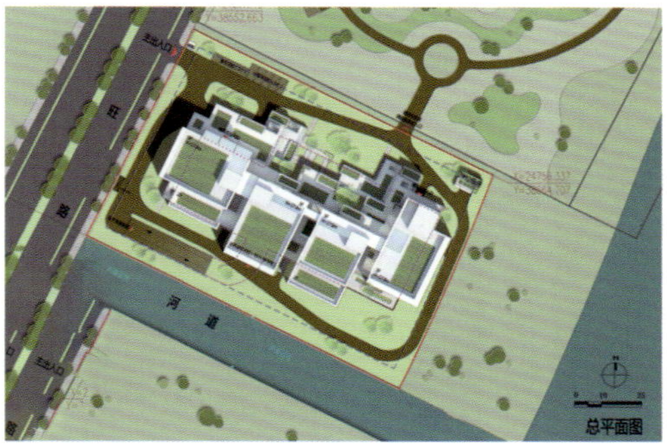

项目位于崇明区陈家镇东滩生态示范片区，设计旨在建立一种介于自然环境与建筑环境之间的空间状态，使人与自然充分互动、建筑与生态相互交融，同时也打造一个展示企业形象和创新科研的窗口。设计师通过丰富的立体绿化和半户外空间，创造一座面向生态公园并融于自然的绿色建筑，为科研办公人员创造更为舒适宜人的工作环境。作为多层科研建筑，主要功能有企业科研办公用房、配套设施及地下车库。

徐达明

职务：广东省建筑设计研究院有限公司
第六建筑设计研究所总建筑师
职称：高级建筑师
执业资格：国家一级注册建筑师

教育背景
1995年—2000年　华南理工大学建筑学学士

工作经历
2000年—2003年　广州市设计院
2003年至今　广东省建筑设计研究院有限公司

个人荣誉
深圳注册建筑师协会“行业突出贡献奖”

主要设计作品
珠海翔翼保税区项目
荣获：2011年全国优秀工程勘察设计二等奖
2011年广东省优秀工程勘察设计二等奖
河源恐龙博物馆
荣获：2013年全国优秀工程勘察设计三等奖
广州万科科学城
荣获：2015年全国优秀工程勘察设计二等奖
2015年广东省优秀工程勘察设计一等奖
广州万科江燕路项目
荣获：2017年全国优秀工程勘察设计三等奖
2017年广东省优秀工程勘察设计二等奖
河源市博物馆
荣获：2019年广东省优秀工程勘察设计三等奖

迟敬鸣

职务：广东省建筑设计研究院有限公司
第六建筑设计研究所副所长
职称：高级工程师
执业资格：国家一级注册建筑师

教育背景
1998年—2003年　华中科技大学建筑学学士
2005年—2007年　华南理工大学建筑学硕士

工作经历
2003年至今　广东省建筑设计研究院有限公司

主要设计作品
广东省纺织学院一期工程
荣获：2011年广东省优秀工程勘察设计二等奖
2011年广东省岭南特色建筑设计铜奖
广东省反腐倡廉教育基地
荣获：2013年广东省优秀工程勘察设计三等奖
广州万科江燕路项目
荣获：2017年全国优秀工程勘察设计三等奖
2017年广东省优秀工程勘察设计二等奖
珠海富山工业园第一小学
萝岗爱莎

钟志伟

职务：广东省建筑设计研究院有限公司
第六设计研究所副所长、副总工程师
职称：高级工程师
执业资格：国家一级注册建筑师

教育背景
1999年—2004年　广东工业大学建筑学学士

工作经历
2004年至今　广东省建筑设计研究院有限公司

主要设计作品
珠海翔翼保税区项目
荣获：2011年全国优秀工程勘察设计二等奖
2011年广东省优秀工程勘察设计二等奖
广东省审计厅、广东省质量技术监督局办公大楼
荣获：2015年广东省优秀工程勘察设计三等奖
天河文化艺术中心
荣获：2019年广东省优秀工程勘察设计三等奖
琶洲会展大厦
广州市珠江新城花城广场地下空间

广东省建筑设计研究院有限公司 第六建筑设计研究所

GuangDong Architectural Design & Research Institute Co., Ltd.

广东省建筑设计研究院有限公司（简称GDAD）创建于1952年，是中华人民共和国成立后第一批大型综合勘察设计单位之一、改革开放后第一批推行工程总承包业务的现代科技服务型企业、全球低碳城市和建筑发展倡议单位、全国高新技术企业、全国科技先进集体、全国优秀勘察设计企业、当代中国建筑设计百家名院、全国企业文化建设示范单位、综合性城市建设技术服务企业。

广东省建筑设计研究院有限公司第六建筑设计研究所是广东省建筑设计研究院有限公司较早成立、实力雄厚的土建设计所之一，现有专业技术人员57名，其中国家一级注册建筑师7名、国家一级注册结构师4名。团队注重设计理念创新，以精湛的设计、周到而全方位的专业服务，为客户、社会持续创造价值，成功打造出文化教育建筑、大型公共建筑、地下空间等大批高品质原创项目。

地址：广州市荔湾区流花路97号
电话：13380079406
网址：www.gdadri.com
电子邮箱：xdm@gdadri.com

广州万科江燕路项目

Guangzhou Vanke Jiangyan Road Project

项目业主：广州市万科房地产有限公司
建设地点：广东 广州
建筑功能：商业综合体
用地面积：10 558平方米
建筑面积：77 230平方米
设计时间：2012年—2015年
项目状态：建成
设计单位：广东省建筑设计研究院有限公司
合作单位：香港嘉柏建筑师事务所有限公司
设计团队：徐达明、汪宁、邓汉荣、张梦青、王晓楠、陈翠霞、何乃权、陈伟煌、陈宇、迟敬鸣

项目是一座包含多种业态的邻里型社区商业综合体。设计打破传统封闭式购物模式，形成交互式、邻里式社区商业模式。办公塔楼为4.5米层高的LOFT公寓式办公空间，以满足商业客户、青年白领的商务或居住需求。

商业街延续广州骑楼街建筑形式，以适应岭南亚热带气候。裙楼运用简洁、明快的现代设计手法，采用1.2米模数组合玻璃幕墙、立面广告、百叶及铝板等元素。塔楼通过有韵律的错位铝网排列形成时尚韵律美，与模数化的商业裙楼形成完美的统一。

地下室采用逆作法施工技术，相对于常规的顺作法施工技术总工期缩短将近1年，使施工成本在可控范围之内。

广州科学城爱莎外籍人员子女学校

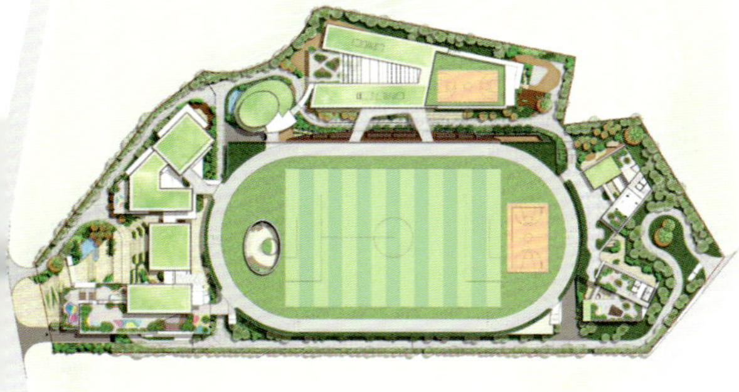

Guangzhou Science City Aisha Expatriate Children's School

项目业主：广州爱莎教育咨询有限公司
建设地点：广东 广州
建筑功能：教育建筑
用地面积：370 000平方米
建筑面积：73 000平方米
设计时间：2018年—2019年
项目状态：建成
设计单位：广东省建筑设计研究院有限公司
合作单位：CPG Consultants Pte Ltd.
设计团队：迟敬鸣、汪宁、许振刚、肖键键、陈旭、刘坡军、谢金龙、范小周、刘伟、郑锐强

项目位于广州科学城，是大湾区一所顶级的国际学校。规划用地地形高差达到33.8米，拥有茂盛的绿色植被。设计从地形出发，将减少开挖和最大限度地创造国际学校多功能学习教学空间相融合。打造多层次平台连接的功能空间，创造优美的步行校园环境，功能布局合理，建造可持续发展校园，最大限度地保留建校前的绿色山林。学校依山而建，将国际标准的体育场置于山顶，以得天独厚的地域优势，享有“云端山地森林未来学校”的美誉。

项目设计空间丰富多样，利用山地地形高差，围绕400米体育场外围合理布置各使用单元；同时利用地形高差，结合400米体育场下方为学生配置室内篮球馆、可容纳800人的演艺厅、餐厅、恒温游泳池、半室外剧场等空间。

珠海富山工业园第一小学

Zhuhai Fushan Industrial Park No.1 Primary School

项目业主：珠海富山工业园投资有限公司
建设地点：广东 珠海
建筑功能：教育建筑
用地面积：36 600平方米
建筑面积：36 000平方米
设计时间：2017年—2018年
项目状态：建成
设计单位：广东省建筑设计研究院有限公司
合作单位：10 DESIGN(拾稼)
设计团队：迟敬鸣、梁峥、谢金龙、黎国彬、黄烨然、霍增栋、彭康、范小周、卞嘉铭、周家炜、黎献纲、曹卜文

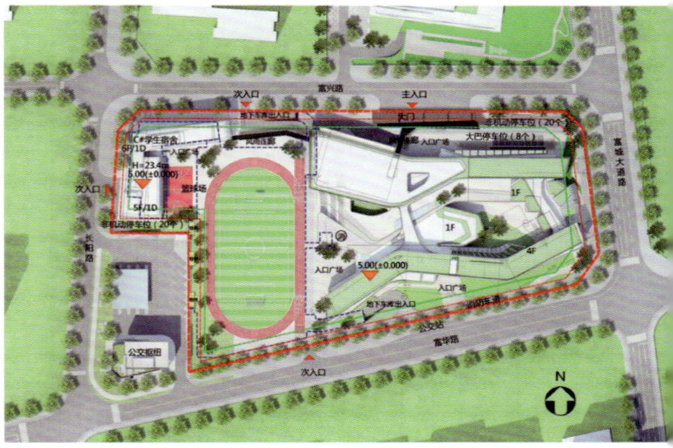

项目在围合庭院的内，有如两枝互相对望的花干，并在花干顶端呈现出花朵般绽放的造型。建筑立面设计活泼阳光且富有书院气息。设计采用空间组合与体块组合相结合的建筑手法，形成空间层次丰富、立面外观协调、整体风格轻松简洁又健康阳光的校园建筑。

庭院设计建立在充满数学逻辑的有机增长的基础上，建筑底层架空连通，增强建筑与环境之间融合，形成趣味性的室外和半室外活动场地，为学习园地及课外活动提供场所。宜人的尺度既符合小学生的生理和心理活动要求，又满足了高水平学校的功能要求。

广州市新儿童活动中心

Guangzhou New Children's Activity Center

项目业主：广州市儿童活动中心
建设地点：广东 广州
建筑功能：文体建筑
用地面积：20 000平方米
建筑面积：34 000平方米
设计时间：2017年—2018年
项目状态：在建
设计单位：广东省建筑设计研究院有限公司
设计团队：钟志伟、汪宁、戴毅、黄韵茹、王灿生、程博、韩超伟、张美玲、张伟、陈翠霞

广州市儿童活动中心是广州市妇女联合会下属的市级少年儿童校外教育单位，是中华全国妇女联合会系统创办较早的少年儿童校外教育活动基地之一。新建项目选址在广州市儿童公园东南部，作为广州市儿童公园的配套设施，与其统筹建设、融为一体。

建筑风格为岭南传统风格，与广州市儿童公园的建筑风格相协调。它的主要功能包括培训服务、综合体验、成长博物馆、多功能剧院、高科技3D体验。由于儿童公园南门靠近地铁白云公园站出入口，因此广州市新儿童活动中心和公交站场、地铁站厅由地下通道及风雨连廊进行无缝衔接。

番禺万博商务区地下空间

Underground Space of Panyu Wanbo Business District

项目业主：广州市番禺信息技术投资发展有限公司
建设地点：广东 广州
建筑功能：综合公共地下空间
建筑面积：400 000平方米
设计时间：2014年—2015年
项目状态：建成
设计单位：广东省建筑设计研究院有限公司

广州国际金融城地下空间

Underground Space of Guangzhou International Financial City

项目业主：广州市重点公共建设项目管理办公室
建设地点：广东 广州
建筑功能：综合公共地下空间
用地面积：1 320 000平方米
建筑面积：470 000平方米
设计时间：2016年—2018年
项目状态：在建
设计单位：广东省建筑设计研究院有限公司

许宏金

职务：杭州九经九纬建筑设计有限公司创始人、总设计师
九方瑊（杭州）文化科技有限公司董事长
浙江江苏商会常务副会长
浙江全媒体中心（智库）首席专家
职称：高级工程师

教育背景

1999年—2004年　扬州大学建筑学学士

工作经历

2004年—2011年　浙江东华规划建筑园林设计有限公司
2012年至今　杭州九经九纬建筑设计有限公司

个人荣誉

2016年—2017年中国国际建筑装饰及艺术博览会“十大最具影响力设计师”称号
2017年亚太建筑设计周“亚太建筑外观奖”金奖、银奖
2018年亚太空间设计年度评选“跨界设计师”称号

专利

旋转建筑物：ZL 2018 2 0615352.1
楼宇雾森系统：ZL 2017 2 0457735.6

主要设计作品

中共杭州市委党校
定西市体育场
浙江省杭州市冠山寺
浙江省磐安中学
邓州广亿不夜城
安徽龙山明珠 亿洲城
江西龙虎山鸿蒙仙境旅游区
浙江省桐乡东兴生活广场
藁城旺洋国际商业广场
江苏省宿迁御景山庄
甘肃省定西中和教育世家
周口吾悦广场

九经九纬设计
9J9W DESIGN

杭州九经九纬建筑设计有限公司成立于2013年，公司凭借专业的技术实力、优质的设计成果、完善的服务取得快速的发展，先后荣获浙江省行业创新创优示范品牌单位、全国知名品牌企业、全国诚信浙商示范企业、浙江省建筑设计行业领先企业等称号。

公司秉承“1创造+2乐章+3部曲”模式，致力于“新商业、新人居、新文旅、新城市、新乡村”五大专项板块的设计与研究，以创新的设计理念迎接未来挑战，以实现客户的价值为使命。公司不断探索并完善自身发展，用诚信可靠、智慧精准的专业服务赢得客户的信赖与尊重，营造有生命力和文化性的设计；坚持“好善者庆有余、利他者终达己、进取者永生”的理念；面向未来，设计美好作品。

地址：杭州莫干山路268号远扬大厦18楼
抖音号：99J99W99
电话：0571-28101080
电子邮箱：3202396520@qq.com

周口吾悦广场

Zhoukou Wuyue Plaza

项目业主：吾悦广场
建设地点：河南 周口
建筑功能：商业建筑
用地面积：38 790平方米
建筑面积：260 609平方米
设计时间：2019年
项目状态：在建
设计单位：杭州九经九纬建筑设计有限公司
主创设计：许宏金、熊珂

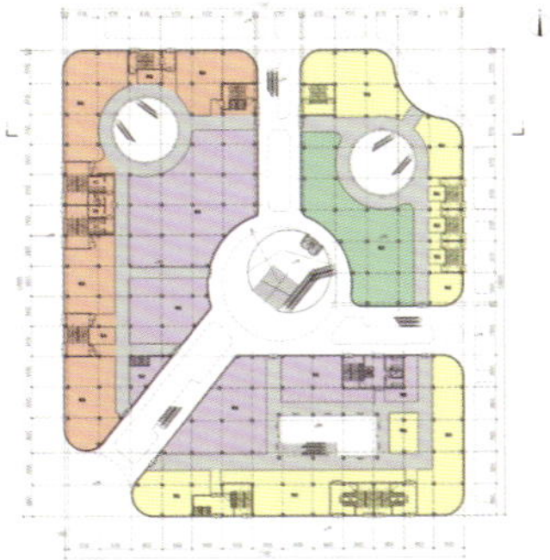

周口吾悦广场通过引入国际品牌云集的奥特莱斯，补充城市品质商业的空缺，同时植入用于游乐的花穹、雨林、瀑布，打造全景体验的主题文旅购物休闲港。

项目包含一个商场和一条“L”形魔方式的主题街区。

项目由不同的主题中庭串联，包含7D影院、热带雨林区、瀑布区、植物园、动物园、儿童乐园、高空旋转滑梯等，结合主题街区的水幕电影、灯光秀文化剧场，成为有公园、有绿化、有旅游、有文化的现代花园广场。

内乡中联万洋智慧城

Neixiang Zhonglian Wanyang Wisdom City

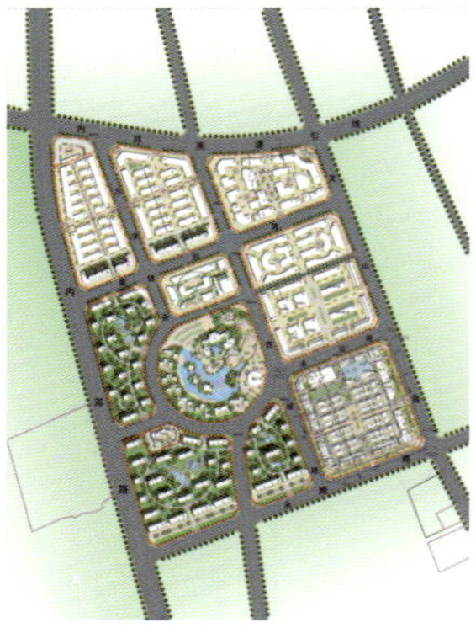

项目业主：中联万洋有限公司
建设地点：河南 南阳
建筑功能：商业、住宅建筑
用地面积：717 928平方米
建筑面积：地上建筑面积741 582平方米
地下建筑面积68 063平方米
设计时间：2020年
项目状态：方案
设计单位：杭州九经九纬建筑设计有限公司
主创设计：许宏金、赵忠梁

项目结合现代农业和文旅产业的优势，协调发展内乡设施现代化、功能齐全化、档次高端化的主题农商旅中心，打造以现代农贸、汽车贸易、商业广场、颐养居住、儿童乐园、电商服务、金融服务、政务服务为主的一体化城中之城。

项目整体规划“一中心、四板块”，一中心为范蠡文化公园，四板块为万洋农博城、万洋汽贸城、万洋魅力广场、万洋彩虹城。通过一中心和四板块的业态布局，有效整合，形成一个完整的商业体系，将满足内乡及周边地区不同人群的消费需求，成为内乡“三产”建设的主亮点，从而带动周边商业、地产、物流、医疗、教育等各个行业的全面升级，打造宜居、宜养、宜业、宜商、宜乐的现代化智慧城。

藁城旺洋国际商业广场

Gaocheng Wangyang International Business Plaza

项目业主：石家庄旺洋房地产开发有限公司
建设地点：河北 石家庄
建筑功能：商业建筑
用地面积：29 792平方米
建筑面积：79 418平方米
设计时间：2020年
项目状态：建成
设计单位：杭州九经九纬建筑设计有限公司
主创设计：许宏金、沈宇剑、朱伟鑫

项目位于石家庄市藁城区中心地带，地理位置优越。

总平面布局围绕轴线、商业、屋顶乐园展开，以提升广场的商业价值、营造良好的空间氛围和创造最大的商业面为原则。项目的东西南北各设计一条轴线，作为交点的中心广场形成建筑组群的“核”，成为顾客休憩、驻足的场所，为人们提供了多元化的购物休闲空间。项目以藁城特有的“宫文化”为背景元素，打造“宫文化”一条街，给人以不同的空间感受，营造出丰富的空间层次感。

淅川上亿·天悦城

Xichuan Shangyi · Tianyue City

项目业主：上亿集团
建设地点：河南 南阳
建筑功能：商业建筑
用地面积：85 008平方米
建筑面积：102 968平方米
设计时间：2017年
项目状态：建成
设计单位：杭州九经九纬建筑设计有限公司
主创设计：许宏金、沈宇剑、祝伟庭

项目位于淅川县商务中心区，南面为兴业路，东面为二环路，西面为三环路，北面为楚都路；东面邻规划中的人民广场，东北面邻规划中的政府办公大楼，地理位置非常优越。项目以儿童游乐为核心，从屋顶到中心广场，从街区到室内游乐，将游乐园有机植入商业中，打造以儿童主题为特色的集吃、喝、购、教、娱为一体的主题商业综合体；同时结合地方文化，打造“丹江渔村”特色主题美食街区。两大主题相得益彰，共同成就上亿・天悦城——一个极具体验感的淅川商业新地标。

许华军

职务： 大连城建设计研究院有限公司副总建筑师、建筑一所所长
职称： 教授级高级建筑师
执业资格： 国家一级注册建筑师

教育背景
1999年—1993年　大连大学工学院建筑学学士

工作经历
1993年—2000年　大连市政设计研究院
2000年—2002年　大连大地设计研究院有限公司
2002年至今　大连城建设计研究院有限公司

主要设计作品
长海县小长山乡复兴村新农村村庄规划
荣获：2011年辽宁省城市规划优秀设计一等奖
大连万科魅力之城（二期）
荣获：2013年辽宁省优秀工程勘察设计二等奖
　　　2013年大连市优秀工程勘察设计一等奖
红旗高中北侧地块改造项目A区
荣获：2016年辽宁省优秀工程勘察设计二等奖
鲁迅路轻工学院招待所地块改造项目（嘉和广场）
荣获：2016年辽宁省优秀工程勘察设计二等奖
　　　2016年大连市优秀工程勘察设计一等奖

姜旭东

职务： 大连城建设计研究院有限公司副总建筑师、建筑六所所长
职称： 教授级高级建筑师
执业资格： 国家一级注册建筑师

教育背景
1993年—1998年　西南交通大学建筑学学士

工作经历
1998年—2005年　大连铁路勘察设计所
2005年至今　大连城建设计研究院有限公司

个人荣誉
辽宁省消防设计审查建筑专业专家
2017年大连市绿色建筑行业优秀设计师

主要设计作品
红星滨海社区5#地块
荣获：2016年辽宁省优秀工程勘察设计二等奖
泉华公园南侧娱乐休闲项目
荣获：2018年辽宁省优秀工程勘察设计一等奖
化学工业部大连疗养院改造项目
荣获：2018年辽宁省优秀工程勘察设计二等奖

尹晓波

职务： 大连城建设计研究院有限公司副总建筑师、建筑七所所长
职称： 教授级高级建筑师
执业资格： 国家一级注册建筑师
　　　　　国家一级人防防护工程师

教育背景
1994年—1999年　大连理工大学建筑学学士
1999年—2002年　大连理工大学建筑学硕士

工作经历
2002年—2006年　中国联合工程公司
2006年—2013年　大连都市发展设计有限公司
2013年至今　大连城建设计研究院有限公司

主要设计作品
沈阳军区兴城疗养院接待中心
荣获：2010年辽宁省优秀工程勘察设计一等奖
大连沿海国际中心
荣获：2013年辽宁省优秀工程勘察设计二等奖
大连城市之光商业综合体
荣获：2018年中国勘察设计协会BIM应用大赛第二名

大连城建设计研究院有限公司
DALIAN INSTITUTE OF URBAN AND ARCHITECTURE DESIGN CO,LTD.

大连城建设计研究院有限公司成立于1991年，现有设计人员260名，拥有辽宁省工程设计大师2名、大连市设计大师5名、教授级高级工程师16名、高级工程师80名、国家一级注册建筑师20名、国家一级注册结构工程师15名、注册设备工程师15名、注册城市规划师13名。大连城建设计研究院有限公司具有全专业设计能力，可为客户提供全过程项目设计咨询管理和EPC工程总承包服务。

大连城建设计研究院有限公司是辽宁省建筑设计行业综合实力十强企业，担任大连市勘察设计协会副理事长、大连市绿色建筑行业协会副会长、中国勘察设计行业协会结构分会理事。邱韶光院长是辽宁省资深设计院院长，辽宁省首批工程设计大师，担任中国建筑学会建筑结构分会理事、全国高层建筑结构委员会委员、住房和城乡建设部建筑结构标准化技术委员会委员、辽宁省超限高层建筑工程抗震设防审查专家委员会专家，是建筑设计行业领军者。

地址：大连市西岗区民运街23号
　　　嘉汇大厦3层
电话：0411-39889926
传真：0411-39889960
网址：www.dlcjsjy.com
电子邮箱：dlcjy1111@vip.sina.com

未名山学校

Weimingshan School

项目业主：大连高新技术产业园区教育文体卫生局
建设地点：辽宁 大连
建筑功能：教育建筑
用地面积：19 752平方米
建筑面积：33 950平方米
设计时间：2021年
项目状态：在建
设计单位：大连城建设计研究院有限公司

项目位于大连市高新区七贤路与七贤东路交叉口。方案设计将地势高差大的劣势转化为优势，使不同空间通过立体的交通组织完美地连接在一起。项目基地周边拥有完善的市政公用配套设施，城市空间密集均质，且项目地块本身就是山体的一部分。建筑师希望该学校能够让出更多的绿化空间及开敞空间，从而弥补城市绿地的流失，并与城市建立生态连接。

设计将校园嵌入城市肌理，以“台地性”融入城市的设计思路，表达了对大连地域特色的回应，接送平台被赋予了不同的功能和意义。立面造型设计不仅与学校立面融合，还成为城市景观的一部分。连续的水平线条，突显整体水平流动感，通过明暗、色彩对比和细部处理，体现简约而生动的校园建筑组合。设计以多层次、多维度的立体校园，赋予与大连高新区相协调的新时代校园的建筑特征。

大连金普新区海崖艺术馆

Dalian Jinpu New Area Haiya Art Museum

项目业主：大连德泰控股有限公司
建设地点：辽宁 大连
建筑功能：展览建筑
用地面积：23 529平方米
建筑面积：13 814平方米
设计时间：2021年
项目状态：设计阶段
设计单位：大连城建设计研究院有限公司

项目位于大连市金普新区小窑湾山海国际社区滨海景观带，设计意象为“会飞”的建筑 。建筑融入自然，与自然和谐交融，以展翅欲飞的大鸟形象寓意大连人民欣欣向荣的生活状态；也预示着大连这座年轻的城市蓬勃发展、展翅高飞。建筑设计充分利用动物骨架的结构原理，用静态的表现方式赋予建筑飞翔的动态美，希望落成后的建筑可以成为小窑湾乃至整个金普新区的海边地标。

除了建筑特有的姿态外，设计师将建筑的翅膀设计成灵活可动的，希望观众能感受到一种生命体在刹那间的动态美，让它不止是一个姿态，而是可以根据天气、节日变化的。

大连华润万象汇

Dalian China Resources Mixc

项目业主：华润置地
建设地点：辽宁 大连
建筑功能：商业综合体
用地面积：30 800平方米
建筑面积：156 108平方米
设计时间：2021年
项目状态：在建
设计单位：大连城建设计研究院有限公司

项目位于大连市甘井子区华南商圈，邻地铁1号线华南广场站（B2层可直通），为地铁上盖商业。地铁的巨大人流导入项目，可快速提升项目的商业价值。项目200米范围内有2个公交站点、12条公交线路，通达便利性极佳，消费人群到达性高。

项目包含超市、影院、零售、餐饮、娱乐等业态，打造场景化主题空间，勾勒全新体验场景；同时通过引入高流量人气品牌，丰富产品内核，为消费者打造高品质生活体验空间。大连万象汇深化交通规划，采用多首层的立体动线设计，提升顾客消费体验。

大连东港乐园

Dalian Donggang Park

项目业主：大商城市乐园（大连）有限公司
建设地点：辽宁 大连
建筑功能：城市综合体
用地面积：25 470平方米
建筑面积：129 400平方米
设计时间：2022年
项目状态：设计阶段
设计单位：大连城建设计研究院有限公司

项目位于大连东港商务区黄金地段，该地段是未来大连集金融、文化、 商业、娱乐、旅游为一体的高端综合性区域。项目以开放的姿态融入城市，借周边的会议中心、喷泉、威尼斯水城，打造集创意商业、活力商务、展示交流、时尚体验、品质居住于一体的产业型综合体，成为智慧城市、绿色城市的示范项目。

中央文化汇广场周边建筑以层层退台的姿态，形成多层次的公共绿化活动平台，结合连廊系统与多维立体联系，围绕中庭打造多主题场景空间，打造汇聚科技、艺术、文化及自然元素的城市活力客厅。在120米高度，将南侧三栋高层塔楼连接起来，塑造天街形象。以“开放、大众”为核心诉求，将观景与公共活动结合起来，打造云顶城市客厅；同时，瞩目的建筑形象也将成为大连滨海城市新名片。

大连东港首开国风华韵

Dalian Donggang Shokai Guofeng Huayun

项目业主：北京首都开发控股（集团）有限公司
建设地点：辽宁 大连
建筑功能：商业综合体
用地面积：43 866平方米
建筑面积：286 700平方米
设计时间：2021年
项目状态：在建
设计单位：大连城建设计研究院有限公司

项目位于大连东港商务区核心地段，是一个集酒店、商业、办公、公寓于一体的大型多功能综合社区。

项目充分考虑城市街区风貌，将建筑灵活布局，打造具有层次的建筑组群，形成上部空间舒朗大气、视线通透、城市界面和谐，下部空间亲切有序、街区布局灵活、空间形态生动，内部空间功能多元、融合开放、业态丰富多样的城市综合体。

建筑立面采用现代简约风格。酒店、商业及办公部分底部采用暖色石材搭配变化丰富的玻璃幕墙和优雅的弧形墙面，形成灵动的视觉体验；塔楼部分高低错落，创造出富有韵律的立面效果；公寓部分立面时尚现代。屋顶采用高低变化的布局，搭配体量穿插，形成优美的天际轮廓线。

辽宁省抚顺市中心医院传染病房楼

Infection Ward Building of Liaoning Fushun Central Hospital

项目业主：抚顺市中心医院
建设地点：辽宁 抚顺
建筑功能：医疗建筑
用地面积：27 228平方米
建筑面积：26 915平方米
设计时间：2020年
项目状态：在建
设计单位：大连城建设计研究院有限公司

项目为抚顺市大型医疗建筑，包括地上五层，地下一层。设计师在设计中引入“公园”的概念，旨在为患者创造一个公园般轻松宜人的就医环境。设计更加注重功能性、可持续性和无障碍化，有效地帮助患者及陪同亲友减轻悲观情绪、舒缓压力。项目从总体规划到建筑物单体设计，都贯彻了人性化医用空间的设计思想。绿色的生机无处不在，医院街连廊处的休闲绿地及庭院绿化，营造了充满阳光和良好环境的花园式病房大楼景观，体现了贴近自然的设计理念。高舒适度的共享大厅及中庭，创造了令人轻松愉悦的休憩及等候空间。项目建成后将以其充满现代感的造型成为抚顺城东地区的新地标。

大连现代农业产业中心

Dalian Modern Agricultural Industry Center

项目业主：大连市金普新区政府
建设地点：辽宁 大连
建筑功能：公共建筑
用地面积：40 466平方米
建筑面积：48 000平方米
设计时间：2022年
项目状态：设计阶段
设计单位：大连城建设计研究院有限公司

项目位于大连市金普新区三十里堡临港工业区。设计充分展现了本地风土自然的魅力，把人与自然和谐共生的理念融入建筑体内。将本地区的自然要素融入建筑本体，体现人与自然、人与农业的连接，展现对未来农业的美好愿景。设计在强调主体形象造型、大型共享绿色空间的同时，又串联各个功能区域。整体布局形成具有冲击力的体量，加强建筑体在本区域的标志性。

建筑体处于山海交会的节点，是协调农业、产业区块的中心点。建筑体采用连通的白色铝板水平线条，形成连续的组合体，具有现代感和自然气息。建筑体柔和的圆角和折线处理把3个体块统一起来，象征曲折的海岸线、柔和的海风与山体互相交融。

大连依山海国际社区

Dalian Yishanhai International Community

项目业主：大连山川地产开发有限公司
建设地点：辽宁 大连
建筑功能：居住建筑
用地面积：156 232平方米
建筑面积：88 980平方米
设计时间：2021年
项目状态：设计阶段
设计单位：大连城建设计研究院有限公司

项目位于大连市金普新区小窑湾片区，整体规划为一个多元的国际社区，每个社区都具有各自的特色。设计以现代风格为主题，体现社区的创新性及艺术性。整体布局由西北侧的社区型商业、西南侧的幼儿园和居住组团组成。

商业街布局采用传统的巷弄式布局，用庭院景观连接整体建筑群，打造丰富的空间感。

幼儿园面向大海，与海崖艺术馆形成呼应。创造趣味空间，通过建筑物的开口空间把山海和幼儿园连接起来。

居住组团用现代设计理念演绎东方文化对居住空间与自然环境相互协调的追求以及对生活空间的细致把握。

杨琳

职务： 上海建筑设计研究院有限公司建筑四院副院长
专业院总建筑师
职称： 高级工程师
执业资格： 国家一级注册建筑师

教育背景

1994年—1999年　东南大学建筑学学士
1999年—2002年　东南大学建筑学硕士

工作经历

2002年至今　上海建筑设计研究院有限公司

个人荣誉

2011年度上海市重点工程实事立功竞赛优秀建设者
2013年上海市三八红旗手
2016年上海市国资委系统优秀共产党员

主要设计作品

上海浦东发展银行信息中心
荣获：2005年上海市优秀工程勘察设计一等奖
2006年全国优秀工程勘察设计三等奖
复旦新闻学院
荣获：2009年上海市优秀工程勘察设计三等奖
中国航海博物馆
荣获：2011年上海市优秀工程勘察设计二等奖
宁波环球航运广场
荣获：2017年上海市优秀工程勘察设计二等奖
2018年全国优秀工程勘察设计二等奖
2018年上海市土木学会优秀工程二等奖
上海迪士尼乐园探险岛片区
荣获：2017年上海市优秀工程勘察设计三等奖
2018年第十五届中国土木工程詹天佑奖
上海国际航运服务中心东地块B01号楼
荣获：2019年上海市优秀工程勘察设计二等奖
宁波东部新城A2-22地块
荣获：2019年上海市优秀工程勘察设计三等奖
远东宏信广场
荣获：2020年上海市优秀工程勘察设计三等奖
苏州天都大厦
荣获：2021年上海市优秀工程勘察设计三等奖

上海建筑设计研究院有限公司（原上海市民用建筑设计院，简称上海院）成立于1953年，现有员工1 600人，其中专业技术人员1 250多人，是一家具有工程咨询、建筑工程设计、城市规划、建筑智能化及系统工程设计资质的综合性建筑设计院，是中国乃至世界最具规模的设计公司之一，被评为建筑设计行业高新技术企业，通过国际ISO9001质量体系认证，在国内外享有较高的知名度。上海院累计完成两万多个工程设计和咨询项目，作品遍布全国31个省、自治区、直辖市及全球20余个国家和地区，其中700多项工程设计、科研项目、标准规范获国家、住建部以及上海市优秀设计和科技进步奖。

上海院致力于建筑设计的专项市场研究和创新，在着眼于体育建筑、医疗建筑、酒店建筑、文化建筑、办公建筑、商业建筑、会展建筑、博览建筑、教育建筑、科研建筑、优秀历史及保护建筑、住宅建筑等核心设计领域的同时，依托雄厚的人才资源、积累的丰富经验进行多维度的技术开拓，不仅在大跨度空间结构及新型结构设计、超高层设计方面开展具有前瞻性的技术研究，更致力于绿色与节能建筑设计、低碳和可持续发展的城市规划设计、数字建筑集成设计、智能化系统设计等专项技术研究与工程应用，形成专业研发团队与设计团队相互促进、共同发展的格局，为国内外客户提供优质的一体化服务。

上海院拥有包括工程院院士、全国工程勘察设计大师、享受国务院政府特殊津贴专家、国家有突出贡献中青年专家、教授级高级工程师及国家一级注册建筑师、工程师、规划师、咨询师等一大批资深专家和技术人才。上海院多年来累计主编、参编各类规范110余项，主编、参编国家、上海市设计标准20余项，拥有授权发明专利4项、实用新型专利10项，拥有著作权的各专业软件20项，出版大量专业学术著作，有力地促进了上海及全国建筑设计行业技术水平的提高。上海院作为一家与城市同名、与国家的城市建设发展共同成长的设计院，在未来的岁月里将一如既往地以上海为原点，为全国乃至世界创作更多优秀的建筑作品。

地址：上海市石门二路258号
电话：021-52524567
传真：021-62464200
电子邮箱：yanglin@aisa.com.cn

上海迪士尼乐园探险岛片区

Shanghai Disneyland Adventure Island Area

项目业主：上海国际主题乐园有限公司
建设地点：上海
建筑功能：主题乐园
用地面积：61 034平方米
建筑面积：15 848平方米
设计时间：2012年—2016年
项目状态：建成
设计单位：上海建筑设计研究院有限公司
合作设计：WDI上海国际主题乐园有限公司
建筑团队：张行健、关欣、杨琳、王骁丁、胡晓霞、孙伟、周健华、薛文静

上海迪士尼乐园是上海市重点工程。探险岛片区的特色设计：完整的仿自然人工环境、超大型可变舞台和观众厅剧场（秀场）、带黑暗骑乘的单次单循环漂流道、漫长的攀爬探险项目、上海目前最高的钢结构假山。

项目团队成功地通过创造性的设计，实现了迪士尼的创意，完成了迪士尼与中国文化的融合，深化了主题乐园的内涵。

探险岛片区42米高的钢结构假山外形独特，项目团队全程采用三维设计，将不规则形体结合了逆向设计。这在国内绝无仅有，具有世界领先水平；不仅能详实地记录整个建设过程，还有利于未来对整个乐园的维护及可持续发展。

在上海院顾问专家组的带领下，项目团队进行了一系列科研课题研讨和攻关，完成了多项针对乐园规划和设计的指导原则，为创造性地实现该项目打下坚实基础。

中国航海博物馆

China Maritime Museum

项目业主：上海港城开发（集团）有限公司
建设地点：上海
建筑功能：文化建筑
用地面积：48 660平方米
建筑面积：46 434平方米
设计时间：2005年—2006年
项目状态：建成
设计单位：上海建筑设计研究院有限公司
合作设计：德国GMP建筑师事务所
建筑团队：费宏鸣、杨琳

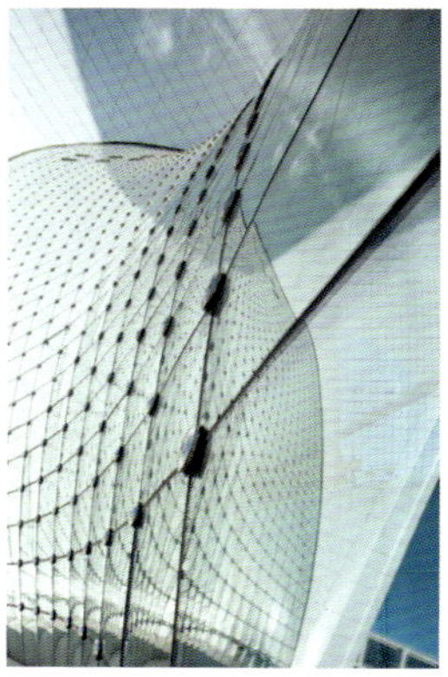

项目以其现代的形式语言和博物馆建筑的设计成为一个跨地域的标志性建筑。

该项目由一个两层基座和两个侧翼建筑构成，两个侧翼建筑之间是一个大型的帆形壳体结构，由于其屋面类似两片只在一点相交的弯曲风帆而极具个性、令人难忘。造型独特的风帆给结构体系的塑造、结构受力的设计、关键节点的构造带来非常大的困难。作为世界上首例支承在弹性边界上的双曲单层索网玻璃幕墙结构，其设计、施工具有世界级的难度。设计采用多种先进、可靠的火灾自动报警系统和严密的安全防范系统，确保博物馆的安全运行；同时还运用了完善的博物馆信息化系统、先进的天象馆数字球幕影院系统和先进的4D动感影院系统。

宁波环球航运广场

Ningbo Universal Shipping Plaza

项目业主：宁波环球置业有限公司
建设地点：浙江 宁波
建筑功能：办公、商业建筑
用地面积：9 786平方米
建筑面积：143 236平方米
设计时间：2009年—2010年
项目状态：建成
设计单位：上海建筑设计研究院有限公司
建筑团队：庞均薇、陆钟骁、杨琳、宣燕雯

项目作为宁波当时的最高建筑，设计上力求建造一座城市的标志性建筑，同时将城市空间从高塔的压抑中解放出来，实现一定的开放性。

项目主结构采用超级桁架的双筒结构体系，这些南北通风的无柱巨型公共空间，是建筑师为实现建筑公共性和开放性而向超高层大楼固有形式的一次挑战。在超高层建筑中央的低、中、高三个区域设置对外开放的空间，为来访的人们提供城市活动的新场所。底层室外开放大空间、裙房中央共享大厅、裙房屋顶花园及主楼顶部公共观光空中花园，在公共服务功能的作用下，由下到上，变成一个拥有立体流动体系的城市综合体。

杨勐

职务： 华南理工大学建筑设计研究院有限公司
建筑设计六院副院长
职称： 高级工程师
执业资格： 国家一级注册建筑师

教育背景

1998年—2001年　华南理工大学建筑学硕士

工作经历

2001年至今　华南理工大学建筑设计研究院有限公司

主要设计作品

玉林体育馆
荣获：2005年广东省优秀工程勘察设计三等奖
西安电子科技大学新校区规划设计
荣获：2005年教育部优秀规划设计三等奖
东莞松山湖科学苑
荣获：2010年广东省优秀建筑创作奖佳作奖
2010年东莞市优秀建筑工程设计一等奖
福建工程学院新校区图书馆
荣获：2014年全国工程建设项目优秀设计成果二等奖
2013—2014年度国家优质工程奖
南京航空航天大学天目湖校区
荣获：2019年广东省建筑设计奖三等奖
路福联合广场
荣获：2019年广东省建筑设奖二等奖
松山湖大学创新城
荣获：2014年东莞市优秀建筑工程设计一等奖
2017年教育部优秀工程勘察设计二等奖
2019年广东省优秀城市规划设计二等奖
广州南沙明珠湾开发展览中心
荣获：2019年全国优秀工程勘察设计二等奖
2019年广东省优秀工程勘察设计二等奖
2019年IFLA国际大奖建筑整合类荣誉奖

华南理工大学建筑设计研究院有限公司（以下简称华工设计院）是全国著名的甲级设计研究院，始建于1953年，是全国重点高校最早成立的甲级设计研究院之一。1979年11月成立华南工学院建筑设计研究院正式挂牌，并于1988年随学校名称变化改为华南理工大学建筑设计研究院，于2018年10月改制为华南理工大学建筑设计研究院有限公司。

经过60余年的积淀和发展，华工设计院已成为一个技术力量雄厚、人才结构合理、专业配套齐全、设计手段先进并在质量保证体系等方面都处于国内同行业先进水平的建筑设计院，具备建筑行业建筑工程、建筑智能化系统工程设计专项、城市规划、市政行业、风景园林工程设计专项、环境工程专项、工程咨询、文物保护工程勘察设计等多项资质，并通过ISO9001质量体系认证。

在人才结构方面，华工设计院现有中国工程院院士1名、全国工程勘察设计大师3名、广东省首届勘察设计大师3名、当代中国百名建筑师4名、当代中国杰出工程师5名、博士生导师8名、硕士生导师47名、中国建筑学会青年建筑师奖获得者18名、高级以上职称122名、一级注册建筑师108名、一级注册结构工程师49名、其他注册工程师及规划师97名。华工设计院共有700多名优秀的专业技术人才，一半以上的技术人员具有硕士及以上学位，并在院士、大师的领衔下，培养了一大批具有较高学术造诣的各专业技术带头人。

华工设计院一直秉承“务实诚信、勇于拼搏、锐意创新、追求卓越、宽容和谐”的院风，坚持“扬高校优势、树精品意识、创优秀设计、送真诚服务”的质量方针，创作了一大批文化底蕴深厚、技术含金量高的优秀设计作品。

地址：广州市天河区华南理工大学
设计院楼内
电话：020-22238160
传真：020-87113794
网址：www.scutad.com.cn
电子邮箱：scutadri@qq.com

路福联合广场

Lufu Union Plaza

项目业主：广州路福房地产开发有限公司
建设地点：广东 广州
建筑功能：商业综合体
用地面积：5 842平方米
建筑面积：63 729平方米
设计时间：2013年
项目状态：建成
设计单位：华南理工大学建筑设计研究院有限公司
主创设计：陶郅、杨劼、许伟荣、李波、刘琮晓、罗伟明

该项目位于广州南站核心区，建筑是集酒店、办公和商业于一体的高密度超高层综合体。通常情况下，高层建筑密度高、封闭、缺乏活力，为打破对高层建筑的这一惯性认知，项目在平衡经济性和公共性的基础上，致力于用最小成本创造更多有趣、生动的空间。在创造多样化室内空间的同时，设计利用避难层及屋顶空间形成多处空中公园，将户外公共空间引入建筑内部，为使用者提供了一处富有特色的空间场景，也成就了“城市之眼”的建筑意象。

松山湖大学创新城

Songshanhu University Innovation City

项目业主：东莞大学创新城建设发展有限公司
建筑功能：科研、办公建筑
建筑面积：534 448平方米
项目状态：在建
设计单位：华南理工大学建筑设计研究院有限公司
主创设计：何镜堂、杨勐、郭卫宏、许伟荣、李晖浩、罗伟明、李斌、朱晓平、祖延龙、林沁茹、刘凯

建设地点：广东 东莞
用地面积：265 115平方米
设计时间：2013年—2018年

松山湖大学创新城诞生于东莞产业转型升级的背景下，率先践行了“产城融合”的理论，提出了复合化、链条化、全程化的科创小镇概念，建立了产业、配套和服务相对完善的科创社区，并与城市产业深度融合。

目前，松山湖大学创新城已经聚集了松山湖材料实验室以及清华大学、北京航空航天大学、同济大学、华南理工大学、解放军信息工程大学等各大高校的科研机构和相对完善的产业服务平台。它将成为从研发孵化到成果转化的一体化科研综合体，以及东莞乃至华南科研和制造产业链的一股重要力量。

广州南沙明珠湾开发展览中心

Guangzhou Nansha Pearl Bay Development Exhibition Center

项目业主：广州市南沙城市建设投资有限公司
建设地点：广东 广州
建筑功能：文化建筑
用地面积：4 300平方米
建筑面积：11 700平方米
设计时间：2014年—2015年
项目状态：建成
设计单位：华南理工大学建筑设计研究院有限公司
主创设计：何镜堂、杨勐
参与设计：郭卫宏、李斌、朱晓平、荣长青、田苗、柳一心、赵初华、陈卫彬、王钊、赵立华、周华忠、彭蓉、陈天宁

该项目位于广州市南沙区灵山岛凤凰一桥东侧，主要功能为明珠湾规划建设展览馆和南沙城投开发建设指挥部，是南沙大湾区建设的重要展示窗口。

“鱼塘印记，隐而成景”是建筑的设计理念，也是对“两观三性”建筑创作理论的一次实践。建筑设计一方面充分挖掘南沙“地域性”文化与特色，围绕着“桑基鱼塘”这一再现地域文化印记的母体展开，并以此为符号，切分屋顶和室外环境平面，使建筑和景观融为一体。另一方面，建筑不凸显自己的体量，隐匿于环境中而化作景致，并以此为理念，用建筑的“整体观”思考与把握设计。

这不仅是一座集规划展览和建设指挥于一体的复合绿色建筑，还是一座开放的城市公园，更是南沙的地域文化和大地肌理在南沙大湾区的延续。

株洲职教城

Zhuzhou Vocational Education City

项目业主：湖南工贸技师学院、湖南铁路科技职业技术学院
建设地点：湖南 株洲
建筑功能：教育建筑
用地面积：570 700平方米
建筑面积：363 300平方米
设计时间：2009年
项目状态：建成
设计单位：华南理工大学建筑设计研究院有限公司
设计团队：陶郅、杨勐、陈子坚、刘琮晓、李晖浩、许伟荣、陈煜斌、陈坚、吕英瑾、罗伟明、田苗、袁志华、李斌、祖彦龙、刘凯

该项目由湖南工贸技师学院和湖南铁路科技职业技术学院两所大学组成。

湖南工贸技师学院采用“点一线一面”整体设计的模式，将建筑组群与自然山水有机融合，尊重和呼应了现有地形的特征，追求建筑在自然环境中的适度自由表现；并通过轴线和环形路网增强其秩序感，从而使规划在发展中保持统一，使校园生活与山水景观完美相融。

湖南铁路科技职业技术学院在规划设计中，将建筑融于自然，创造出一种有机生长的动态，形成与自然和谐共生的关系。设计围绕中心景观区的校园环道理性分隔校区用地。教学区、实训区、校前区、体育运动区、生活区在湖光山色之中依次展开，共同组成一个有机的校园整体。

阎玉珩

职务： 中国建筑东北设计研究院有限公司
副总建筑师
职称： 教授级高级工程师
执业资格： 国家一级注册建筑师

教育背景

1991年—1995年　沈阳建筑工程学院建筑学学士

工作经历

1995年至今　中国建筑东北设计研究院有限公司

个人荣誉

辽宁省优秀女建筑师
中国建筑学会工业建筑分会理事

主要设计作品

中铁九局总部
荣获：2014年美国LEED CS金级认证
2019年辽宁省土木建筑科技创新奖二等奖
沈阳夏宫
荣获：2016年辽宁省建设工程“世纪杯”优质工程
2018年辽宁省优秀工程勘察设计一等奖
2019年全国优秀工程勘察设计三等奖
2020年中国建筑学会建筑电气设计二等奖
北约克置地广场
荣获：2017年美国LEED CS金级认证
2020年辽宁省优秀工程勘察设计三等奖
金坛全家福养生基地
荣获：2018年中国建筑勘察设计二等奖
鲁迅美术学院新校区
荣获：2015年“创新杯”建筑信息模型（BIM）设计大赛三等奖
2015年辽宁省建筑信息模型（BIM）设计大赛一等奖
沈阳体育学院冰上运动综合馆
荣获：2018年辽宁省建设工程优质结构称号
东北工业大数据中心
荣获：2019年辽宁省信息模型（BIM）设计大赛一等奖
陡子峪养生谷
荣获：2022年东北三省适老化建筑设计竞赛三等奖
黄金广场改造
荣获：2012年沈阳市优秀工程勘察设计三等奖
沈阳体育学院综合夏季训练台
朝阳市高铁北站交通枢纽EPC工程
人保北方信息中心南区一期EPC工程
辽宁广全国际职业大学

中国建筑东北设计研究院有限公司
CHINA NORTHEAST ARCHITECTURAL DESIGN & RESEARCH INSTITUTE CO.,LTD

中国建筑东北设计研究院有限公司（以下简称东北院）系国家大型综合建筑勘察设计企业，始建于1952年，是中央政府为适应新中国经济建设而组建的六大地区建筑设计院之一。现隶属位于世界500强企业中国建筑股份有限公司。

东北院具有建筑工程甲级、工程勘察综合甲级、市政公用行业（燃气、轨道交通除外）甲级、风景园林甲级、建筑装饰甲级、建筑幕墙甲级、城乡规划乙级、人防工程乙级、商物粮行业乙级等资质，还具有工程咨询、造价咨询、工程监理、施工图审查、建筑装修装饰工程、地基与基础施工专业承包一级及对外承包工程等多项资质。

东北院在沈阳总部设有8个综合设计院以及中建东设岩土工程有限公司、中建澳连装饰工程有限公司、沈阳东建施工图审查咨询有限公司、中国建筑（辽宁）工程顾问有限公司4个子公司和规划与景观事业部、市政设计院、绿色建筑设计所、技术中心、原创中心和BIM研发中心，并在深圳、大连、北京、上海、郑州、重庆等地设有6个区域设计院以及福州分公司、厦门分公司。

东北院现有员工2 100余人，其中全国工程勘察设计大师2人、辽宁省设计大师19人、享受国务院政府特殊津贴专家22人、一级注册建筑师78人、一级注册结构工程师70人、其他注册工程师198人、教授级高级工程师97人、高级工程师418人、工程师549人。

70年来，东北院共完成30 000多项各类工业与民用建筑设计，工程涉及各个行业，遍布国内27个省区市及欧洲、亚洲、非洲等几十个国家和地区。东北院先后荣获国家级、省部级优秀设计奖1 000余项，主编和参编了百余项国家、行业及省、市技术标准与设计规范。

东北院在历届全国勘察设计单位综合实力评比中均位居百强之列，名列建筑设计单位前茅，在国内外建筑界享有较高的声誉，连续获中国勘察设计协会“优秀勘察设计院”奖，被中国建筑学会评选为“当代中国建筑设计百家名院”，BCI Asia“中国十大建筑设计公司”等荣誉称号。

地址：辽宁省沈阳市和平区
光荣街65号
电话：024-81978097
传真：024-81978000
网址：nein.cscec.com
电子邮箱：775252726@qq.com

沈阳夏宫

Shenyang Summer Palace

项目业主：沈阳夏宫房地产开发有限公司
建设地点：辽宁 沈阳
建筑功能：商业综合体
用地面积：33 518平方米
建筑面积：324 000平方米
设计时间：2010年—2011年
项目状态：建成
设计单位：中国建筑东北设计研究院有限公司
合作单位：日本丹下建筑事务所、新加坡SAA建筑事务所

项目是在原夏宫的旧址上，去旧建新打造而成的具有全新功能的城市综合体建筑群；传承了原夏宫的历史性和地标性，建造独特、永恒的新夏宫。项目设计的目标为营造舒适、安全、人性、生态的城市区域环境。

超高层主体的双塔楼设计，通过细腻的阴影关系产生凹凸感的外观，并与扭曲的三维形体相结合，使之成为沈阳的新地标。两栋塔楼采用纵横基调对照的手法，配合夜景照明，既保持了整个城市景观的灵动韵律，又充分适应不同的室内功能需求。项目作为沈阳市的南大门，体现出了热情的形象。

在商业裙房部分，通过幕墙上的拱形元素和出入口处的拱形大门，配合室外地下出入口处的"月光宝盒"，并保留了部分历史痕迹，以此表达对原夏宫的敬意。

北约克置地广场

North York Land Plaza

项目业主：香鑫置业（沈阳）有限公司
建筑功能：商业、办公建筑
建筑面积：127 768平方米
项目状态：建成
主创设计：阎玉珩、刘志强、冯超、刘斯若

建设地点：辽宁 沈阳
用地面积：7 105平方米
设计时间：2011年—2012年
设计单位：中国建筑东北设计研究院有限公司

北约客置地广场内设的5A级绿色写字楼、机械式（平面移动式）立体停车场、直升机停机坪均为本项目的鲜明特色。建筑的造型设计力求简洁、现代，立面设计采用竖向线条处理，强调建筑的纵向高度，在视觉上给人以高耸、挺拔、大气的印象。

塔楼的饰面材料为玻璃、石材、铝单板，通过材质的变化和色彩的搭配，体现建筑的时代感，给人以美的视觉享受。

项目设计时不仅注重其使用期间的节能效果，而且考虑到从初期概念设计阶段到最终拆除后建筑垃圾分类处理阶段的总体节能效果。

不论是建筑的方案设计，还是结构的最终选型，乃至机电专业的楼宇智能化控制，项目都有别于传统的建筑设计。项目建成后已成为沈阳的标志性建筑之一。

中铁九局总部

China Railway No.9 Bureau Group Headquarters

项目业主：中铁九局集团沈阳房屋开发有限公司
建设地点：辽宁 沈阳
建筑功能：办公建筑
用地面积：13 000平方米
建筑面积：139 923平方米
设计时间：2010年—2012年
项目状态：建成
设计单位：中国建筑东北设计研究院有限公司
主创设计：阎玉珩、江启嘉、吴伟枢、支宇、孙巧玲

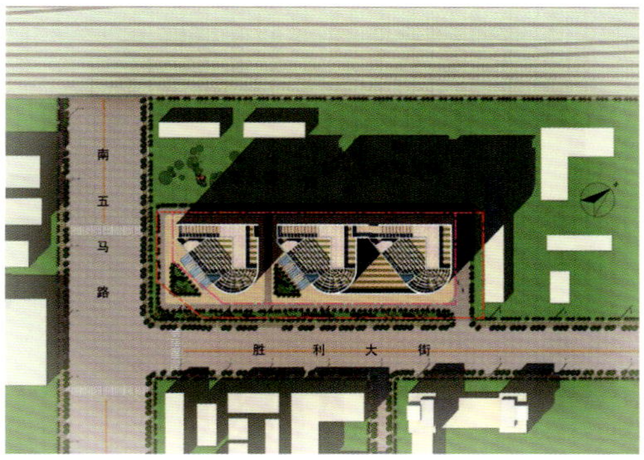

项目建设地点临近铁路，通过在建筑的西侧、西南侧以及各个单体塔楼之间设置的多处景观中庭及空中花园，创造出一个既现代又舒适的绿色生态建筑环境。错落有致的生态花园不但使其内部的使用人群能够获得一个有别于传统建筑枯燥乏味的工作及生活环境，同时也为北方的城市在严寒的冬季增添了一丝淡淡的绿意。

建筑饰面通过玻璃与石材的变化和色彩搭配，体现建筑的时代感，给人以美的视觉享受。场地内一、二期3栋同质化的大楼并排布置，形成了规模化的效应，进一步体现了建筑物的尺度感与北方建筑粗犷的风格。该项目是辽宁省的绿色建筑示范工程。

金坛全家福养生基地

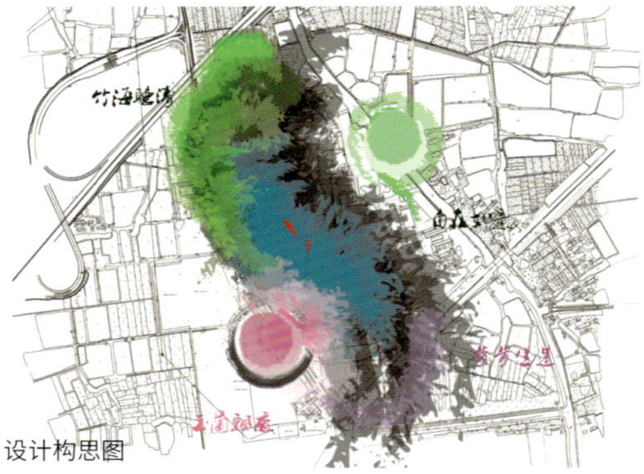

设计构思图

Jintan Family Photo Health Base

项目业主：江苏福润旅游开发有限公司
建设地点：江苏 常州
建筑功能：生态小镇
用地面积：286 014平方米
建筑面积：207 130平方米
设计时间：2017年
项目状态：方案
设计单位：中国建筑东北设计研究院有限公司
主创设计：阎玉珩、马睿、张岩峥、江启嘉、冯超、丛龙吉、孙巧玲

总平面图

项目旨在为银发人群打造一个生态康养综合小镇。建筑师基于场地内外的山、水、茶、鱼、稻、花资源，结合常州市的“鲜、妙、文、孝、灵”文化，以玉兰飘香（常州市花）、自在如意（修身养性）、竹海听涛（灵性文化）、步步生莲（和合为贵）为设计立意，采用筑山理水的手法，打造出恢复生态灵性、演绎品质生活的隐世莲园。

滨湖小镇做到园区室内外空间全部无障碍连接，配备自助电动轮椅等，医老互联、智慧康养，为小镇居民提供安全、健康、幸福的理想养生环境。

沈阳体育学院综合夏季训练台

Shenyang Institute of Physical Education Comprehensive Summer Training Platform

项目业主：沈阳体育学院
建设地点：辽宁 沈阳
建筑功能：体育建筑
用地面积：18 724平方米
建筑面积：9 929平方米
设计时间：2020年—2022年
项目状态：在建
设计单位：中国建筑东北设计研究院有限公司
主创设计：阎玉珩、江启嘉、张岩峥、孙巧玲、谷家琪

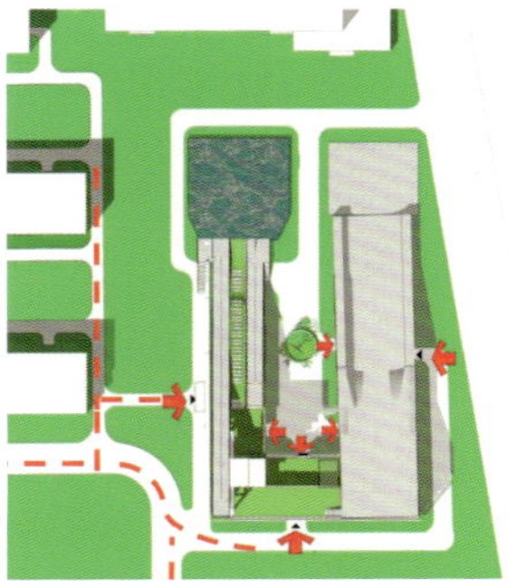

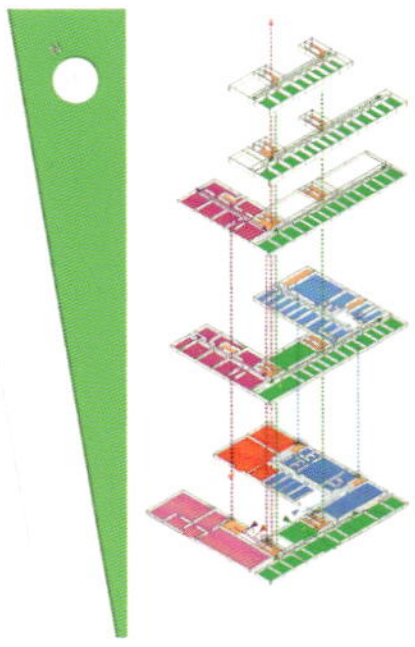

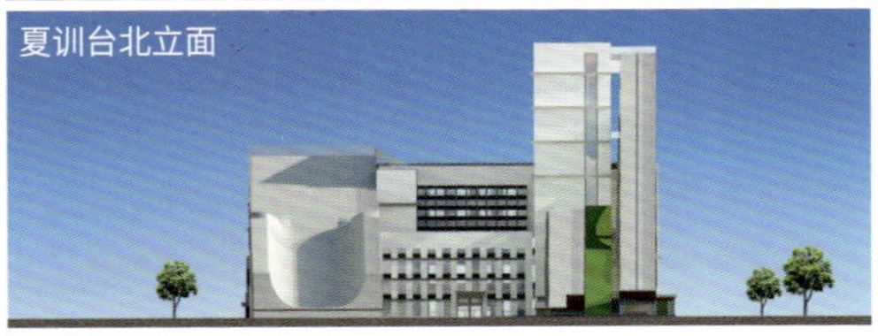

项目是为了让专业滑雪运动员在夏季进行日常训练而建设的工程，能够使运动员在教练的专业指导下，进行自由式滑雪及“U”形槽滑雪的专项训练。其中的“U”形槽夏训台是世界上的第一个，也是目前唯一的一个“U”形槽夏季训练台。

建筑主体尽量远离北侧原有建筑，以增强运动员的心理安全感。顶层为夏训台，便于运动员训练使用；底层为宿舍等辅助空间，满足运动员日常生活需要。夏训台南高北低，运动员由南向北滑，可减少炫光对运动员训练造成影响。单体建筑的平面功能以运动员的训练、恢复、居住、教学流线便捷为目标而分区设置。

滑道主体采用钢结构形式，滑道表面采用人造滑雪材料，下面铺设木龙骨与主体结构固定连接。自由式滑道底端的着陆坑采用专业材料铺设、专项研发构造，以保证训练安全。“U”形槽底端的气垫形状与“U”形槽体一致并相接。

铁一院城轨院建筑核心团队

喻忠
职务：城轨院党委书记、院长
中国城市轨道交通协会设计咨询专业委员会副秘书长
职称：正高级建筑师

尹静
职务：城轨院副总建筑师
职称：正高级建筑师
执业资格：国家一级注册建筑师

朱永安
职务：城轨院副总建筑师
职称：高级建筑师

同庆
职务：城轨院副总建筑师
职称：高级建筑师
执业资格：国家一级注册建筑师

彭磊
职务：城轨院副总建筑师
职称：正高级建筑师
执业资格：国家一级注册建筑师

李文全
职务：城轨院副总建筑师
职称：高级建筑师

李萍
职务：城轨院综合开发所所长
职称：高级建筑师

沈欣
职务：城轨院土建二所所长
职称：高级建筑师

宋冰晶
职务：城轨院综合开发所副所长
所总建筑师
职称：高级建筑师
执业资格：国家一级注册建筑师

曹原
职务：城轨院综合开发所副所长
所总建筑师
职称：高级建筑师

刘剑春
职务：城轨院土建一所副所长
所总建筑师
职称：高级建筑师

尹陇彪
职务：城轨院土建二所副所长
所总建筑师
职称：高级建筑师

李瑞
职务：城轨院土建三所副所长
所总建筑师
职称：高级建筑师

董蕾
职务：城轨院综合开发所
副总建筑师
职称：高级建筑师

邢晓
职务：城轨院综合开发所
副总规划师
职称：高级建筑师

高海鹏
职务：城轨院土建一所
副总建筑师
职称：高级建筑师

常军刚
职务：城轨院土建一所
副总建筑师
职称：高级建筑师

白东青
职务：城轨院土建二所
副总建筑师
职称：高级建筑师

闫涛
职务：城轨院土建二所
副总建筑师
职称：高级建筑师

张景娥
职务：城轨院土建二所副总建筑师
职称：正高级建筑师
执业资格：国家一级注册建筑师

边振来
职务：城轨院土建三所
副总建筑师
职称：高级建筑师

孟祥雷
职务：城轨院土建三所
副总建筑师
职称：高级建筑师

高建
职务：城轨院技术中心
（BIM 开发所）副总建筑师
职称：高级建筑师

夏瀛
职务：项目负责人
职称：高级建筑师

王帅
职务：城轨院工会主席
职称：高级建筑师

祁睿
职务：专业负责人
职称：建筑师

主要国家级获奖作品

西安地铁二号线：
2014年FIDIC“全球杰出工程奖”
2015年全国优秀工程勘察设计二等奖

乌鲁木齐地铁1号线：
2020—2021年国家优质工程奖
新疆维吾尔自治区优秀工程勘察设计行业一等奖

兰州地铁1号线：2021年FIDIC全球工程项目优秀奖

广州市城市轨道交通13号线首期工程：
2021年国家优质工程奖

西安市地铁4号线：
2022年中国土木工程詹天佑奖

重庆地铁6号线大竹林车辆段综合楼：
2013年绿色建筑设计评价三星级认证
2015年美国能源与环境设计先锋奖金奖

主要省部级获奖作品

陕西省优秀工程设计一等奖：
西安地铁1号线一期工程总体设计
重庆地铁6号线一期、二期工程
广州地铁21号线镇龙车辆段上盖开发
北京地铁10号线万州站、苏州街站
西安地铁3号线两站两区间设计

广西优秀工程勘察设计一等奖：
南宁地铁1号线三站三区间重难点设计

中国铁建

中铁第一勘察设计院集团有限公司
CHINA RAILWAY FIRST SURVEY AND DESIGN INSTITUTE GROUP CO.,LTD.

中铁第一勘察设计院集团有限公司（简称铁一院）是新中国成立的第一批铁路勘测设计单位。铁一院坚持技术立院、创新强院，建院以来，设计项目创造了多个国内第一和世界之最，设计了我国第一条电气化铁路、第一条沙漠铁路，世界第一条高原冻土铁路、第一条湿陷性黄土地区高速铁路、第一条高寒地区高速铁路、一次性新建里程最长高速铁路、第一个获得 FIDIC“全球杰出工程奖”的地铁工程。

铁一院城市轨道交通设计研究院（以下简称铁一院城轨院）致力于轨道交通建筑理论及技术体系研究，掌握先进理念和核心技术，取得了一系列丰硕成果。铁一院城轨院包含建筑、规划、结构等多个专业，承担了全国 30 余个城市的轨道交通业务，涵盖地铁系统、市域快轨系统、轻轨系统、有轨电车系统等多种轨道交通的规划研究和勘察设计。同时，铁一院城轨院以轨道交通为衍生，深耕地下空间开发、TOD 开发、地铁上盖开发等领域的设计研究。

地址：陕西省西安市雁塔区西影路 2 号　　电话：029-82365030　　传真：029-82365020　　网址：www.fsdi.com.cn

西安地铁二号线

轨道交通总体设计

项目概况：作为国内轨道交通设计行业的领军者之一，铁一院城轨院先后承担了西安、青岛、成都、重庆、厦门、南宁、太原、呼和浩特、乌鲁木齐、兰州等10余座城市的勘察设计总承包或总体总包设计项目。已建成通车轨道交通线路20余条，在建轨道交通总体总包线路10余条，其中多项工程获得国家级和省部级优秀工程勘察设计奖项。

呼和浩特地铁 1 号线

成都地铁 5 号线

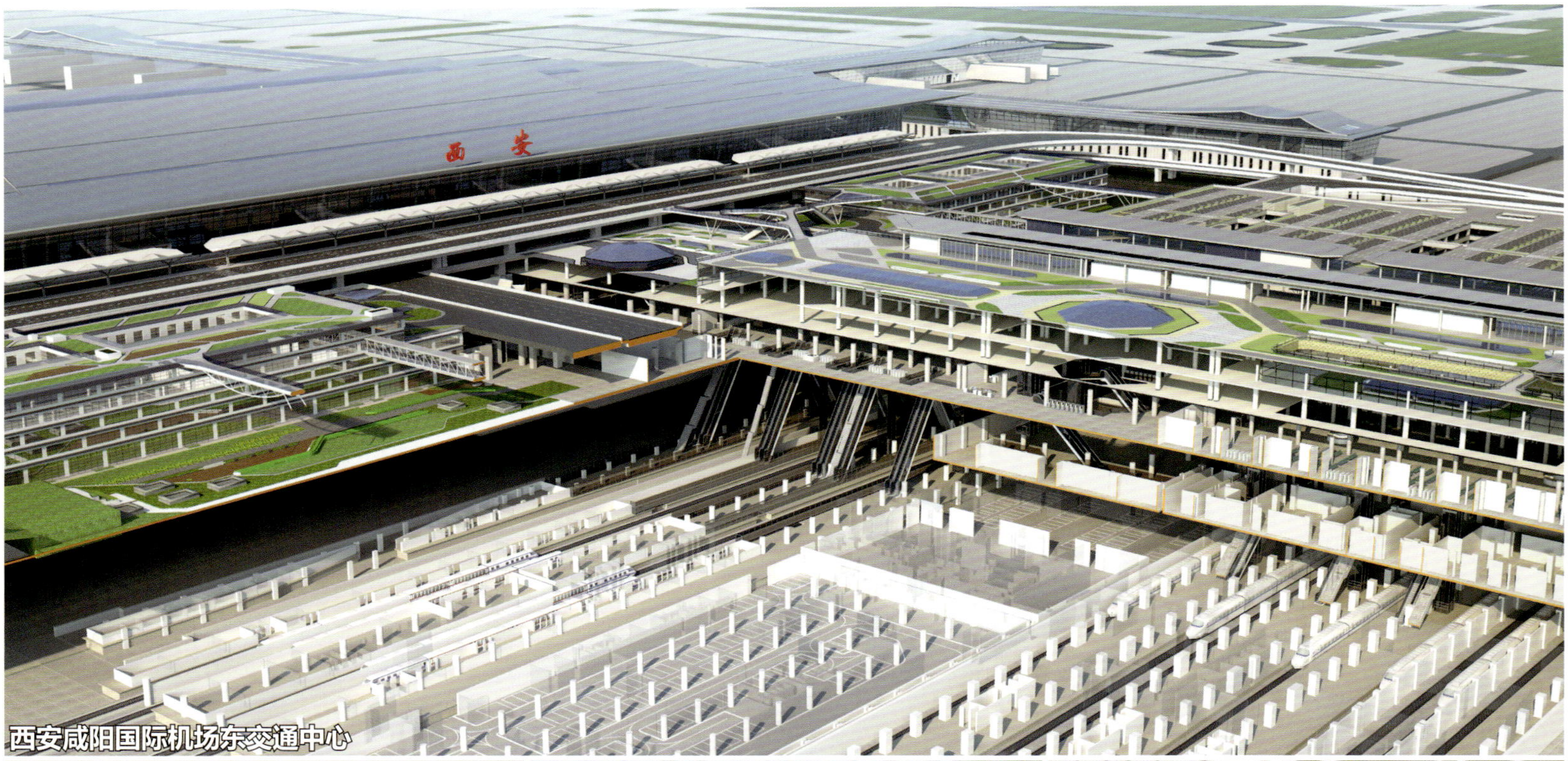

西安咸阳国际机场东交通中心

枢纽车站

项目概况：综合交通枢纽是城市的重要交通节点，是城市各种交通方式连接的纽带。铁一院城轨院承担了西安北客站枢纽、西安火车站枢纽、西安纺织城客运枢纽、西安咸阳国际机场东交通中心（在建）、无锡太湖新城枢纽站（在建）等一系列综合交通枢纽工程中的轨道交通设计，为城市的高质量发展提供了坚实的支撑。

西安纺织城客运枢纽

西安火车站枢纽

广州地铁天河公园站

特色车站

项目概况：轨道交通建筑环境艺术是城市文化的组成部分，是城市活力和灵魂的具体体现。铁一院城轨院深耕地域文化，注重地铁车站作为公共交通的“在地性”表达；设计出一系列如西安地铁行政中心站、西安地铁奥体中心站、西安地铁南稍门站、西安地铁阿房宫站、广州地铁天河公园站、成都地铁锦城大道站等具有地域特色的地铁车站；让地铁空间成为城市与民众交流的纽带，唤起乘客对城市的喜爱和深刻记忆。

西安地铁奥体中心站

西安地铁南稍门站

成都地铁锦城大道站

西安地铁阿房宫站

成都地铁 6 号线陆肖站一体化开发

TOD 项目

项目概况：铁一院城轨院紧跟行业发展趋势，开拓新兴市场，依托轨道交通建筑设计，先后与众多国内外顶级设计机构合作，参与设计了西安、南京、南宁、成都、广州等城市的TOD开发项目。项目类型涵盖TOD一体化设计、综合交通规划、新型轨道交通规划等各类“轨道+物业”新型版块。

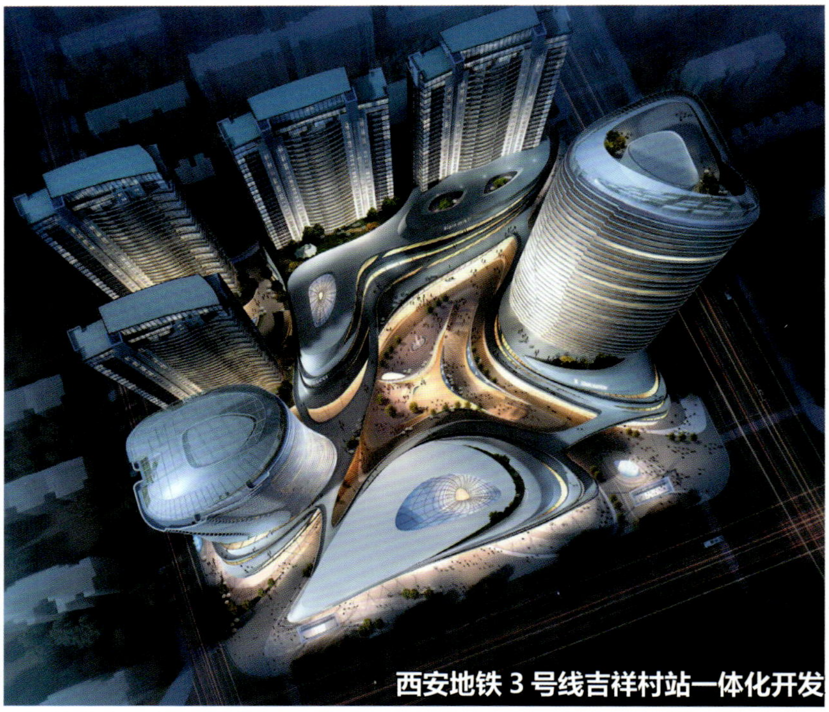

西安地铁 3 号线吉祥村站一体化开发

南宁地铁 5 号线五一立交站 TOD 一体化开发

西安地铁 14 号线

西安地铁 5 号线二期

青岛地铁 13 号线

成都地铁 5 号线

地上形象

项目概况：铁一院城轨院设计完成了轨道交通高架车站、民用建筑、城市设计等一系列地上建筑工程项目，包括西安、成都、重庆、青岛等地高架车站和西安、广州、上海、重庆等地的场段及大型单体建筑；并参与西安、咸阳、天津、成都、重庆、青岛等9座城市的城市开发、城市更新、棚户区改造等项目的前期研究和勘察设计工作。其中多个项目获得国家级和省部级优秀设计奖项。

广州地铁 21 号线镇龙车辆段上盖开发

重庆地铁 6 号线大竹林车辆段综合楼

重庆传感器特色产业基地

余烜

职务：浙江省建筑设计研究院有限公司第二建筑设计院副院长
职称：高级工程师
执业资格：国家一级注册建筑师

教育背景
2002年—2007年　华中科技大学建筑学学士

工作经历
2007年—2009年　广东省建筑设计研究院有限公司
2009年至今　浙江省建筑设计研究院有限公司

个人荣誉
浙江省建筑设计研究院有限公司第三届青年建筑师

主要设计作品
杭州萧山国际机场二期工程T3航站楼
荣获：2015年浙江省优秀工程勘察设计一等奖
2015年全国优秀工程勘察设计一等奖
乌镇互联网国际会展中心
荣获：2018年度浙江省优秀工程勘察设计一等奖
2019年全国优秀工程勘察设计一等奖
湖州南太湖奥体中心工程
荣获：2018年浙江省优秀工程勘察设计二等奖
2019年全国优秀工程勘察设计二等奖
钱江浙商创投中心
荣获：2020年浙江省优秀工程勘察设计二等奖
宿迁市宿豫文化公园文化馆、大剧院
荣获：2021年度浙江省优秀工程勘察设计二等奖
杭州世茂智慧之门
杭州望朝中心
杭州萧山国际机场三期工程T4航站楼
浙江省之江文化中心
杭州恒隆广场
杭州湾智慧谷二期
杭州朝龙汇
上海师范大学大学生综合发展与现代服务中心
杭州市下沙中心区单元JS0410-B1\B2-03、04、05地块
永旺梦乐城杭州钱塘新区

张健君

职务：浙江省建筑设计研究院有限公司第六建筑设计院副总建筑师
职称：高级工程师
执业资格：国家一级注册建筑师

教育背景
2006年—2011年　浙江工业大学建筑学学士
2013年—2014年　香港大学城市设计硕士

工作经历
2011年—2013年　浙江东南建筑设计有限公司
2015年至今　浙江省建筑设计研究院有限公司

个人荣誉
2021年浙江省住房和城乡建设厅优秀共产党员
2022年浙江省建筑设计研究院有限公司第三届青年建筑师

主要设计作品
四岭合舍（竞赛）
荣获：2016年首届民宿设计传媒大奖赛银奖
杭州市桥西单元小学及中学
荣获：2020年杭州市优秀工程勘察设计二等奖
浙江大学医学院附属口腔医院
良渚新城树兰国际医学中心
宁波国华金融大厦
杭州运河中央公园
钱江世纪城初中
杭州滨河数字产业园
龙游县人民医院
浙江大学邵逸夫医疗中心
丽水市莲都区青少年宫

浙江省建筑设计研究院有限公司（简称ZIAD）创立于1952年，是国内享有盛誉的具有建筑、规划、园林、市政、消防等多种甲级资质的综合性勘察设计科研单位，下设10个综合设计分院、18个专业设计分院（设计部门）、7个技术研究中心和4个子公司。ZIAD主编、参编了大量国家和浙江省建设工程设计规范及技术规程，在办公、宾馆、体育、交通、文化、教育和医疗等大型公共建筑的设计及复杂超限高层建筑、大跨度空间结构、岩土工程设计和建设工程标准化等方面均处于行业领先水平。

70年来，ZIAD始终坚持“创作名院、科技兴院、人才强院、清廉护院”的发展理念，先后荣获600余项国家级及省部级优秀设计奖和科学技术奖，荣膺中国勘察设计单位综合实力百强、全国建筑设计行业十强设计院、全国优秀勘察设计院、全国建设科技进步先进集体、当代中国建筑设计百家名院、全国建筑设计行业诚信单位、浙江省勘察设计行业综合实力十强单位、浙江省首批工程总承包试点企业、浙江省职工职业道德建设标兵单位、浙江省文明单位、浙江省标准创新贡献奖等几十项省级以上称号。

安吉路院区
地址：浙江杭州安吉路18号
电话：0571-85154691（总机）
传真：0571-85151540

何银丰

职务：浙江省建筑师设计研究院有限公司第七建筑设计院副总建筑师

职称：副高级工程师

执业资格：国家一级注册建筑师

教育背景

2002年—2007年　同济大学建筑学学士

工作经历

2007年至今　浙江省建筑师设计研究院有限公司

个人荣誉

浙江省未来社区专家

主要设计作品

杭州新世界（K11）综合体

杭州星柚集团总部大楼

温州莱恩达广场

新昌旅游综合体

宜格集团总部园区

萧山湘北单元25号地块

俞乐伟

职称：高级工程师

执业资格：国家一级注册建筑师

教育背景

2004年—2009年　中国矿业大学建筑学学士

2009年—2012年　北京建筑大学建筑学硕士

工作经历

2012年至今　浙江省建筑设计研究院有限公司

个人荣誉

2019年浙江省建筑设计研究院优秀青年设计师

2020年浙江省住房和城乡建设厅优秀共产党员

2022年浙江省建筑设计研究院有限公司青年建筑师奖

主要设计作品

杭州临平理想银泰城

荣获：2021年杭州市优秀工程勘察设计二等奖

上虞体育中心体育馆

荣获：2018年杭州市优秀工程勘察设计一等奖

　　　2018年浙江省优秀工程勘察设计二等奖

　　　2019年全国优秀工程勘察设计三等奖

上虞体育中心南区

荣获：2021年杭州市优秀工程勘察设计一等奖

　　　2021年浙江省优秀工程勘察设计一等奖

杭州市瓶窑中学

荣获：2021年杭州市优秀工程勘察设计二等奖

　　　2021年浙江省优秀工程勘察设计三等奖

南浔宏达学校宿舍楼

丽水景宁沙湾镇小城镇改造EPC工程

ZIAD专家荟萃、大师云集。近年来、ZIAD坚持以“建平台、出政策、强保障”为举措，深入构筑人才高地，集聚大批行业人才，发展的凝聚力、战斗力和创新活力不断提升。ZIAD现有在职员工1 000余人，其中有中国工程设计大师2名、浙江省工程勘察设计大师5名、享受国务院政府特殊津贴专家6名、省部级劳动模范4名、省部级有突出贡献中青年专家3名、当代中国百名建筑师2名、当代中国杰出工程师6名、中国青年建筑师奖获得者5名、浙江省“151人才”15名、教授级高级工程师82名、一级注册建筑师88名、一级注册结构工程师81名、注册城市规划师13名、其他各类注册人员百余名。

当前，全体ZIAD人正牢牢抓住我国建筑业转型升级新机遇，以市场为导向，以“做大规模、做优主业、做强实力”为目标，坚定确立了“巩固设计主业、两头延伸发展、多种经营并进”的发展思路，高举全面深化改革大旗，加快推动体制机制和工程技术向纵深发展，使ZIAD品牌实力与行业影响力焕发出新的蓬勃生机。

ZIAD坐落于风景优美的杭州市西子湖畔，现有安吉路和紫金港两大院区。

紫金港院区

地址：浙江省杭州市西湖区

　　　古墩路598号同人广场C座

电话：0571-56097998

网址：www.ziad.cn

电子邮箱：ziad@ziad.cn

乌镇互联网国际会展中心

Wuzhen Internet International Convention and Exhibition Center

项目业主：乌镇旅游股份有限公司
建设地点：浙江 嘉兴
建筑功能：会议、展览建筑
用地面积：136 912平方米
建筑面积：81 306平方米
设计时间：2015年
项目状态：建成
设计单位：浙江省建筑设计研究院有限公司
主创设计：曹跃进、官霄舆、余烜、王劼、张艳颖、徐淑宁

项目坐落在乌镇历史水城的北侧，是世界互联网大会的永久会址，由会议中心、接待中心和展览中心组成。

设计理念定义为“简约、环保、智慧”及传统与现代的完美结合，以展示现代国际会展中心功能与江南水乡传统建筑的融合共生。江南水乡特有的粉墙黛瓦、临水连廊等经典建筑元素被赋予了现代风格。

外立面采用260万片江南小青瓦、竹片及钢构架组成的独具江南特色的“竹片钢结构披檐”交错层叠；展览中心立面采用不锈钢索组成的垂挂帘幕，交织成网状，使展厅隐约可见，平添了一份江南烟雨的柔美，也恰好寓意“互联网”。

杭州新世界（K11）综合体

Hangzhou New World (K11) Complex

项目业主：杭州新蕴实业发展有限公司
建设地点：浙江 杭州
建筑功能：城市综合体
用地面积：115 689平方米
建筑面积：400 244平方米（地上）
339 939平方米（地下）
设计时间：2019年至今
项目状态：在建
设计单位：浙江省建筑设计研究院有限公司
合作单位：坂茂建筑事务所设计
奥雷·舍人建筑事务所
利安建筑设计事务所
设计团队：黄森、沈米钢、何银丰、蔡起遵、黄坤燕、吴伟韬

项目旨在为杭州望江新城打造一个革新性的地标。项目设计深受杭州历史文化的影响，这在方案造型、细节、材料和规划当中得到极致体现。同时方案提出的艺术构筑物让人联想到杭州著名的六和塔和八卦田遗址；竹编结构让人联想到杭州本地茂密的森林，如云栖竹径等；屋顶太阳能板湖泊造型与杭州西湖建立对话，相映成趣。

4#地块有两栋塔楼，设计承继总体规划的主线，明亮大气，以“城市山谷”作为连接城市和自然的象征。这座标志性建筑通过形体的雕琢，旨在关联城市空间与人性化尺度，表达城市与自然的融合。5#、6#、7#地块为运河水景文化街区，沿街商业以传统梯田式景观作为空间载体，创造具有文化底蕴的城市体验空间。

杭州运河中央公园

Hangzhou Canal Central Park

项目业主：拱墅区城中村指挥部
建设地点：浙江 杭州
建筑功能：文化建筑
用地面积：94 324平方米
建筑面积：69 871平方米
设计时间：2017年
项目状态：建成
设计单位：浙江省建筑设计研究院有限公司
主创设计：许世文、姚之瑜、杨新辉、张健君、朱余博、陈天驰

项目位于杭州市拱墅区，包含杭州运河大剧院及其配套公园绿地。设计将高耸的舞台空间和观众厅、内场、排演厅等功能空间集中布置在建筑中央，以保证空间高度；将建筑门厅、中庭、餐饮区、接待区等较为灵活的功能空间，沿外围草坡下方设置，以获得更开阔的景观视野；同时利用连续的层高变化，创造出丰富的空间效果。立面选用烤瓷铝板、玻璃、UHPC等材料，色调以纯白和暖灰为主，营造出亲切柔美的建筑形象。室内设计以“线性的流动、拱形的韵律、鳞状的波纹、宜人的尺度”，回应了大运河拱宸桥段“水、桥、鱼、人”的独特人文景观。

浙江大学医学院附属口腔医院

Stomatological Hospital Affiliated to Medical College of Zhejiang University

项目业主：浙江大学医学院附属口腔医院
建设地点：浙江 杭州
建筑功能：医疗建筑
用地面积：8 787平方米
建筑面积：51 649平方米
设计时间：2015年
项目状态：建成
设计单位：浙江省建筑设计研究院有限公司
主创设计：陈志青、骆高俊、赵长青、毛淼、张健君、胡俊勇

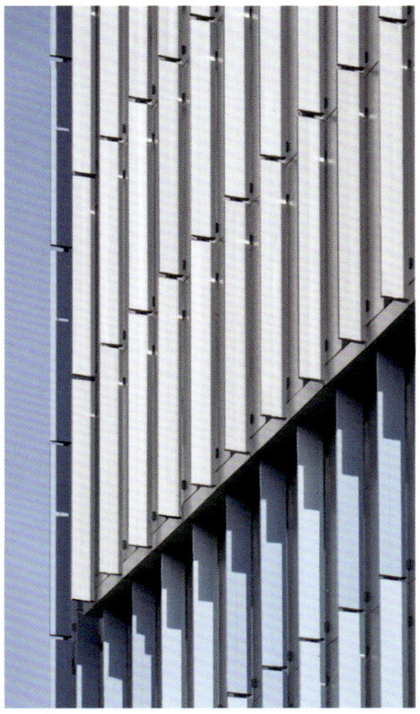

项目位于杭州市核心地段，是集临床医疗、科研教学、预防保健于一体的、国内一流的三级甲等专科医院。

建筑师将限制条件有机地转化为设计源泉，在狭长的南北向地块上，建筑体量顺应地形，沿着主要城市界面（秋石高架路）连续展开；体量高度和长度的推敲与平衡，减少了对原有住区在高度上的压迫感。建筑北面的上端部分向秋石高架路一侧错动，退让出更大的空间间距，使现有住宅获得更加充足的日照。建筑南面的底端部分同样向秋石高架路一侧错动，使南面主入口拥有更充裕的开敞空间。建筑体量的细致打磨为其外观赋予了精密而流畅的质感，随着行人、车辆的移动产生动态的视觉效果和富于韵律的节奏变化。

浙江省黄龙体育中心亚运场馆改造项目

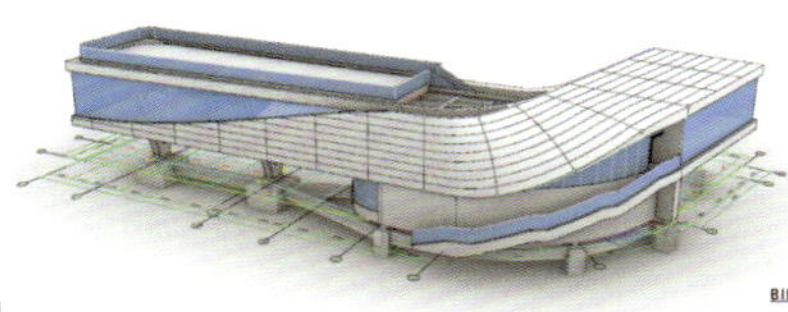

室内效果图 BIM工作模型

Zhejiang Huanglong Sports Center Asian Games Venue Reconstruction Project

项目业主：浙江省黄龙体育中心
建设地点：浙江 杭州
建筑功能：体育建筑
用地面积：330 075平方米
建筑面积：318 414平方米
设计时间：2018年—2019年
项目状态：在建
设计单位：浙江省建筑设计研究院有限公司
主创设计：许世文、裘云丹、俞乐伟、王松涛、顾蔚翔、叶悦齐、王中毅

项目位于风景秀丽的西子湖畔、著名的黄龙洞风景区旁，北临天目山路、南至曙光路、西起玉古路、东至黄龙路。此次亚运会场馆改造，主要是对场馆竞赛功能、中心整体环境及赛后服务功能的提升。

改造后的黄龙体育中心，更加突出“以人民为中心”的公共健身服务理念，将成为运动休闲综合体、文体培训大本营、竞赛表演集聚区、场馆运营新典范、体育消费新场景，也将成为展示浙江体育形象的“金名片”、服务百姓运动健身的“主窗口”、引领体育产业发展的“新标杆”。

杭州市瓶窑中学

Hangzhou Pingyao Middle School

项目业主：杭州市瓶窑中学
建设地点：浙江 杭州
建筑功能：教育建筑
用地面积：65 117平方米
建筑面积：69 970平方米
设计时间：2015年—2016年
项目状态：建成
设计单位：浙江省建筑设计研究院有限公司
主创设计：许世文、裘云丹、俞乐伟、周特峰、何曦

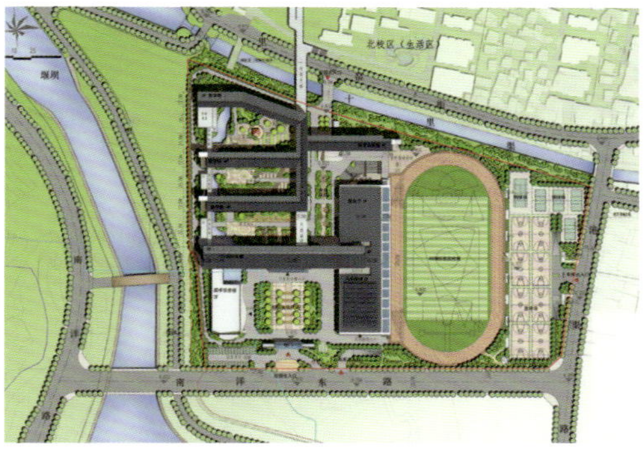

项目用地西临防护绿地、自然湿地水域和南山文物古迹，自然环境优美宜人；南侧和东侧各临规划道路和规划居住区，靠近主城区；北侧为老校区。根据项目规划，新校区为教学和运动区，学校生活、住宿功能在北侧老校区内，南、北校区被公共河道和城市道路（里窑街）所分隔。

在整个校区规划中，设计师以园林式的空间景观形态来表达校园各部分的呼应，景观设计的重点在于巧借园外山水景色，通过对原有水系的保留、引入、组织和运用，精心营造广场和庭院景观。在各个功能分区院落内部的空间营造上，设计师运用传统的造园手法，灵活组织“院、庭、廊、台”，使师生学于院中、游于园中，园院相融，营造益于学习、适于生活的园林式校园环境。

余枫

职务：福建省骏元建筑设计有限公司董事长
职称：高级工程师
执业资格：国家一级注册建筑师

教育背景
1993年—1998年　福建建筑与城乡规划学院建筑学学士
2003年—2008年　福建工程学院建筑学硕士

工作经历
1998年—2005年　福州联盛建筑设计院
2005年—2014年　嘉博(福建)联合设计有限公司
2014年至今　福建省骏元建筑设计有限公司

主要设计作品
万科金域荣郡
万科广场
阳光白金翰宫
阳光乌山荣城
信通游艇湾
沙县东大路历史街区提升改造设计
贵安世纪城
瑞鑫翡翠滨江
福晟钱隆首府
福晟钱隆御景
融侨悦城
融侨新城·泷郡
品润悦江山
泰禾长乐红誉
泰禾红悦
泰禾锦绣水乡
域见文旅城

池松旺

职务：福建省骏元建筑设计有限公司副总经理
职称：工程师

教育背景
2002年—2007年　西南交通大学建筑学学士

工作经历
2007年—2014年　嘉博（福建）联合设计有限公司
2015年至今　福建省骏元建筑设计有限公司

主要设计作品
均和宬玥府
均和悦府
均和云谷福清科技港
象屿恒荣悦海湾公馆
沙县东大路历史街区提升改造设计
保利天悦花园安置地块
融侨官邸
盈合产业园
中庚香江城
凯德数创信息大厦
贵安金源集团总部办公大楼
贵安水世界主题酒店
罗源滨海新城医院门诊大楼
信通中心商业酒店地块
品润悦江山
品润商务办公大楼
品润国宾府
景地峰域湾
景地壹号院

黄羽威

职务：福建省骏元建筑设计有限公司创作中心副总监、方案三所所长
职称：工程师

教育背景
2007年—2012年　武夷大学建筑学学士

工作经历
2012年—2016年　中国建筑东北设计研究院有限公司福州分公司
2016年至今　福建省骏元建筑设计有限公司

主要设计作品
邵武客运站
福建对外经济贸易职业技术学院二期
福州软件园A区提升工程
义务中国小商品城东北市场
马尾罗星小学
马尾快安实验小学
福州大学城九年制学校
京域学府
照丰上城御园
信通游艇湾
瑞鑫壹号院
福州贵安中德足球小镇
福州一中贵安学校溪利校区
福州外国语学校改造工程
阜阳东湖世纪城九年制学校
瑞鑫翡翠滨江

陈裕平

职务：福建省骏元建筑设计有限公司方案一所所长
职称：工程师

教育背景

2014年—2019年　福建工程学院建筑学学士

工作经历

2009年—2010年　福建省集泰建筑设计有限公司
2010年—2014年　嘉博（福建)联合设计有限公司
2015年至今　福建省骏元建筑设计有限公司

主要设计作品

万科广场
泰禾红悦
品润悦江山
天辉悦府
信通同源原动力二期综合楼
菏泽瑞海家园
景地莱蒙悦府
景地峰域湾
景地壹号院
凯龙泰悦留园
守正智园
恒荣九洲悦城
恒荣山海郡
恒荣悦海湾
品润凤鸣苑
品润悦公馆
品润凤禧园
品润朗樾城
品润国宾府
沙县东大路历史街区提升改造设计

张耀建

职务：福建省骏元建筑设计有限公司方案二所所长
职称：工程师

教育背景

2009年—2014年　安徽理工大学建筑学学士

工作经历

2014年至今　福建省骏元建筑设计有限公司

主要设计作品

罗源湾滨海新城15、17、18区地块
罗源湾滨海新城配套综合楼
合肥北城世纪城D区
怀远江山御景
信通游艇湾
岳家湖世纪城
东湖世纪城
域见文旅城
瑞鑫翡翠滨江
汉晟城西北区
中联云梯
华耀首府A、B区
中侨江南名城
中侨山河茗著
光华国宾府
世林弘府
弘祥天晟小区
弘祥天成小区
弘祥天元公馆
喜盈门富居公馆

JUNYUAN organization 骏元机构　　骏元建筑 Jun Yuan Architecture

福建省骏元建筑设计有限公司（以下简称骏元建筑）成立于2014年，与建盟设计集团有限公司建立了紧密的战略联盟，成立了建盟设计集团有限公司福州公司。骏元建筑成立以来，依托伙伴们的努力和客户支持，已发展成为一家规划、建筑、结构、水、电、暖等全专业配置，全业务覆盖的专业民营设计机构。骏元建筑实现了全体系的设计流程标准化及图纸质量标准化。业务涉及住宅、公寓、商业、酒店、办公、学校、养老、产业园等类型。项目遍布全国，为政府和多家知名地产开发商提供了优质的设计服务。

骏元机构旗下拥有骏舍建筑（香港）事务所（Atelier Zeon-haus）、骏元建筑/建盟设计（福州）、博林景观、骏易空间等设计团队；运用同平台、多学科、全程化的综合设计服务模式，为政府和开发商提供完整的设计产品和项目解决方案，致力成为建筑领域全维度设计机构。

骏元机构始终坚持“建筑美好生活、创造无限价值”的企业使命，本着“专于勤、精于心”的职业精神，为客户提供高性价比的设计服务。

骏元建筑现拥有城乡规划编制甲级、建筑行业（建筑工程甲级、人防工程乙级）、风景园林工程设计专项甲级和市政行业（道路工程、给水工程、排水工程、桥梁工程）专业乙级等设计资质。

地址：福建省福州市仓山区林浦路
　　　世纪金源大厦6栋17层
电话：0591-87815999
网址：www.junyuanjz.com
电子邮箱：982585458@qq.com

品润悦江山

Pinrun Yuejiangshan

项目业主：玉林品润置业有限公司
建设地点：广西 玉林
建筑功能：居住建筑
用地面积：138 709平方米
建筑面积：478 248平方米
设计时间：2022年
项目状态：方案
设计单位：福建省骏元建筑设计有限公司
主创设计：余枫、池松旺、陈裕平

项目位于玉林市玉东新区，是一个高品质社区，也是一个当地的标杆性建筑群。项目总体规划设计理念为大景观、大视野、高品质精致居住产品。设计将自然生态环境引入社区空间，倡导健康人居的生活理念；以围合式大景观社区为规划手法，在有限的空间中尽可能地将景观面做大，将社区的住户景观面做到极致。

方案规划及建筑设计致力于营造一种精神家园的归属感，注重社区整体居住品质及文化氛围的提升。设计合理地组织车行流线，同时结合绿地景观有机组织社区人行流线，在公共空间与半私密空间中制造诸多能让社区邻里偶遇的节点，从而促进社区邻里的交流和和谐氛围的营造。

瑞鑫翡翠滨江

Ruixin Emerald Riverside

项目业主：瑞鑫（三明）地产有限公司
建设地点：福建 三明
建筑功能：商业、居住建筑
用地面积：64 459平方米
建筑面积：170 443平方米
设计时间：2020年
项目状态：在建
设计单位：福建省骏元建筑设计有限公司
主创设计：余枫、黄羽威、张耀建

项目位于三明市宁化县江背路，设计师将客家建筑风格语汇与现代装饰手法结合，重现了悬山式屋顶、穿斗式构架、窗花窗套、马头墙、客家特色栏杆等经典元素。建筑立面色彩同样取材于传统客家色彩意向，以米黄色为基调，裙楼搭配土黄色面砖，大线脚压顶、屋顶马头墙线脚及屋顶瓦片为青灰色，黄墙灰瓦的经典客家建筑肌理在本案中得以重现。

项目设计为大景观社区，将自然生态引入社区空间，做到景随人动，移步换景。项目引入竖向绿化，综合绿化以入口广场为主，结合屋顶绿化，将园林景观的审美享受自然地渗透到业主的内心，营造建筑与自然和谐共同的环境。

信通游艇湾

Xintong Yacht Bay

项目业主：福建信通游艇发展有限公司
建设地点：福建 福州
建筑功能：商业、居住建筑
用地面积：56 425平方米
建筑面积：159 313平方米
设计时间：2017年
项目状态：在建
设计单位：福建省骏元建筑设计有限公司
主创设计：余枫、黄羽威、张耀建

项目位于福州市马尾区亭江镇英屿村，秉承“大道从简”的设计理念，以最简练的语素充分展示了传统文化与建筑相结合之美，萃取新古典主义建筑的端庄与典雅，融合中式建筑的精美和底蕴。

建筑设计借鉴福州传统内院文化，规划强调礼制、街巷、里弄、府院等概念，并提取中式元素融入建筑。项目充分发挥区域优势，建成后将成为福州市的游艇基地和该区域的城市名片。项目以便利的交通条件和丰富的景观资源为依托，建立复合型的游艇基地，集多种功能为一体，提供创新型的商务、休闲、度假体验，同时形成城市的新景观。

沙县东大路历史街区提升改造设计

Upgrading and Reconstruction Design of Dongda Road Historic Block in Shaxian County

项目业主：沙县城市建设投资有限责任公司
建设地点：福建 三明
建筑功能：城市更新
场地面积：36 517平方米
建筑面积：15 326平方米
外立面改造面积：3 200平方米
景观面积：4 500平方米
设计时间：2022年
项目状态：在建
设计单位：福建省骏元建筑设计有限公司
主创设计：余枫、池松旺、陈裕平

东大路历史街区是沙县城内沙溪沿岸仅存的一片保留相对完整的文化街区，拥有良好的自然山水格局和景观环境。项目定位为树立文化地标、再现东门繁华。建筑师深入挖掘历史街区的历史文化资源内涵，重点展现沙县小吃等市井文化及传承至今的商贸文化等特色，营造传统风貌特征鲜明、民风民俗气息浓郁的人文氛围。项目通过植入文化、旅游、商业、休闲等多元复合功能，进一步激发街区活力与魅力；并通过整治环境、完善设施、提升服务、增强自我更新与可持续发展的能力，将成为典范性历史文化商业步行街区、城市怀旧和深度旅游的人文游憩中心、与周边业态功能互补的时尚休闲打卡地。

FREE STUDIO

地址：上海市石门二路258号
传真：021-62464208
电子邮箱：isa@isaarchitecture.com
电话：021-62464308
网址：www.isaarchitecture.com
公众号：FreeStudio工作室

FREE STUDIO工作室为华建集团上海建筑设计研究院有限公司（简称上海院）具有影响力的创作型工作室，主持建筑师沈铖曾获第十届中国青年建筑师奖。FREE STUDIO工作室根植于本土文化与现代语境，努力促使建筑在物质、人文层面与人产生美好关系，激发有情感、有活力的场所；关注在地、建造、次文化空间，并融入生活；研究建筑叙事性，探索在地原生语言与建筑语境结合后的当代表达，以建筑学的语言叙述此时此地此景。

FREE STUDIO工作室将实践与研究相结合，主持的项目曾获得省部级建筑设计类奖项20余项，并获2019年AIA美国建筑师协会中国区建筑类荣誉奖（最高奖）、2021年德国品牌与设计委员会创新建筑奖至尊奖，2021年英国砖业发展协会砖建筑全球奖。同时，FREE STUDIO工作室通过参加论坛、展览、讲座等方式积极分享对建筑的思考，分别于2019年中国建筑学会学术年会专题论坛、第八届城市建筑文化论坛新锐论坛、2021年上海国际建筑文化周系列活动/重塑·共生一城市更新的现实与未来论坛上发言，并于2021年参加UIA第27届世界建筑师大会中国建筑展。

多彩贵州艺术中心

Colorful Guizhou Art Center

代建业主：中天城投集团贵州文化广场开发建设有限公司
建设地点：贵州 贵阳
建筑功能：文化建筑
用地面积：40 858平方米
建筑面积：150 770平方米
设计时间：2020年至今
项目状态：中标方案
设计团队：上海院 FREE STUDIO工作室
主持建筑师：沈钺
建筑设计：李明洋、高飞、黄琛诺、徐浩人、孙雨桐、邱衎、刘念成
结构设计：贾水钟、石硕
暖通专业：乐照林、胡洪
给排水专业：赵俊、殷春雷
电气专业：胡戎、陈杰甫

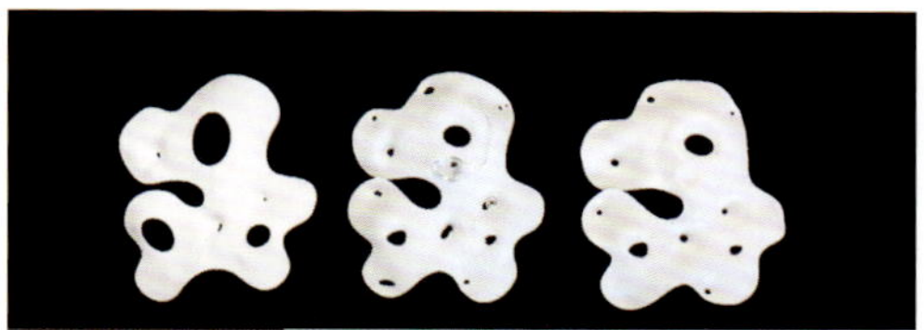

地块位于贵阳市观山湖区林城东路以南、观山湖生态公园东北角，这里将成为一处人文、艺术、自然相互融合的艺术客厅，并向所有人开放共享。

建筑由1 800个座位的歌剧院、1 000个座位的音乐厅、500个座位的实验小剧场以及贵州文化演艺集团办公、排练、仓储用房组成，是一座坐落于贵州山水之间的省级特大型歌剧院。

设计师设想在现代城市与自然环境的间隙中创造出一处人与自然和谐、生活与生态相融的"生态绿丘"，使其成为城市未来的艺术客厅、精神家园，使游客在体验建筑时，可以联想起神奇的喀斯特地貌与竹编文化。

多彩贵州艺术中心是一座可多维度感知，从城市和自然两面都可以进入的"亲切"建筑。市民可以通过建筑外部蜿蜒的山道从周围的公园和广场一直走到建筑顶部，用身体近距离接触和体验建筑。建筑顶部的人工地景及"竹编聚会场所"均向市民开放，成为公园休闲与城市生活的延伸，市民可于此观赏整个观山湖自然景观。

地景结构壳体之下更是开放的公共艺术场所，与城市空间连接。三座观演功能建筑分而设置，之间留出相互关联的半室外空间，即使不进入艺术中心观看演出，亦可进行社交、休闲、街头艺术、文创展示等非仪式性的人文艺术活动。

唐堡村村民公社

Tangpu Village Community Center

项目业主：兴化市城市建设投资有限公司
建设地点：江苏 兴化
建筑功能：文化、公共建筑
用地面积：2 777平方米
建筑面积：1 497平方米
设计时间：2017年—2019年
项目状态：建成
设计团队：上海院 FREE STUDIO工作室
主持建筑师：沈钺
建筑设计：王晔、蒋加苗、邱桁
机电设计：陈杰甫、陈艺通、殷春蕾、戴鼎立、胡宏
结构设计：李伟、申伟国
获奖情况：2019年美国建筑师协会荣誉奖（中国区最高奖）
2020年上海市优秀工程勘察设计一等奖
2021年上海市建筑学会第九届建筑创作优秀奖
2021年德国设计委员会・创新建筑奖best of best
2021年英国砖建筑行业协会第45届砖建筑奖・全球奖
2022年欧洲建筑艺术中心IAA国际建筑奖

1-1 剖面图

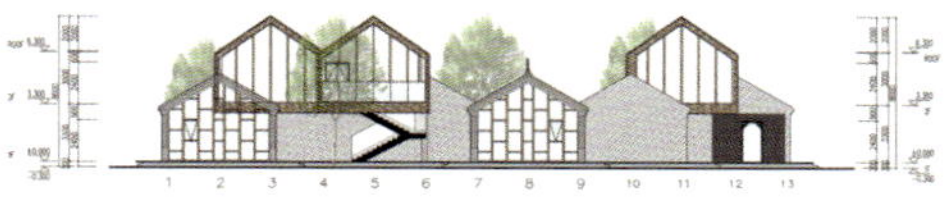

南立面图

2-2 剖面图

东立面图

线性布局形体

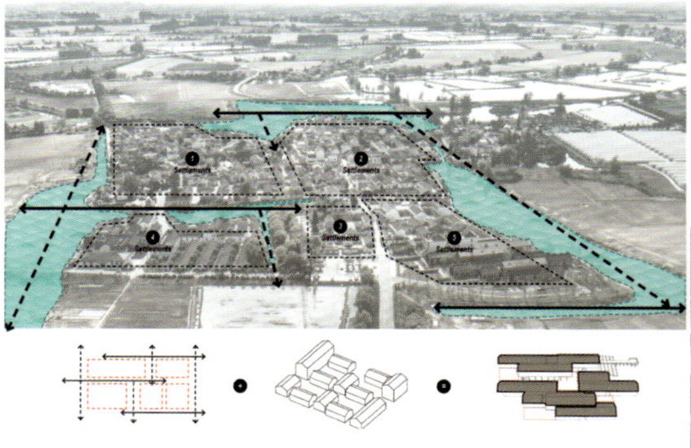

线性建筑秩序分析图

村民公社是一个由当地政府发起的公益性乡村项目，希望为日渐凋零的唐堡村注入活力。项目位于江苏省兴化市唐堡村，当地具有里下河传统民居的地域特征，村里还留着郑板桥故居。随着村庄空心化严重、农业没落及乡村人文气息的消失，当地急需一个适合乡邻聚集、文化展示交流的公共服务场所，以利于留住老乡民、迎接新乡民。

项目表达出了建筑之间及周边环境所孕育的独特场所精神，像一剂催化剂，为人口流失严重的唐堡村带来活力。建筑设置多重院落，檐下空间与巷道贯穿其中，这些纵横有致的线性空间串联起村民的公共性活动。设计以里下河传统民居院落为基础，运用小青瓦、花格木门、花砖、镂空砖墙和叠涩等传统建造技术建造的屋檐、院落及巷道空间成为此次设计的实践语言与表达逻辑。

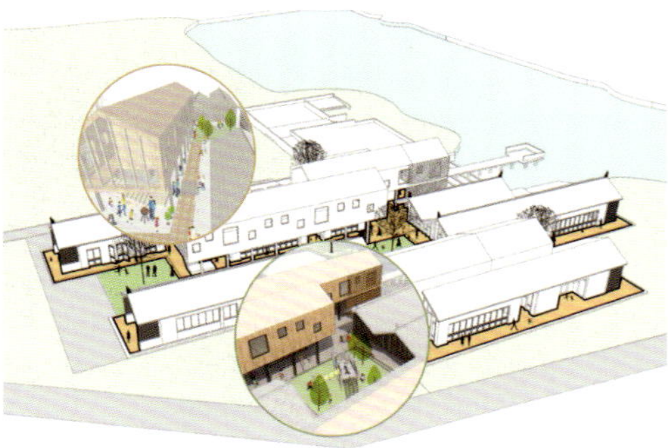

空间分析图

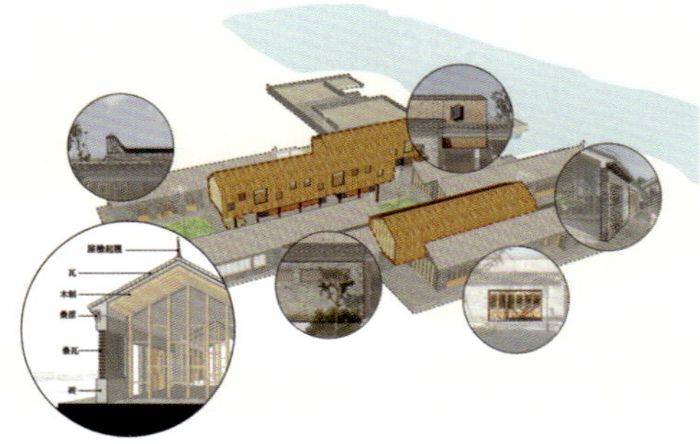

材质分析图

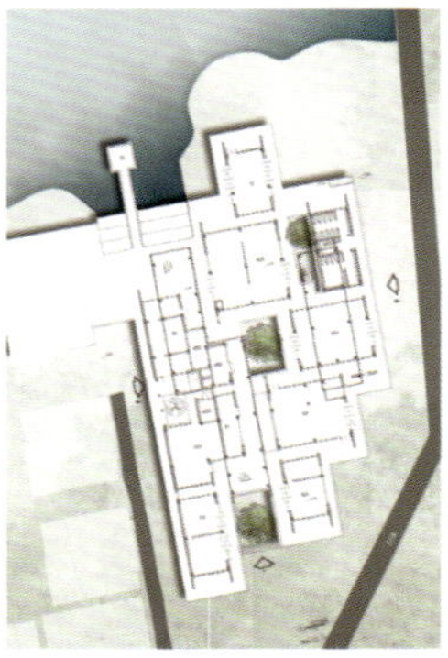

一层平面图

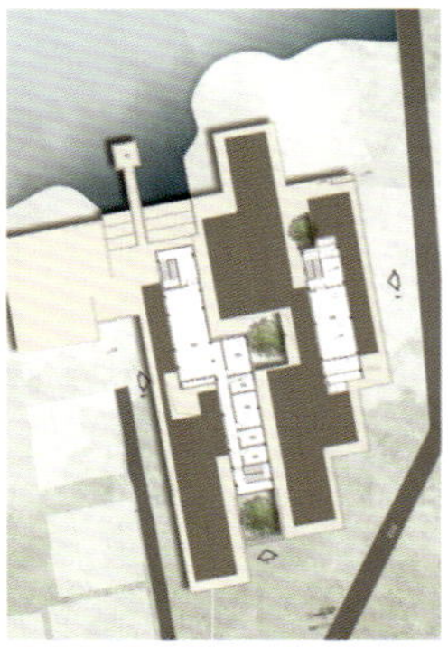

二层平面图

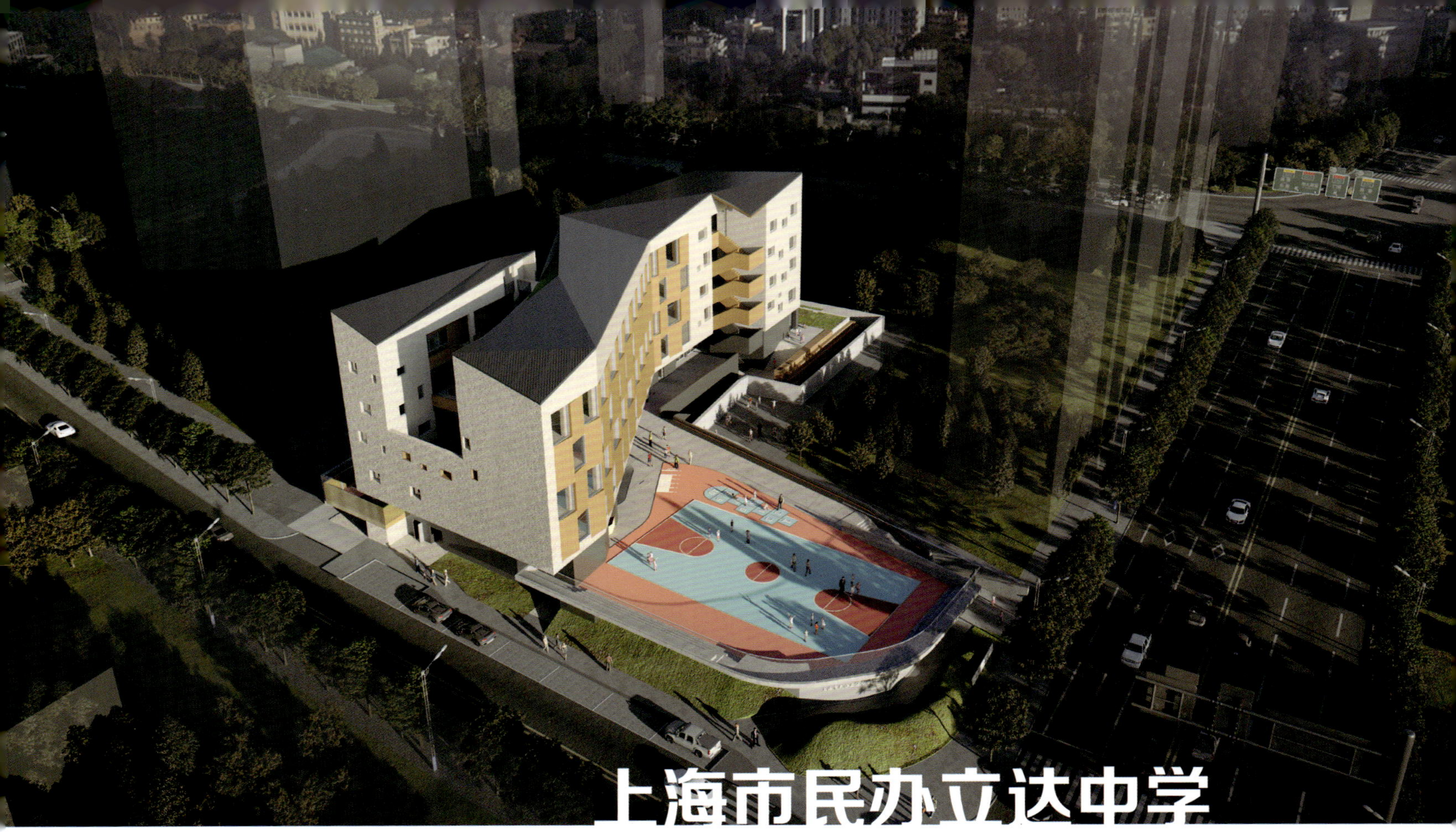

上海市民办立达中学

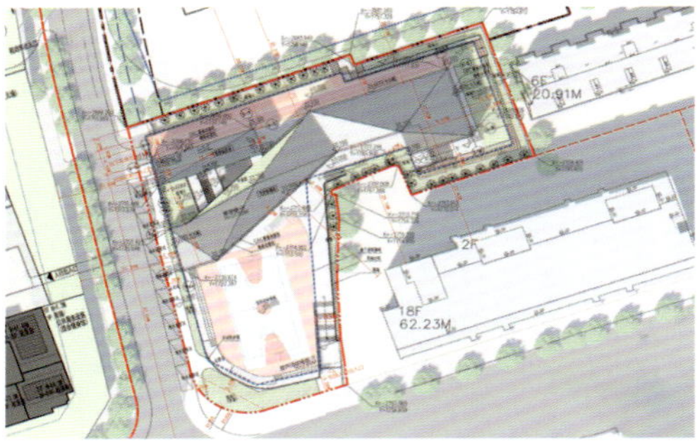

Shanghai Private Lida Middle School

项目业主：上海市黄浦区教育局
建筑功能：教育建筑
建筑面积：11 396平方米
项目状态：方案深化
主持建筑师：沈铖
结构设计：杨军、李伟、肖伟
暖通设计：胡洪、罗文林
建设地点：上海
用地面积：3 800平方米
设计时间：2019年至今
设计团队：上海院 FREE STUDIO工作室
建筑设计：王晔、邱桁、蒋加苗
给排水设计：殷春蕾、何咏仪
电气设计：陈杰甫、陈艺通

项目位于上海市黄浦区斜土东路与厅西路交叉口，周边高层住宅林立，用地紧张。在不规则的“L”形地块上校园将提供16个班、两个学段的教学场所及活动场地。

在高密度城市空间背景下，设计师开启了校园与城市及社区空间关联交互的新思路。建筑师将校园主要出入口及活动场地抬高，以此来解决交通问题，增加建筑与场地的交互性。为满足素质教育校园多样性和灵活性的空间需求，设计师将扁平化的校园垂直布置为立体校园，并充分利用用地下空间，营造共享互通的教学环境和立体化的活动场所。同时，通过架空、外廊、开放楼梯等空间串联起“碗池”辩堂、架空公共空间、图书馆、室内运动馆与多功能礼堂，增加课堂之外的教育体验，激发学生课堂外的兴趣爱好，创造出讨论、演讲、创新体育等第三课堂空间。

上海市黄浦区豫园社区 276A-01 地块城市更新项目

Urban Renewal Project of 276A-01 Plot of Yuyuan Community, Huangpu District, Shanghai

项目业主：上海钜辉石油天然气有限公司
建筑功能：城市更新
建筑面积：8 132平方米
项目状态：施工图阶段
主持建筑师：沈钺
结构设计：贾水钟、李瑞雄
建设地点：上海
用地面积：1 291平方米
设计时间：2021年至今
设计团队：上海院 FREE STUDIO工作室
建筑设计：陈静、黄琛诺、高飞、刘念成、丁沁雯
机电设计：张继红、叶谋杰、沈国芳、张协

项目位于上海市黄浦区老西门街道，西藏南路与大林路交叉口，现为废弃的中石化加油站。项目抓住了黄浦区打造“宜居、宜业、宜游、宜学、宜养美好社区家园”的城市更新好时机。设计将紧紧围绕为社区赋能这根主线，梳理交通、社区服务、街角环境、生活业态等问题，通过首层架空形成的城市公共通廊，垂直绿化构筑的“生态街角”和由内而外绿色构筑的亲自然的设计理念，激活了场地的活力和公共性，增近了西藏南路生态自然、邻里亲切的场所感以及为稠密城市肌理提供了生态绿色的新鲜血液。

本次更新实践，也促使设计师在设计中积极思考，如何让建筑融入城市生活，如何从便利、适应、余量、反思等角度处理建筑与城市的边界关系。

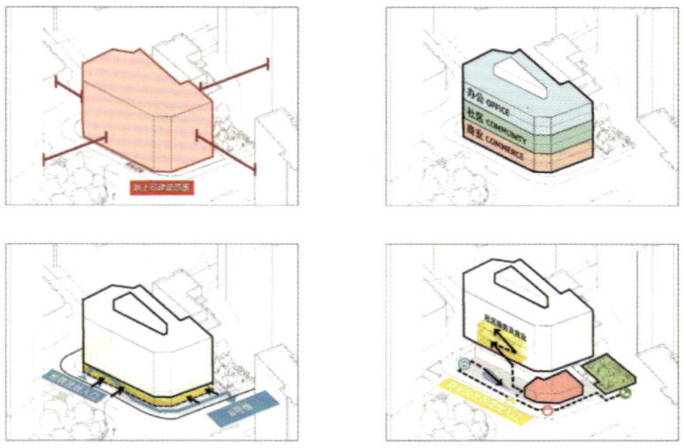

建筑生成图

郑虎

职务：中国建筑西北设计研究院有限公司
华康建筑设计研究院院长助理
医疗研究中心副主任
职称：高级工程师
执业资格：国家一级注册建筑师

教育背景

2004年—2009年　东南大学建筑学学士

工作经历

2009年至今　中国建筑西北设计研究院有限公司

个人荣誉

2018年首届中国医疗建筑设计青年领袖
2020年全国优秀“抗疫”建筑师
2020年中国建筑青年岗位能手
2021年中央企业青年岗位能手

主要设计作品

西安市中医医院迁建工程
荣获：2015年全国工程建设项目优秀设计成果二等奖
2017年全国优秀工程勘察设计二等奖
2017年陕西省优秀工程勘察设计二等奖
西北妇女儿童医院
荣获：2015年中国建设工程鲁班奖
2017年全国优秀工程勘察设计三等奖
2017年陕西省优秀工程勘察设计一等奖
西安市公共卫生中心（应急院区）
荣获：2020年全国优秀“抗疫”建筑优秀设计奖
渭南市第六医院
荣获：2022年陕西省“十三五”医院建设优秀方案一等奖
西安市人民医院
荣获：2022年陕西省“十三五”医院建设优秀工程二等奖
西安市第三医院二期扩建工程
荣获：2022年陕西省“十三五”医院建设优秀方案二等奖
定边县人民医院
荣获：2019年中国建筑集团优秀方案三等奖
渭南市人民医院
荣获：2022年陕西省“十三五”医院建设优秀方案三等奖
西北妇女儿童医院二期
汉中市南郑区人民医院
西安高新儿童医院

团队成员

雷艳

职务：中国建筑西北设计研究院有限公司
华康建筑设计研究院总建筑师
职称：高级建筑师
执业资格：国家一级注册建筑师

伍珊珊

职务：中国建筑西北设计研究院有限公司
规划专业委员会委员
华康建筑设计研究院院长助理、副总工程师
职称：高级工程师
执业资格：国家一级注册建筑师

扈晓天

职务：中国建筑西北设计研究院有限公司
华康建筑设计研究院主创建筑师
职称：高级工程师
执业资格：国家一级注册建筑师

雷明拯

职务：中国建筑西北设计研究院有限公司
华康建筑设计研究院主创建筑师
职称：高级工程师
执业资格：国家一级注册建筑师

王臻

职务：中国建筑西北设计研究院有限公司
华康建筑设计研究院总工程师
职称：高级建筑师
执业资格：国家一级注册结构工程师

中国建筑西北设计研究院有限公司（简称中建西北院）成立于1952年，是中华人民共和国成立初期国家组建的六大区建筑设计院之一，是西北地区成立最早、规模最大的甲级建筑设计单位，现为世界500强企业中国建筑股份有限公司旗下的全资公司。

中建西北院华康建筑设计研究院由中建西北院总建筑师、医疗研究中心主任李建广兼任总建筑师。华康建筑设计研究院是一支致力于医疗健康设计领域，集医疗、康复、养老产业、前期策划、设计咨询、总体规划、建筑设计、医疗工艺设计、景观设计、室内设计等为一体的新型专业化设计团队。

华康建筑设计研究院业务按专业分为规划策划、建筑、结构、景观、医疗工艺、机电设计、装饰七大版块，人员构成新老搭配，朝气蓬勃。华康建筑设计研究院针对不同项目，实施项目负责人制，确保为业主提供专业、优质的设计咨询服务；切实践行“两全一站式”服务模式，通过聚集、整合、管理建筑全产业链的资源，关注建筑全生命周期，为业主提供一站式服务，为中国医疗健康事业贡献力量与智慧。

地址：西安市经济技术开发区文景路中段98号　电话：029-68519001　传真：029-68519003
网址：www.cscecnwi.com.cn　电子邮箱：zjxbyjj@sohu.com

晋城市人民医院

Jincheng People's Hospital

项目业主：晋城市人民医院
建设地点：山西 晋城
建筑功能：医疗建筑
用地面积：170 333平方米
建筑面积：194 785平方米
设计时间：2019年
项目状态：在建
设计单位：中国建筑西北设计研究院有限公司
华康建筑设计研究院
设计团队：李建广、雷艳、郑虎、季华、黄鑫、吕旭东

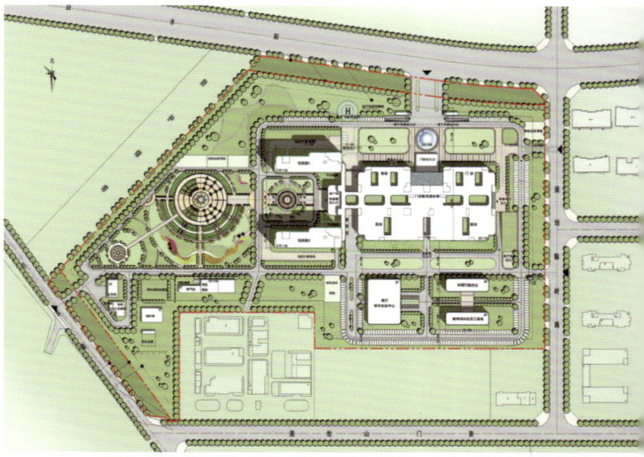

项目设计坚持以人为本、因地制宜、功能与流程符合现代化大型医院发展要求的理念，营造可持续发展的绿色医院，强调建筑与环境的有机结合。

主体医疗建筑门诊楼、医技楼、住院综合楼由纵横两条医疗街连接，利用限制路线和开放路线组织医疗作业和就医流程，形成网格框架体系，确保医院运行过程中医疗流程的完整性和合理性。该方案将晋城的山形水势和文化底蕴融入其中，建筑造型上利用舒展的横向线条营造出简洁的建筑天际线，以带形窗为设计元素，以水平遮阳构件来丰富建筑细节。色彩上采用优雅的白色，有较强的时代感和医院建筑自身的建筑特色。建筑规划上借鉴晋东南传统的合院式布局，形成多个内院，强调自然通风采光，有效改善室内环境质量。

渭南市第六医院

Weinan Sixth Hospital

项目业主：渭南市卫健委、渭南市中心医院
建设地点：陕西 渭南
建筑功能：医疗建筑
用地面积：146 666平方米
建筑面积：150 000平方米
设计时间：2021年
项目状态：在建
设计单位：中国建筑西北设计研究院有限公司
　　　　　华康建筑设计研究院
主创设计：李建广、郑虎、雷艳、雷明拯、孙铭骏

项目是一所集综合医疗、传染病医疗、教学与科研为一体的三级甲等专科医院，床位数量1 000张。建筑采用“平疫结合”的设计理念，实现疫情期与非疫情期医疗功能的相互转换，满足不同时期卫生防疫的医疗需求。设计创造高效便捷、安全卫生、优美舒适的医疗环境。

院区按照感染风险划分为低危区、中危区和高危区三个区域，按照综合医疗床位600张、接触性传染病床位200张、呼吸类传染病床位200张配置。各区形成独立完整的医疗体系，减少患者转运，降低院内感染风险。

整个院区可按照疫情发展情况，分批转化为收治传染病患者的专业医院，通过多学科协作支持，建立跨学科的综合诊疗平台，完成收治重症传染病患者的救治任务。

西安市人民医院

Xi'an People's Hospital

项目业主：西安市统一建设办公室
建设地点：陕西 西安
建筑功能：医疗建筑
用地面积：113 333平方米
建筑面积：158 000平方米
设计时间：2012年
项目状态：建成
设计单位：中国建筑西北设计研究院有限公司
主创设计：李建广、扈晓天、雷明拯、郑虎

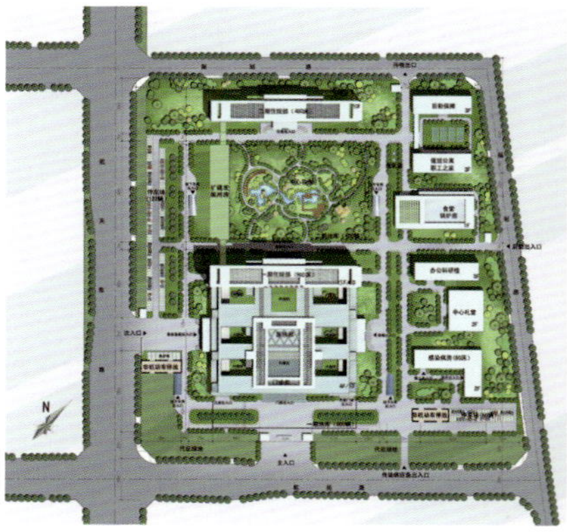

项目位于西安市航天基地，是一所集医疗、康复、保健、科研、教学为一体的现代化大型三级甲等综合医院，床位数量1 000张。

项目秉承以人为本、以患者为中心的设计理念，体现建筑亲和、环境友好、工艺创新、流程便捷、科技引领、智能智慧、安全高效、节能环保的设计特征，成为具有地域特色的现代化医院，为西安市医疗建筑水平的提升做出贡献。

设计通过“模块化+双王字环形框架”体系，解决大型医院就医路线冗长、人群复杂、功能复杂的问题。南北双向医疗街紧凑连接门诊楼、医技楼和住院楼等功能模块，有效缩短院内交通路线，提升医疗作业效率。项目建成后极大促进了航天基地配套设施的完善，成为西安城市新地标。

西安市第三医院二期扩建工程

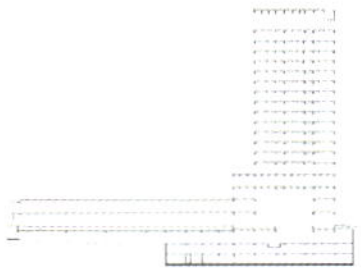

1-1 剖面图

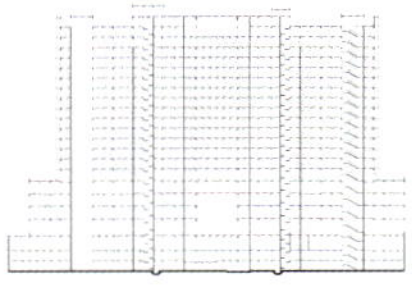

2-2 剖面图

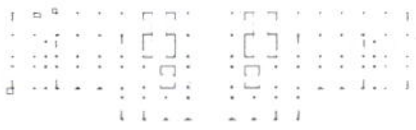

一层平面图

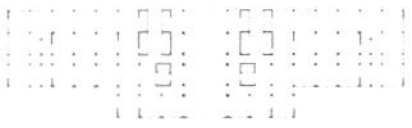

二层平面图

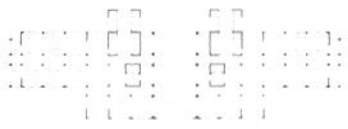

二护理单元平面图

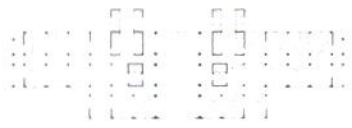

三护理单元平面图

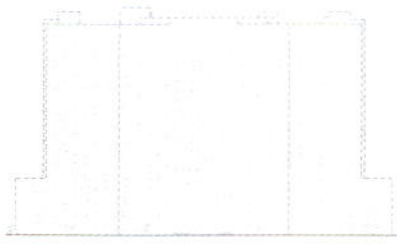

南立面图

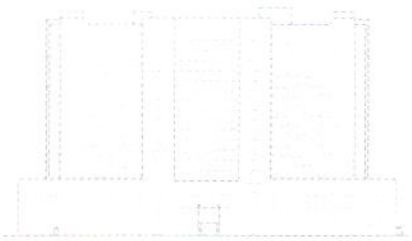

北立面图

Xi'an Third Hospital Phase II Expansion Project

项目业主：西安市第三医院
建设地点：陕西 西安
建筑功能：医疗建筑
用地面积：78 666平方米
建筑面积：115 400平方米
设计时间：2020年
设计单位：中国建筑西北设计研究院有限公司
华康建筑设计研究院
主创设计：李建广、郑虎、雷艳、扈晓天、黄鑫、刘清胤

项目是一所集医疗、教学、科研、康复、预防保健及涉外医疗为一体的国际现代化三级甲等综合医院，床位数量1 000张。

项目采用“韧性医院”的设计理念，弹性可变的住院部护理单元设计是项目的亮点。护理单元标准层根据不同科室的需要，可以分为两个或三个护理单元，床位数量从33床到50床不等，可满足医院后期使用对护理单元大小不同的需求；在不改变结构体系的情况下，极大提高了护理单元使用的灵活性。同时，灵活可变的护理单元可以有效降低医院管理运行成本，为医疗建筑实现“双碳”目标提供了全新的解决思路。

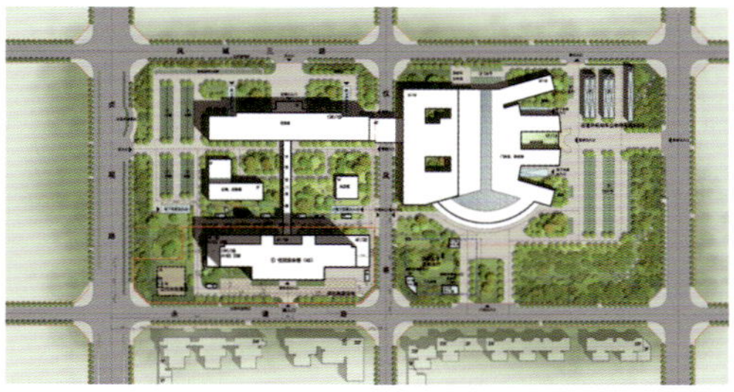

渭南市人民医院

Weinan People's Hospital

项目业主：渭南市妇幼保健院
建设地点：陕西 渭南
建筑功能：医疗建筑
用地面积：90 000平方米
建筑面积：142 300平方米
设计时间：2021年
项目状态：在建
设计单位：中国建筑西北设计研究院有限公司
华康建筑设计研究院
主创设计：李建广、郑虎、雷艳、黄鑫、曹彬

项目位于渭南市经济技术开发区，突出妇幼保健特色，是一所集医疗、保健、教学、科研、康复为一体的三级甲等医院，床位数量1 000张。

建筑以“生命之树、健康之叶”为设计理念，通过将景观与建筑相融合的手法，体现“形为树、廊为脉、医为叶”的构思，建成后将成为守护渭南妇女儿童健康的生命之树。

建筑立面肌理取意渭南山水，以灵动的水平线条做线性表达，将错落变化的山水与建筑肌理相结合，舒展灵动。设计通过三栋住院楼的错动布置，表达了自然而然的设计意图，层间舒展的曲线犹如秦岭清泉泛起的粼粼波光，与内院的绿树相映成趣，契合妇幼保健院孕育生命、救死扶伤的服务宗旨。

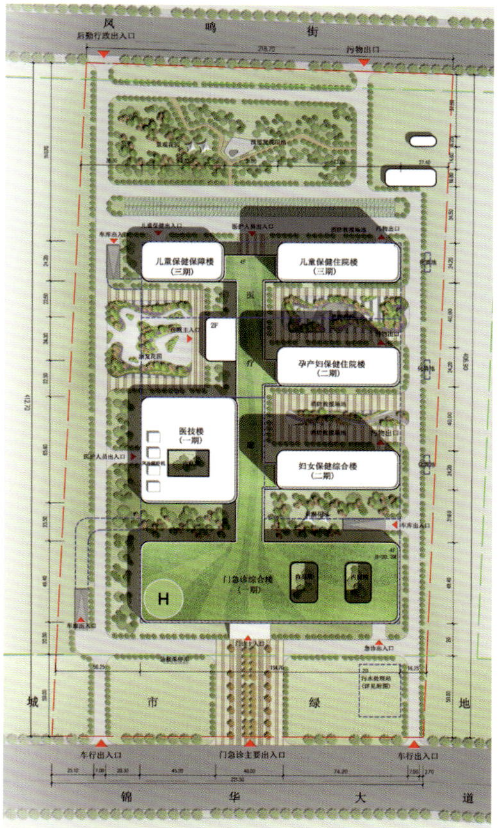

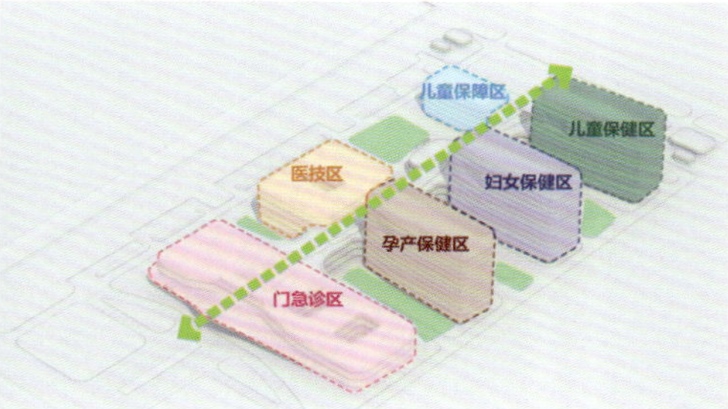

钟珣

职务： 广州市城市规划勘测设计研究院
建筑设计三所所长助理、总建筑师
职称： 高级建筑师
执业资格： 国家一级注册建筑师

教育背景
1999年—2004年　重庆大学建筑学学士
2010年—2013年　华南理工大学工程管理硕士

工作经历
2004年至今　广州市城市规划勘测设计研究院

个人荣誉
广州市城市更新协会老旧小区微改造专家库专家
广州市花都区社区设计师

主要设计作品
南沙岭南花园度假酒店
杰赛科技产业园
广州执信中学水荫路校区
广东广雅中学莲韬馆
增城万达广场
海心沙：第十六届亚运会开闭幕式场地

叶青

职务： 广州市城市规划勘测设计研究院
建筑设计四所所长
职称： 教授级高级建筑师、高级城市规划师
执业资格： 国家一级注册建筑师

教育背景
1990年—1995年　华南理工大学建筑学学士
1996年—1998年　华南理工大学风景园林工学硕士

工作经历
1998年至今　广州市城市规划勘测设计研究院

社会职务
广州市城市规划协会资深会员
广东省注册建筑师协会会员
广州市勘协装配设计分会副会长

主要设计作品
广州知识城国际领军人才集聚区
中国移动南方基地
花都市民广场
广州市科教城广州铁路职业技术学院
佛山市南海区孝德湖公园

赖奕堆

职务： 广州市城市规划勘测设计研究院
建筑设计一所副所长
职称： 高级工程师
执业资格： 国家一级注册建筑师

教育背景
2004年—2009年　中南大学建筑学学士
2009年—2012年　华南理工大学建筑学硕士
2021年至今　华南理工大学博士研究生

工作经历
2012年至今　广州市城市规划勘测设计研究院

社会职务
广东省工程勘察设计行业协会岭南建筑分会副秘书长

个人荣誉
首届全国杰出幕墙设计师

主要设计作品
广州市第三少年宫
广州市惠爱医院
南方航空综合培训中心与倒班楼
广州番禺大学城数字经济产业园
广州泮溪酒家改造更新工程

广州市城市规划勘测设计研究院
GUANGZHOU URBAN PLANNING & DESIGN SURVEY RESEARCH INSTITUTE

广州市城市规划勘测设计研究院成立于1953年，是华南地区历史悠久、规模庞大、专业齐全的规划勘测设计高新技术单位。研究院拥有34项甲级资质，现有员工3 000余人，2018年被评为“改革开放40年勘察设计行业最具影响力企业”。

建院以来，研究院始终坚持创新发展理念，主动顺应改革潮流，积极履行社会责任。从地铁、机场、绿道、旧城更新等基础设施建设，到数字广州、数字详规、低碳城市、三规合一、2035年广州总规、广州市总体城市设计等前沿研究与实践；从服务六运会、九运会和2010年亚运会，到打造国家中心城市和世界文化名城，处处可见其活跃的身影。此外，研究院与悉尼大学签署战略合作协议，与北京大学、清华大学、哈佛大学、新加坡国立大学和法国AAUPC建筑事务所开展联合教学与社会实践，依托联合国人居署、世界城地组织、“广州—奥克兰—洛杉矶”三城联盟工作坊等合作平台积极践行国家“一带一路”倡议。

地址：广州市越秀区建设大马路10号
电话：020-83887315、020-83864392
传真：020-83762723
网址：www.gzpi.com.cn
电子邮箱：gzpi@gzpi.com.cn

生物多样性保护科普展示馆

Science Exhibition Hall of the Biodiversity Conservation Center

项目业主：广州市林业和园林局
建设地点：广东 广州
建筑功能：文化建筑
用地面积：12 000平方米
建筑面积：6 069平方米
设计时间：2017年—2020年
项目状态：在建
设计单位：广州市城市规划勘测设计研究院
设计团队：范跃虹、张庆宁、钟珣、姚鹏、韦昭、曾凯洋、卢也劲

项目位于广州市白云区钟落潭镇，是广州市唯一集野生动物救护、珍稀濒危动植物物种保育、生态系统恢复与种质资源保存四大功能于一体的综合性示范基地。

方案结合场地特有的山地景观环境，采用了依山就势的递进式效果造型，打造与环境有机融合的“地景式生态建筑”。设计注重建筑内外部空间的融合、材料肌理的美感、光影的对话以及与自然景观的协调。立面风格为简约现代风格，因地制宜，节材节能，主立面材料均就地取材，选用清竹模板混凝土，局部配以涂料及玻璃幕墙，既表现了建筑的体块变化，又体现了建筑节奏与韵律之美。

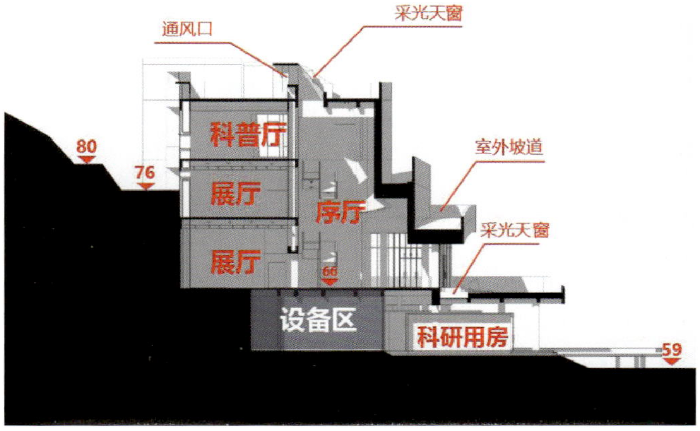

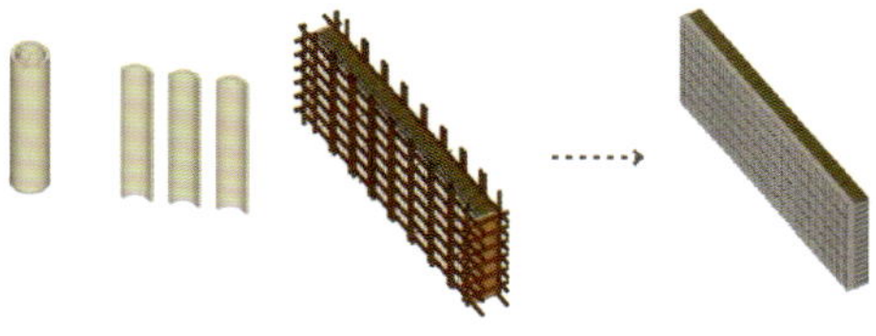

广州知识城国际领军人才集聚区

Guangzhou Knowledge City International Leading Talent Gathering Place

项目业主：广州知识城创新创业园建设发展有限公司
建设地点：广东 广州
建筑功能：科研建筑
用地面积：55 000平方米
建筑面积：204 000平方米
设计时间：2013年至今
项目状态：A区已建成，B区建设中
设计单位：广州市城市规划勘测设计研究院
设计团队：叶青、范跃虹、曹璐馨、蔡昌明、刘智、秦琴、刘洋、区俊杰、赵蕾、曹秋霞、唐宇、罗丽敏

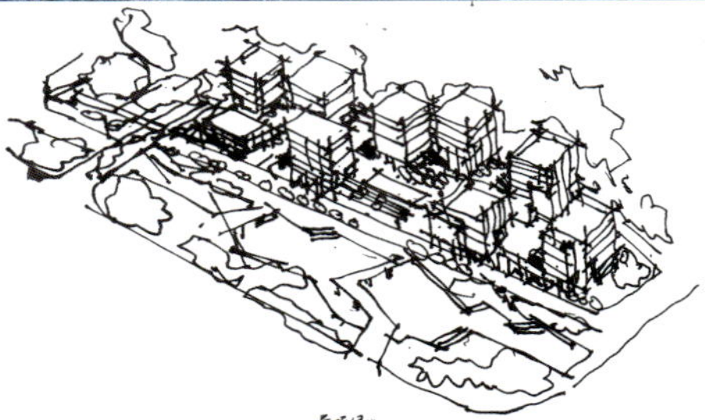

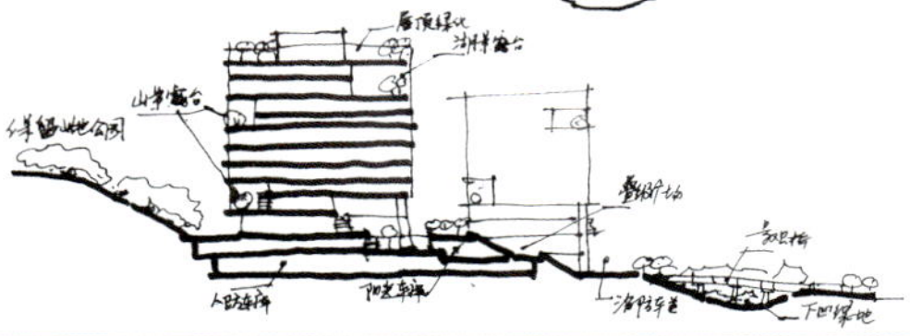

项目设计呈叠套的“品”字形和“山地院落群落”式布局，最大限度地与周边的自然山水景观形成衔接对景。设计采用“倚山为室、依山而建”的处理方式，尊重场地原有地形，逐级化解场地内近40米的高差，创造了多层次的错落式庭院景观及独特的依山傍水的台地式建筑群落空间。

高层建筑采用模数化设计手法，为不同租售面积的划分提供了高度的灵活性，同时，结合建筑造型设置了众多空中花园和露台。阳光车库、下沉庭院、首层骑楼、空中连廊以及各层的空中花园和露台组成了多维度、多层次的立体花园空间。这些空间与屋顶绿化、垂直绿化以及室外景观相结合，并采用生态海绵城市设计措施，为整个园区打造了系统化的花园式、绿色低碳的办公空间。

中国移动南方基地

China Mobile Southern Base

项目业主：中国移动通信集团有限公司
建设地点：广东 广州
建筑功能：公共建筑
用地面积：426 000平方米
建筑面积：176 000平方米
设计时间：2007年—2020年
项目状态：建成
设计单位：广州市城市规划勘测设计研究院
合作单位：德国GMP国际建筑设计有限公司
设计团队：叶青、潘忠诚、范跃虹、李少云、赵蕾、刘少武、刘筠、彭汉林、杨随新、叶瑞欣、陈伟斌、曹秋霞、魏焕卿

项目位于广州市火炉山森林公园南麓，是中国移动重要的全国一体化IT支撑平台、数据业务中心及信息研发总部。

设计强调规划、建筑、景观一体化的总体规划设计理念，尽可能地保留原有水体、山丘、多样化植被的景观，为企业员工提供宜人的工作环境。一条穿越建筑空间的蜿蜒“绿带（林荫道）”将各个重要建筑群相互连接并构成园区整体布局。建筑平面简洁明快，功能布局合理，流线清晰。建筑外立面延续并强化与总体规划和建筑平面设计风格相吻合的简约设计手法，所有的立面变化均统一在一个延续的建筑模数下，并在此基础上衍生出不同个性的立面体系，清晰的建筑语言反映了中国移动的高技术要求。

粤剧红船码头

Cantonese Opera Red Boat Wharf

项目业主：粤剧红船码头
建设地点：广东 广州
建筑功能：文化建筑
用地面积：25 666平方米
建筑面积：16 800平方米
设计时间：2015年
项目状态：方案
设计单位：广州市城市规划勘测设计研究院
合作单位：华南理工大学历史建筑与环境研究所
设计团队：郭谦、赖奕堆、陈伟军、区慧美、易照盟、杨涵

粤剧在 2009 年被联合国批准列入《人类非物质文化遗产代表作名录》，属于世界级的非物质文化遗产。粤剧不仅是岭南文化的奇葩，更是世界文化舞台上一颗明珠。

粤剧红船码头项目是广州市为弘扬粤剧文化的十大重点项目之一，是以粤剧红船码头为平台，以粤剧红船为突破口，用时尚元素传承传统文化、打造粤剧文化新名片的新舞台，是集美食、旅游、观赏、粤剧演唱为一体的娱乐园，为广州的文化创意产业升级带来新风向。

项目在整体规划结构上，结合实际功能需求归纳为“一横一纵三院落”。三个院落分别是以商业功能为主的岭南传统立体园林式院落、以游客服务与展览为主的近代工业遗产改造院落、以排演后勤功能为主的现代院落。从西往东，项目呈现出由传统到近代再到现代的渐进式时间序列感。

南方航空综合培训中心与倒班楼

China Southern Airlines Comprehensive Training Center and Shift Building

项目业主：中国南方航空集团有限公司
建设地点：广东 广州
建筑功能：公共建筑
用地面积：培训中心112 000平方米；倒班楼64 516平方米
建筑面积：培训中心138 000平方米；倒班楼76 800平方米
设计时间：2018年—2021年
项目状态：建成
设计单位：广州市城市规划勘测设计研究院
设计团队：胡展鸿、范跃虹、赖奕堆、陈伟军、张庆宁、区慧美、黎明、许炯燊、张成辉、易照盟、冯跃奔、杨涵、许卓安

南方航空综合培训中心与倒班楼的形象设计灵感来源于翱翔的机翼。充满科技感的立面彰显了南方航空公司科技创新、技术突破的企业理念。总体布局顺应亚热带气候特点，结合一层的开敞空间，营造立体、宜人的生态小气候；同时融入岭南建筑特色空间元素，增设中庭、退台空间，以及进行立体绿化，加强建筑物的通风、采光和散热性。

设计大量引入活力空间、交流平台，结合场地微气候和岭南建筑元素，打造充满青春气息的新场地气质。针对南方航空公司员工较为年轻的特点，设计力求在居室中创造更多交互功能。中厅具有多种布置模式，为人们带来更多活动的可能，让南方航空公司员工在此找到“家”的归属感。

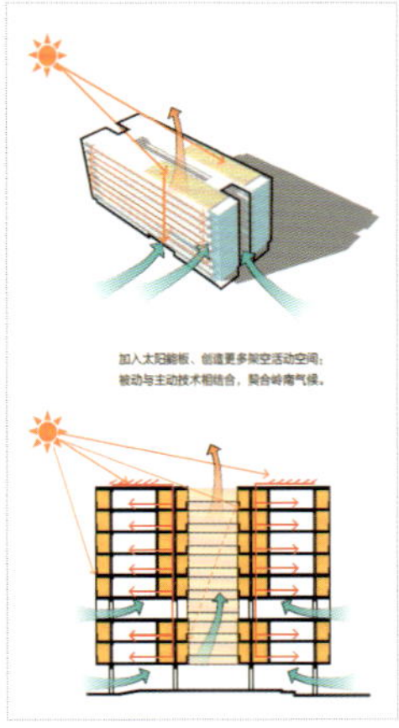

章慕悫

职务：浙江绿城建筑规划设计管理有限公司
执行总经理、总建筑师
职称：高级工程师
执业资格：国家一级注册建筑师

教育背景

2002年—2007年　东南大学建筑学学士

工作经历

2007年—2012年　浙江大学建筑设计研究院有限公司
2012年—2016年　浙江绿城东方建筑设计有限公司
2016年—2017年　浙江省建工集团设计中心
2017年—2019年　浙江绿城青坤建筑设计有限公司
2019年至今　浙江绿城建筑规划设计管理有限公司

主要设计作品

杭州华领国际办公楼
荣获：2014年浙江省优秀工程勘察设计二等奖
2014年杭州市优秀工程勘察设计一等奖
杭州桃源小镇秋月苑
荣获：2021年意大利A'设计大奖银奖
2021年IAI全球设计奖铜奖
苏州柳岸晓风生活馆
荣获：2021年意大利A'设计大奖金奖
2021年德国标志性设计奖精选奖
通州湖境和庐
荣获：2021年GBE地产设计大奖最佳建筑设计奖
石家庄桂语江南
荣获：2020年意大利A'设计大奖银奖
2021年美国缪斯设计奖建筑概念类金奖
徐州诚园
荣获：2021年柏林设计奖银奖
2021年伦敦杰出房地产大奖特别提名奖
扬州凤鸣云庐
荣获：2021年美国TITAN地产设计大奖建筑概念类别金奖
太仓御湖上品
荣获：2022年韩国亚洲设计奖优胜奖
芜湖中加国际学校
宁波市廉政教育基地
舟山绿城育华国际学校
上海融创滨江壹号院
上虞中加国际学校
温州翠湖里
成都明月青城
德清凤栖云庐
余姚桂语兰庭
芜湖市博物馆展览馆
安源大剧院
宁波春风晴翠
温州留香园
新疆诚园
大连湖畔和庐
宁波桂语朝阳
苏州观澜逸品
武汉桂语朝阳
武汉留香园
九寨桃李春风
千岛湖湖畔澄庐

绿中设计
Architectural Planning
& Design Co.Ltd

浙江绿城建筑规划设计管理有限公司（简称GTD）由荣誉董事长宋卫平先生成立于2009年，是绿城中国控股并直属绿城研发设计中心的唯一一家设计公司，是集规划设计、建筑设计、产品研发及咨询服务于一体的综合型设计机构，可提供设计全产业链服务。

GTD以设计高品质建筑为己任，传承绿城“取法极致，得乎其上”的产品基因，汲取绿城20余年产品经验，致力于打造卓越的建筑品质和以人为本的住居环境，致力于研究产品更新换代、产品创新及可持续性。

GTD设计的项目业态涵盖公寓、别墅、酒店、学校、办公建筑、商业建筑、小镇、未来社区等，业务范围辐射浙江、上海、江苏、山东、湖北、重庆、四川、陕西、天津、安徽、云南、北京、河北、河南、广东、辽宁、新疆等地。

GTD拥有正式员工近80人，下设4个建筑设计组与1个规划设计组，设计总监曾在UAD浙江大学建筑设计研究院有限公司、GOA大象设计、英国JTP事务所等国内外知名设计机构任职多年。

近年来，GTD获得了意大利A'设计大奖金奖、美国缪斯设计奖建筑概念类金奖、英国伦敦杰出房地产大奖特别提名奖、德国标志性设计奖精选奖等国内外一系列奖项。

GTD追求客户价值的完美呈现，坚持精致设计信仰，传递极致生活美学。GTD希望通过扎实的专业素养和杰出的创新能力为社会提供优质的产品和服务，并为优秀设计师提供实现建筑理想的优质平台。

地址：杭州市西湖区西溪路527号
浙商创投中心B座601
电话：13958178486（商务）
15372071351（HR）
传真：0571-81029291
网址：www.gtd.com.cn
电子邮箱：148267458@qq.com

苏州柳岸晓风生活馆

Suzhou Liu'an Xiaofeng Living Hall

项目业主：绿城中国
建设地点：江苏 苏州
建筑功能：居住建筑
用地面积：3 000平方米
建筑面积：3 150平方米
设计时间：2019年
项目状态：建成
设计单位：浙江绿城建筑规划设计管理有限公司
设计团队：章慕悫、孟德星、高友坦

项目地处苏州新城内，设计师希望可以在现代都市的新城市环境中，运用创新手法演绎苏州古代园林的精髓，使之成为文化回归传统、艺术创造典雅、生活营造诗意的践行者。

项目通过运用型材、铝板、石材与玻璃等现代材料，采用轻盈的金属重檐屋面造型，创造出全新的视觉感受；同时空间上借鉴中式古典园林步移景异的变换手法，营造出寓情于景、情景交融的人行体验。整体建筑轻盈而精致，空间沉稳而富于变化，漫步其中，可以体验到现代性与地域性的交融、传统形式与古典空间的现代表达。

扬州凤鸣云庐

Yangzhou
Fengming Yunlu

项目业主：绿城中国
建设地点：江苏 扬州
建筑功能：居住建筑
用地面积：22 100平方米
建筑面积：39 330平方米
设计时间：2021年
项目状态：在建
设计单位：浙江绿城建筑规划设计管理有限公司
设计团队：章慕悫、许家栋、管茜茜、吴子鹏、林志建

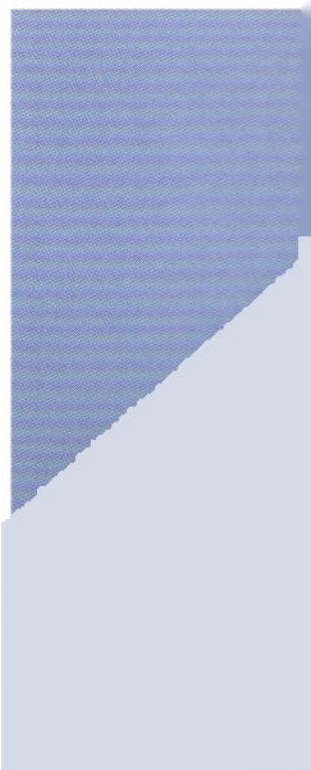

项目位于扬州市广陵区，由A、B两个地块组成。立面造型整体以水平线条为主，强调形体的轻盈与舒展，契合古运河的绵延之势。层间线条采用了石材一体板加铝型材线脚上下收边的细节做法，使立面的水平线条更加挺拔。

收边型材采用外窄内宽的楔形型材，凸显立面层间线条的锐利轻盈。在立面壁柱的位置，将横向的楔形型材打断，转而用铝方通相连，避免了水平线条连续不断的呆板形象，形成良好的立面节奏变化。

单体立面的高窗墙比，营造了立面的通透感。在立面的玻璃窗框外侧，设计了一个更加纤薄的型材，在视觉上，使得立面的窗框更加纤细，同时也让立面的光影效果更加丰富，立体感更强。

温州翠湖里

Wenzhou Cuihuli

项目业主：多弗集团、绿城佳园
建设地点：浙江 温州
建筑功能：居住建筑
用地面积：48 000平方米
建筑面积：186 000平方米
项目状态：建成
设计时间：2018年
设计单位：浙江绿城青坤建筑设计有限公司
设计团队：章慕悫、吴念儒、吴卉、楼正兴、蒋寅

项目位于温州瓯江沿岸、三洋湿地边的生态区。建筑入口的山门墙面采用全石材干挂，匾额由纯铜打造，上题“翠湖里”。两侧有一组由工匠雕刻的汉白玉石像镇守门前，广场中心是精心雕琢的“寿”字图文地雕，寓意吉祥。围墙结合山门，框出精彩的景观画面，东方雅韵的仪式感与尊崇感呼之欲出。

项目以超大的楼间距为设计依托，舒展的核心景观面营造出轻奢的泳池空间。华灯初上，点亮了暮色中池底蓝色系马赛克拼接出的寓意福寿无边的图样。阳伞、躺椅、包豪斯质感的软装摆件进一步突出景观格调，强调空间的恬静、广博与纯粹。

舟山绿城育华国际学校

Zhoushan Greentown Yuhua International School

项目业主：绿城中国
建设地点：浙江 舟山
建筑功能：教育建筑
用地面积：120 000平方米
建筑面积：82 530平方米
设计时间：2013年
项目状态：建成
设计单位：浙江绿城东方建筑设计有限公司
设计团队：张迅、章慕悫、刘斐斐、车露屹、吴佳寅、孟德星

项目位于长峙岛这个美丽的小岛上。教学规模包含小学36个班、初中12个班、高中12个班，共计约1 800名学生。建筑造型典雅、庄重，建筑群与周边自然环境高度融合，再现了中式书院的独特气质。

规划布局把传统教学和现代教学相结合，学校空间被归纳为礼仪、教学、运动、休憩和生活五大类。核心的礼仪空间由校前广场开始，沿着山海连线的方向纵贯整个校区，串联起教学区一系列重要的空间节点，以中式园林和坐落于园林北端的国学馆作为收尾。教学区和休憩区、生活区则围绕礼仪空间末端的中式庭院布置，让庭院不仅具备景观的功能，还能成为学生课余生活和交流的重要场所，进而加深学生对学校的记忆。

周立军

职务： 拉萨市设计集团有限公司副总经理
职称： 工程师

教育背景
1997年—2000年　重庆大学房屋设备与安装专业学士

个人荣誉
2020年度鲲泰集团先进工作者

主要设计作品
堆龙德庆区古荣乡高海拔生态功能区生态搬迁安置项目
荣获：2021年中国建筑节能协会华夏好建筑示范项目
　　　2021年西藏自治区优质工程勘察设计二等奖
拉萨万达广场
拉萨市第一中等职业技术学校
荣获：2021年西藏“雪莲杯”优质工程勘察设计优秀奖
象雄梅朵文化园区

陈伟

职务： 拉萨市设计集团有限公司建筑所所长
职称： 高级工程师

教育背景
2003年—2006年　四川建筑职业技术学院装饰专业学士

个人荣誉
2012年拉萨市设计集团有限公司先进个人
2017年拉萨市设计集团有限公司优秀项目负责人
2020年拉萨市城市建设投资经营有限公司优秀员工

主要设计作品
四川西华大学（南充）教学区幕墙装饰设计
四川华西医院外科大楼幕墙装饰设计
西藏山南浪卡子县羊湖景区
大昭寺广场提升改造项目

张潇轶

职务： 拉萨市设计集团有限公司方案副主创建筑师
职称： 建筑师

教育背景
2008年—2013年　中原工学院建筑学学士

主要设计作品
新疆维吾尔自治区巴克图口岸国门旅游服务中心
新疆中泰新能源有限公司科技楼、员工公寓
堆龙德庆区古荣乡高海拔生态功能区生态搬迁安置项目
荣获：2021年中国建筑节能协会华夏好建筑示范项目
　　　2021年西藏自治区优质工程勘察设计二等奖
拉萨市实验小学东城分校改扩建
拉萨市第一中等职业技术学校
荣获：2021年西藏“雪莲杯”优质工程勘察设计优秀奖
拉萨市城关区海城小学改扩建

李昆

职务： 拉萨市设计集团有限公司古建研究所建筑师、
　　　青藏极地建筑研究中心研究员
职称： 工程师

教育背景
2006年—2011年　西藏大学建筑学学士

主要设计作品
堆龙德庆区古荣乡高海拔生态功能区生态搬迁安置项目
荣获：2021年中国建筑节能协会华夏好建筑示范项目
　　　2021年西藏自治区优质工程勘察设计二等奖
拉萨城关万达广场
荣获：2021年西藏“雪莲杯”优质工程勘察设计三等奖
拉萨市墨竹工卡县美丽乡村·规划设计
荣获：2021年西藏“雪莲杯”优质工程勘察设计三等奖
拉萨市第一中等职业技术学校
荣获：2021年西藏“雪莲杯”优质工程勘察设计优秀奖
拉萨市统战部藏胞接待中心

ལྷ་ས་གྲོང་ཁྱེར་འཆར་འགོད་ཚོགས་པ་ཚད་ཡོད་ཀུང་སི།
拉萨市设计集团有限公司
Lhasa Municipality Design Group Co., Ltd.

拉萨市设计集团有限公司（原拉萨市设计院）成立于1978年，现隶属于拉萨市城市建设投资经营有限公司，是西藏自治区2019年第一批国家级高新技术企业，现有工程设计建筑行业（建筑工程）甲级、风景园林工程专项乙级、市政行业乙级、城乡规划编制乙级、工程勘察岩土工程（勘察、设计）乙级、工程测量乙级等资质，具备完整的ISO 9001标准质量管理体系。

拉萨市设计集团有限公司现有员工160余人，经过三十余年的发展，完成了一大批有影响力的项目，涵盖城市综合体、教育、医疗、办公、酒店、商业、旅游、产业园区、居住、景观园林、城市改造更新、市政及道桥建设等领域，特别是在传统建筑文化保护与研究领域，塑造了行业品牌，享有良好的社会声誉。

地址：拉萨市城关区纳金路74号
电话：0891-6231076
传真：0891-6231076
网址：www.xzlssjy.com

大昭寺广场提升改造项目

Jokhang Temple Square Upgrading and Reconstruction Project

建设地点：西藏 拉萨　　建筑功能：公共建筑

设计时间：2018年　　项目状态：建成

设计单位：拉萨市设计集团有限公司

主创设计：李昆、杨大华、边巴次仁

设计团队：王小军、周立军、多庆巴珠、刘岗、车韧、文茂英、黄春雷、旦增索朗、普布伦珠

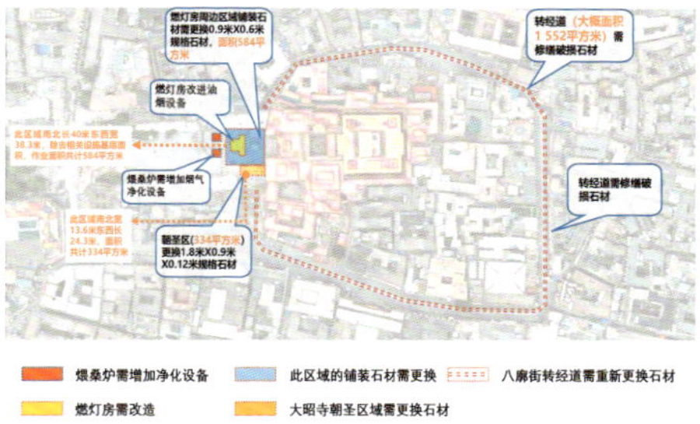

大昭寺是西藏现存最辉煌的吐蕃时期的建筑，也是西藏最早的土木结构建筑，开创了藏式平川式的寺院布局格式。经历代多次整修、扩建，逐渐形成了如今规模宏伟的建筑群。

项目由于使用年代久远，外观较为陈旧，局部破损比较严重，广场两个入口处的附属用房也略显杂乱和陈旧，并且对大昭寺广场的视野有遮挡。设计师经过了几轮方案讨论及修改，最终确认了古朴自然、修旧如旧的铺装方案。对入口处附属用房在位置上进行了局部调整，调整后，广场视野将更加开阔，在立面风貌上采用传统质朴的设计风格。大昭寺是世界文化遗产，无论广场铺装，还是附属用房都应表现出低调、谦恭的姿态，任何过多的修饰都会喧宾夺主。

地下管网的改造结合现有管网情况，对大昭寺现状供水水压过小、排水不畅问题进行整改，确保新旧管网合理衔接。广场景观绿化风格保持现状，对局部位置进行美化和规整，使其在整体风貌上更加协调与美观。

拉萨市第一中等职业技术学校

Lhasa No.1 Secondary Vocational and Technical School

建设地点：西藏 拉萨
建筑功能：教育建筑
用地面积：409 426平方米
建筑面积：126 452平方米
设计时间：2018年
项目状态：建成
设计单位：拉萨市设计集团有限公司
设计团队：王慧琳、王小军、周立军、刘岗、陈伟、李昆、扎西达瓦、郑亚飞

项目位于拉萨市曲水县采纳乡，设计目标为再造区域著名院校，将藏式建筑风格融入整个校园，传承学府精神与民族精神。

设计理念

1. 院落式建筑：从丰富的民族文化瑰宝中，选择“院落”作为方案设计的构思，同时结合现代建筑处理手法，形成既符合当代教育文化，又符合当地民族特色文化的教育建筑。

2. 重视营造交往空间：塑造以学生生活为核心的校园，体现了“以学生为本”的理念。设计师关注新型教育理念的导入，在当前教育系统中，教与学的教育行为与方式逐渐多元化、社交化，以往“教室+连廊”的设计模式，已远不能满足新时代的教育需求，建筑内外空间趋向交融、复合、多样。

3. 剧场化设计：公共空间在当代具有剧场化特征，强调参与性、事件性与视觉特性，剧场化是当代建筑的一个重要特征，以体现“观演”性越来越强的时代感。尤其是在文化建筑中，舞台性更是当代设计的一个重要语言，在注重自我表达的同时，使公共空间更具昭示性。

4. 山水田园式校园：本案对原有景观资源加以充分利用，保留了地块东部林地与北部耕地用于景观打造，营造良好的求学氛围。

5. 功能融合型校园：拉近生活区、运动区、教学区的距离，使各功能区之间的距离控制在300~600米，缩短步行到达时间，确保校园的人性化尺度，打造紧凑、高效型校园。

6. 绿色生态校园：合理规划，提倡低碳环保理念，整合运用成熟的生态及能源技术，营造绿色生态校园。整体规划，分期建设，预留足够的产学研发基地。水系循环利用，将灌溉用水和校园水景联系起来，实现对水资源的综合利用。

堆龙德庆区古荣乡高海拔生态功能区生态搬迁安置项目

Ecological Relocation and Resettlement Project of High Altitude Ecological Function area in Gurong Township, Duilong Deqing District

建设地点：西藏 拉萨
建筑功能：居住建筑
用地面积：201 639平方米
建筑面积：37 453平方米
设计时间：2018年
项目状态：建成
设计单位：拉萨市设计集团有限公司
主创设计：多庆巴珠、李昆
设计团队：王慧琳、王小军、周立军、刘岗、陈伟、旦增索朗、杨大华、边巴次仁、普布伦珠

项目是拉萨市设计集团有限公司在建筑节能减排领域探索的优秀实践案例，建成后取得了良好的使用效果，得到了中国建筑节能协会的充分肯定，荣获“近零能耗中国好建筑”和“华夏好建筑示范项目”奖项。

项目充分体现藏式建筑因地制宜、亲近自然、适应高原独特气候条件的特色，使用现代化建筑技术与材料，传承经典、策略升级、与时俱进、延续文脉。建筑立面设计借鉴传统藏式民居，独特而又朴素的建筑风格与高原壮丽的自然山水浑然一体。

建筑设计理念：“五和”。①取土为基，砌石为墙，与圣城山水呼应，得环境相宜之和；②取自然五色，结建筑之美，成自然敬畏之和；③顺自然高低，错落有致，得生态恩泽之和；④造人居物质载体，兼精神文化场所，成地域空间之和；⑤望四方山水之景，迎八面和煦之风，结圆满之和。技术创新：①项目用地南北高差约8米，交通组织及绿地遵循原地形地貌肌理自然放坡，排水采取结合高差分级重力流排水技术，节约能源；②本项目采用“钢框架结构+泡沫颗粒混凝土网膜墙体+楼承板 +EPS 成品装饰构件”一整套体系，为西藏高原民居装配式建筑首例；③项目住宅套内根据热空间舒适度分级并设置热缓冲空间，主要采暖房间布置在南向，次要房间布置在北向，形成温度阻尼区，降低北向失热面的不良影响；④项目采用钢框架装配式结构体系，预制构件均在工厂生产，现场进行吊装拼接作业；⑤项目在绿化种植上，根据拉萨市气候特点，种植高原本土植物，形成粗犷的视觉效果。

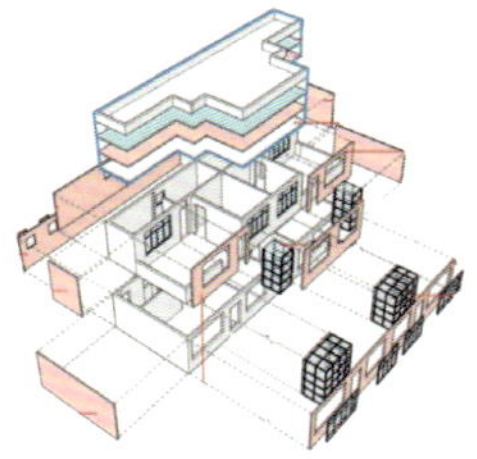

北城新天地商业综合体

Beicheng Xintiandi Commercial Complex

建设地点：西藏 拉萨
建筑功能：商业建筑
用地面积：27 608平方米
建筑面积：78 844平方米
设计时间：2018年
项目状态：建成
设计单位：拉萨市设计集团有限公司
主创设计：洛桑达瓦
设计团队：周立军、张潇轶、何鑫、曹嘉、扎西达娃、郑亚飞、廖飞

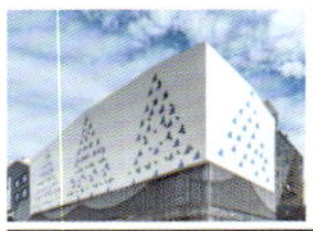

项目作为拉萨又一座全新的地标级商业综合体建筑，实现了现代化、商业化、地域化、低碳化、高效化的完美融合。

建筑方案整体具备浓郁的现代商业气息，对局部进行地域化元素的装饰，使设计成为兼具雪域高原特色的现代化建筑。大面积的玻璃幕墙可以最大限度地利用拉萨的自然日光资源；竖向矩形管排列出和谐的曲线，虚实结合以丰富立面构图；大小不一的三角形装饰板以白色为主基调，使得整体立面简洁美观，与周边环境和谐融合。湛蓝的幕墙寓意着高原的大江大河，灰调的矩形管寓意着圣地的古树名木，三角形装饰板寓意着雪域的高山白云。建筑的整体立面勾画出壮丽的自然地域风光，与城市周边的山川河流遥相呼应，与场地周边风貌浑然一体，为现代化的拉萨增添一道亮丽的城市景观。

建筑内部空间布局合理、便捷，采用双“回”字形相连接的商业动线，以中庭为轴，将各个主力店铺贯穿相连，使各业态紧密联系。设计将中庭作为核心观景休息区域、交通流线枢纽，实现建筑内与外的通透互融和人流与商业的合理布置。商场内部根据不同业态进行富有民族特色的室内设计，以卡垫等民族特色元素进行装点，辅以星空绿植等自然背景，整体和谐美观、特色浓郁。

拉萨市功德林加措棚户区小康安居示范工程

Lhasa Gongde lingaco Shanty Town Well-off Housing Demonstration Project

建设地点：西藏 拉萨
建筑功能：居住建筑
用地面积：594 27平方米
建筑面积：114 448平方米
设计时间：2020年
项目状态：建成
设计单位：拉萨市设计集团有限公司
主创设计：张潇轶
设计团队：周立军、王小军、刘岗、普珠、陈伟、李昆、旦增索朗

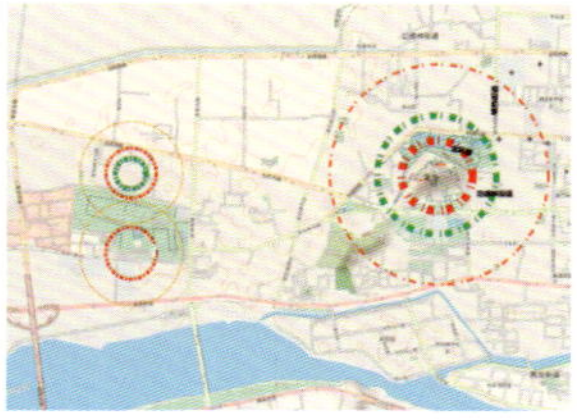

项目位于拉萨市著名景点罗布林卡北侧，属典型的老城区和棚户区。南临罗布林卡路，西临支三路，北面和东面各临城市主干道北京东路和民族路。项目周边基础设施完善，旅游资源丰富，经济价值提升空间大。

方案理念：此次项目打破住宅建筑传统的单调格局，降低建筑高度，使其与周边环境融为整体。高低错落的建筑体块丰富和更新了街区单一的建筑空间布局；降层后的沿街建筑，打破街区内封闭的形式开阔了视野，形成强烈的视觉冲击力和独特的建筑天际线。

方案特色：方案集藏族历史文化精髓和藏式建筑布局智慧的典型建筑形式，将主要功能用房组织于主体之内，使建筑形成高低错落的群体，内外交融、虚实相应、层次丰富。整个建筑大实大虚，底部沉稳厚重，顶部构造精细，结构轻盈，形体端正大方，错落有致，且项部视野开阔，独具西藏传统建筑文化特色。

张斌

职务：启迪设计集团股份有限公司副总裁
职称：高级工程师

教育背景

1999年—2004年　东南大学建筑学学士
2004年—2007年　南京大学建筑学硕士

工作经历

2007年至今　启迪设计集团股份有限公司

个人荣誉

2019年苏州市五一劳动奖章
江苏省青年建筑师学会青年建筑师分会委员
中国勘察设计协会建筑设计分会委员
中国海洋基金会海洋空间规划院副院长
江苏首批紫金文化创意优秀青年

主要设计作品

穿越——南城古镇城门博物馆
荣获：2014年第一届“紫金奖”建筑及环境设计大赛（职业组）一等奖，紫金奖铜奖
私人店制
荣获：2015年第二届“紫金奖”建筑及环境设计大赛（职业组）一等奖，紫金奖金奖
江苏移动苏州分公司工业园区综合大楼
荣获：2015年江苏省绿色建筑创新奖
2015年全国优秀工程勘察设计奖建筑工程三等奖
2015年江苏省城乡建设系统优秀勘察设计二等奖
2016年第十届江苏省土木建筑学会建筑创作奖三等奖
2016年江苏省优秀工程勘察设计行业奖、建筑环境与设备专业二等奖
2017年江苏省第十七届优秀工程设计二等奖
张省艺术馆
荣获：2015年江苏省优秀工程勘察设计三等奖
2015年苏州市优秀工程勘察设计一等奖
道梦空间
荣获：2016年第三届“紫金奖”建筑及环境设计大赛（职业组）二等奖
苏地繁花中心
荣获：2015年苏州市优秀工程勘察设计二等奖
甪直中学新建校舍
荣获：2015年江苏省优秀工程勘察设计三等奖
白马涧生态区商业街
荣获：2015年江苏省土木学会建筑创作奖一等奖
江苏吴中大厦

启迪设计集团股份有限公司
Tus-Design Group Co., Ltd.

启迪设计集团股份有限公司前身为创建于1953年的苏州市建筑设计研究院，2017年更名为启迪设计集团股份有限公司。

公司现已发展成为以苏州为中心，以北京、深圳、西安、武汉、合肥等为支点，辐射全国的建设科技技术服务公司。公司形成了以产业园、生态旅游、大健康三大版块为重心，并根据专业优势覆盖城市更新、公共建筑、文化体育建筑、居住建筑、轨道交通、景观园林、室内装饰、地下人防等其他业务领域。公司为客户提供包括策划、规划、设计、EPC（工程总承包）、PPP（政府与社会资本合作）、运维等在内的全产业链一体化集成服务。

公司拥有一个水平高、专业全的优秀团队，始终秉持“以人为本”的用人理念，坚持人才强企策略，不断加强人才引进和培养。目前公司已会聚了900余名优秀人才，包括各类“高、专、精”的行业专家和极富创意活力的年轻设计师，其中包括2名享受国务院政府特殊津贴专家、120余名各类国家注册工程师、50余名教授级高级工程师、11名江苏省“333 工程”人才、120余名高级工程师。

公司项目近10年来荣获多个国家金奖、500多项省部级以上奖项，工程项目获得广泛的社会认同。2011年公司成为江苏省首家建筑设计行业国家高新技术企业，2011年、2015年、2016年、2017年公司分别获得中国十大民营工程设计企业，2017年公司入选国家首批装配式建筑示范产业基地、首批全过程工程咨询试点企业。

公司积极参与国际项目，与美国、欧洲部分国家、日本等众多世界知名建筑设计机构建立了长期合作关系，已完成了众多具有代表性的作品。同时公司积极开展学术交流，邀请国内外知名专家学者开展讲座，开拓视野，接受国际先进技术和理念，促进技术交流和学术互动。

根据国家的“十三五”发展规划，公司将在传承优秀经验的基础上，转变传统发展理念，抓住新的国家和地区发展动力，以内部创新、组织运营优化为基础，以核心产业为抓手，深入整合外部“企、政、研”资源，带动公司能力提升和区域市场的扩张。未来公司还将逐步强化投资规划能力，巩固设计优势，提升建造项目管理能力，延展运营的优势，构建基于投资、规划、设计、建造、运营一体化服务的核心竞争力。

地址：苏州工业园区星海街9号
电话：0512-65150100
传真：0512-65150132
网址：www.tusdesign.com
电子邮箱：service@tusdesign.com

苏州实验中学科技城学校

Science and Technology City School of Suzhou Experimental Middle School

项目业主：江苏省苏州实验中学科技城学校
建设地点：江苏 苏州
建筑功能：教育建筑
用地面积：101 285平方米
建筑面积：90 471平方米
设计时间：2014年—2018年
项目状态：建成
设计单位：启迪设计集团股份有限公司
主创设计：张斌

本项目坐落于苏州恩古山南麓，内部地势较为平坦。设计团队精心规划设计，充分利用基地优越的自然景观条件，营造出自然、安全的校园环境。

“U”形布局决定了学校环恩古山的单行长流线，为了实现空间的最高效用，教学区建筑呈聚落式环绕山体展开，并以“串葫芦”的方式，利用游廊将所有的建筑串联起来。整个校园环始于学生和教师公寓，途经食堂、教学区、实验楼，终于国际部，游廊将这些相互独立的功能区联系形成一个有机整体。“串葫芦”式的规划形成自由多中心布局，使山水景观通过游廊及建筑间的空隙渗透进入校园的各个角落。游廊成为使用者和大自然之间建立联系的重要角色，最大化了校园的景观资源，增加了建筑与自然的对话。

江苏移动苏州分公司工业园区综合大楼

Industrial Park Complex Building of Jiangsu Mobile Suzhou Branch

项目业主：中国移动通信集团江苏有限公司苏州分公司
建设地点：江苏 苏州
建筑功能：办公建筑
用地面积：24 997平方米
建筑面积：85 696平方米
设计时间：2014年
项目状态：建成
设计单位：启迪设计集团股份有限公司
合作设计：JPW建筑设计事务所
设计团队：查金荣、蔡爽、戚宏、张明丽、张斌、靳建华、赵宏康、陆建清、刘仁猛、皇甫学斌、沈丽芬、殷文荣、周玉辉

基地位于苏州工业园区金鸡湖东，办公大楼不仅体现了中国移动独特的文化个性，还与周边的招商银行、苏州工业园区规划展示馆等建筑相协调。

设计满足了中国移动各方面的功能要求，为中国移动的员工提供一个高质量的工作环境。建筑节能设计以树立“绿色”楼宇标杆为目标，在建筑南立面的天窗上安装光伏发电板，使太阳能集热与建筑设计一体化。裙房建筑设计中，4个中庭为办公室提供了充足的自然采光和通风；裙房幕墙部分设计了具有绿色平台的双层幕墙系统。本工程的绿色建筑设计坚持可持续发展理念，更好地推进了中国移动的建筑节能工作。

西园养老护理院

Xiyuan Nursing Home for the Aged

项目业主：苏州城投资产开发有限公司
建设地点：江苏 苏州
建筑功能：养老院
用地面积：19 947平方米
建筑面积：28 256平方米
设计时间：2015年—2018年
项目状态：在建
设计单位：启迪设计集团股份有限公司
主创设计：张斌
设计团队：陈君、张胜松、朱一帆、谭超

本项目位于苏州古城区，具有优良的城市人文和景观资源。设计取“紫气东来”之意，将主入口置于项目东侧，利用曲径通幽的手法接入城市次干道。公共配套设施沿主入口两侧设置，便于使用。养老区分设于主入口南北两侧，分区明确。

项目以 “隐于古城、融于古寺” 为设计理念，地块与西园古刹仅一墙之隔。西园古刹环境清幽静雅，临闹市而无喧嚣，近尘寰而不污染，是巧妙融合佛教殿堂与苏州园林的寺院。因此设计的总体布局在结合传统建筑的生长形态、建筑与庭院空间比例的基础上进行城市肌理的织补，形成与西园寺融为一体的城市景观。

张伟

职务： 西安建筑科技大学设计研究总院有限公司
三院院长
职称： 高级建筑师

教育背景
2008年—2011年　西安建筑科技大学建筑学硕士
2012年至今　西安建筑科技大学建筑学博士

工作经历
2011年至今　西安建筑科技大学设计研究总院有限公司

个人荣誉
陕西省首届优秀青年建筑师奖
第三届“三秦青年”科技之星

社会职务
中国建筑学会乡土建筑分会第七届理事会理事
陕西省土木建筑学会建筑师分会理事
西安市设计师协会理事
西安建筑科技大学建筑学院硕士生导师

主要设计作品
陕西省第十五届运动会游泳跳水馆
荣获：2017年陕西省优秀工程勘察设计一等奖
清华大学附属中学秦汉学校初中部
荣获：2016年陕西省建筑专项工程设计三等奖
郝际平等人元件1.0时代方案
荣获：2016年陕西省建筑专项工程设计二等奖
张伟等人联排住宅方案
荣获：2016年陕西省建筑专项工程设计三等奖
澄城新城展馆
荣获：2018全国人居生态优秀规划建筑设计优秀奖
泾河新城企业孵化中心
法门寺佛文化景区完善提升工程
西安锅巴厂改造（量子晨电竞产业园)项目

学术研究
1. 参与两项十三五国家课题研究工作，获得发明专利证书2项，实用新型专利证书6项
2. 荣获西安建筑科技大学校艺术创作奖二十余项
3. 发表国家级期刊论文9篇，参与完成著作3项

常方祎

职务： 西安建筑科技大学设计研究总院有限公司
YM国际工作室所长、主创设计师

教育背景
2018年—2021年　西安建筑科技大学建筑学硕士

工作经历
2017年　创办YM国际工作室

主要设计作品
腾讯双创小镇展览馆
宝鸡大剧院
西安沣西假日酒店
银河能源集团超高办公楼
大明宫东城国际二期
汉唐森源集团总部办公大楼
榆能办公综合体
兴平杨贵妃人文行馆
雨润丝路国际经济中心
上海市静安区工业厂房改造
西安东站综合片区规划
兰州市榆中区生产办公产业园
长治太行数据湖数据中心
东城国际休闲娱乐公园规划设计

地址：陕西省西安市雁塔路13号
电话：029-82205131
传真：029-82205131
网址：www.xjdsjy.com
电子邮箱：xjdsjy@xauat.edu.cn

西安建筑科技大学设计研究总院
XAUATDI

西安建筑科技大学设计研究总院有限公司（以下简称设计总院）以西安建筑科技大学建筑设计研究院、西安建大城市规划设计研究院为主体组建，由西安建筑科技大学建筑设计研究院更名而成，属于全民所有制企业，具有独立的法人资格。

设计总院前身西安建筑科技大学建筑设计研究院成立于1958年，隶属于西安建筑科技大学，是西安建筑科技大学产学研一体化的综合设计研究机构及教学实习和研究生培养基地。设计总院具有建筑工程设计、工程咨询、工程造价咨询、工程监理甲级资质，风景园林工程设计、建材行业专

杨哲明

职务：西安建筑科技大学设计研究总院有限公司
　　　杨哲明工作室主持建筑师
职称：工程师

教育背景
2003年—2008年　西安建筑科技大学建筑学学士
2008年—2011年　西安建筑科技大学建筑学硕士

工作经历
2011年—2017年　西安建筑科技大学设计研究总院有限公司设计一所
2017年至今　西安建筑科技大学设计研究总院有限公司杨哲明工作室

个人荣誉
2020年带领杨哲明工作室参与西安市碑林区信义巷等16条街巷的提升改造工作，完成后的信义巷受到多家媒体的采访，被评为西安市最美街巷

主要设计作品
太白县城市综合体项目——酒店及球馆工程
荣获：2019年陕西省优秀工程勘察设计奖
　　　2020年陕西省优秀工程勘察设计一等奖
　　　2020年中国建设工程鲁班奖
中国东方航空西北分公司东方航空城A区
荣获：2019年国家优质工程奖
　　　2020年陕西省优秀工程勘察设计二等奖
西安建筑科技大学附属中小学改扩建
荣获：2016年陕西省优秀工程勘察设计二等奖
黄河楼
荣获：2017年中国人居建筑金奖
福建东山文体中心
荣获：2019年中国威海国际建筑设计大奖赛铜奖
西安市碑林区信义巷提升改造
荣获：2020年西安市十条最美街巷

井敏飞

职务：西安建筑科技大学设计研究总院有限公司
　　　设计师
职称：工程师

教育背景
1989年—1993年　西安建筑科技大学建筑学学士

工作经历
1993年至今　西安建筑科技大学设计研究总院有限公司

社会职务
中国建筑学会数字技术专业委员会创始人、委员

个人荣誉
2009策展参数化原型主题及新锐展
2010北京双年展受邀建筑师
2011上海数字未来论坛受邀建筑师
2012东京画廊数字建筑展受邀建筑师
2012英国创意设计展受邀建筑师
2012深圳工艺设计组织“设计巨蛋”受邀建筑师
2013 DADA北京751数字建筑装置展受邀建筑师
2013年11月武汉双年展受邀设计师
2013上海艺术设计展受邀设计师

主要设计作品
中大国际
海升果业总部办公楼设计
西安浐灞国家湿地公园观鸟塔
铜川规划科技档案馆
曲江国际冰上运动中心
西咸新区能源金融贸易起步区坝上桥设计
西延高铁铜川站建筑及站前广场设计

项甲级资质，市政、冶金行业专项乙级资质，并通过ISO9001质量管理体系认证。2012年荣获“当代中国建筑设计百家名院”称号。

设计总院现有职工450余人，其中高级技术职称94人、中级技术职称173人、国家一级注册建筑师39人、国家一级注册结构工程师41人、注册设备工程师33人、注册造价咨询工程师15人、注册工程咨询工程师14人、注册城市规划师35人、注册岩土工程师2人。

伴随着西安建筑科技大学的成长，设计总院已逐步形成了专业化设计团队，在居住建筑、办公建筑、商业建筑、体育建筑、医疗建筑、交通建筑、文化建筑、工业建筑、历史建筑保护规划与设计、绿色建筑、环境艺术、既有建筑改造等领域拥有较强的实力并且取得了骄人的成绩。

西安锅巴厂改造（量子晨电竞产业园）项目

Xi'an Guoba Plant Reconstruction (Quantum Morning Electric Competition Industrial Park) Project

项目业主：西安域竞游文化传播有限公司
建设地点：陕西 西安
建筑功能：电竞产业园
建筑面积：40 000平方米
设计时间：2018年
项目状态：建成
设计单位：西安建筑科技大学设计研究总院有限公司
主创设计：张伟、李慧芬、吴凯、徐婧
建筑摄影：章鱼见筑

建筑是凝固的历史，在“数字+娱乐”的灌注下，依托于强大的电竞娱乐基因，西安量子晨用不设界的精神，在新旧结合理念上采用填充的规划思路，结合量子体系拥有的电竞基因，以共融、交互的方式对原太阳锅巴厂进行了整合与改造，使其成为西安老旧工厂改造的明星项目与西安的新地标。本案通过将西安具有历史记忆的太阳锅巴厂与电竞新业态相嫁接，挖掘原有建筑空间价值，并赋予其工业风格，实现新老建筑的改造融合；以新潮的工业改造风格迎合时下年轻人的时尚追求，并联合英雄体育VSPN打造西北首家承接王者荣耀职业联赛（KPL）等全国电竞联赛的专业场馆，成为集潮流时尚、餐饮、休闲娱乐品牌、泛电竞相关产业及腾讯众创空间于一体的时尚新坐标。

黄河楼

Huanghe Building

项目业主：兰州市七里河区人民政府
建设地点：甘肃 兰州
建筑功能：观光、展示、办公建筑
用地面积：36 545平方米
建筑面积：51 685平方米
设计时间：2015年
项目状态：建成
设计单位：西安建筑科技大学设计研究总院有限公司
设计团队：张闻文、杨哲明、杨柳青、李敏、郁畏力、张荣丽、李景、肖伟、张珂、张文房、武喜、马飞、王文琪、周星萌

兰州是典型的“两山夹一河”的带状河谷型城市。历代的老城都建于黄河南岸，城墙在城市空间中扮演着重要角色。本项目为人们提供了一个具有特定高度、从嘈杂的城市环境中分离出来的幽静空间，它是兰州独具特色的城市与黄河关系的体现，是兰州充满城市记忆的场所精神之所在。

设计以打造黄河岸边的文化地标为契机，力图在项目中再现“城、墙、楼、河”之间延续千年的空间关系。设计师将裙房设计成一段沿着黄河分布的城墙，塔楼立于其上，为今天的人们提供一种 “上墙—登楼—看黄河”穿越千年的空间体验。

宝鸡大剧院

Baoji Grand Theater

项目业主：宝鸡市人民政府
建设地点：陕西 宝鸡
建筑功能：文化建筑
用地面积：30 000平方米
建筑面积：35 000平方米
设计时间：2019年
项目状态：建成
方案设计单位：西安建筑科技大学设计研究总院有限公司
主创设计：常方祎、JACQUES MARIA

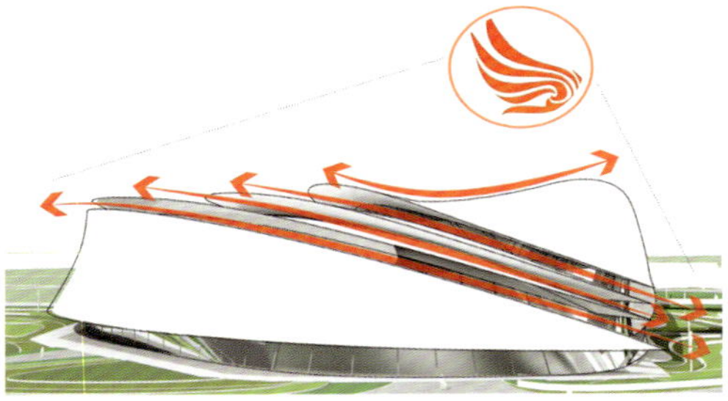

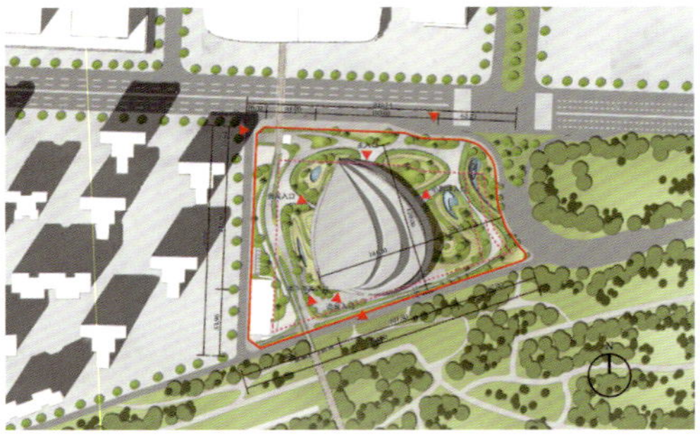

项目是集观演、文创、休闲、商业为一体的文化综合体建筑，是城市入口的核心标志，是宝鸡市第一个标准化大剧院。项目以《诗经·大雅·卷阿》中的“凤凰于飞，翙翙其羽”为设计语言，形成三层流线型弧顶，仿佛翱翔于天的凤凰羽翼，展现宝鸡“闻鸡起舞、开放创新”的城市精神。场地以开放式艺术公园为主题，以大剧院为中心，将一层商业空间的屋顶作为联系城市空间的走廊。整个演绎空间分为两部分，一个是设置1 200席的一级大厅，一个是设置300席的多功能演绎厅。项目建成后，以宝鸡大剧院为中心，联系起了石鼓园、廊桥、东岭综合体、渭河生态公园等多个城市重要空间。

西咸新区国际文创小镇展厅室内装修设计

Interior Decoration Design of Exhibition Hall of Xixian New Area International Cultural and Creative Town

建设地点：陕西 西安
建筑功能：展览建筑
用地面积：1 500平方米
建筑面积：1 500平方米
设计时间：2018年
项目状态：建成
设计单位：西安建筑科技大学设计研究总院有限公司
主创设计：井敏飞、崔兆瑞、赵雨亭、醋宏博

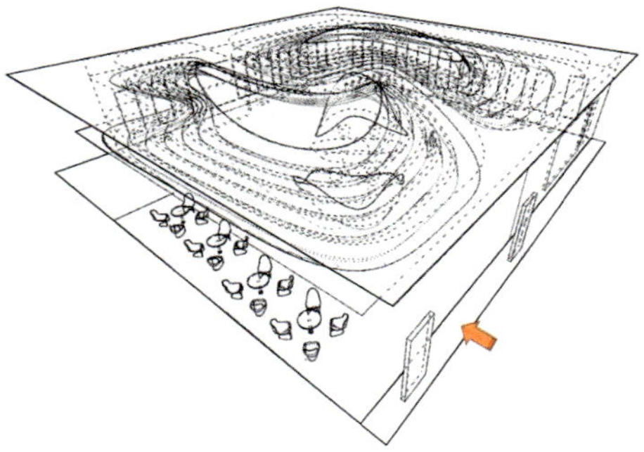

西咸新区作为首个以“创新城市发展”为主题的国家级新区，肩负着将西安悠久历史文化与创新科技结合发展的重任。本作品在展厅内部设置两个具有对应关系的曲面造型展台，中部区域为文创小镇项目的展示沙盘和户型沙盘，四周区域为入园企业展示区和艺术品展示区。项目的整体流线组织可分可合，灵活多变。本设计的亮点在于顶部的流线造型，采用富有科技含量和表现力的GRG材料，寓意项目所在区位的渭河右岸支流——沣河，具有未来感的酷炫造型与厚重的历史感相映成辉、相得益彰，也体现了西咸新区国际文创小镇所肩负的责任。

张绚

职务： 兰州城市建设设计研究院有限公司建筑工程设计二院院长

职称： 高级建筑师

教育背景

1992年—1997年　西安建筑科技大学建筑学专业

工作经历

1998年至今　兰州城市建设设计研究院有限公司

社会职务

中国建筑学会会员

中国建筑学会乡土建筑分会会员、理事

中国建筑学会传统建筑分会会员、理事

甘肃省勘察设计协会会员、技术专家委员会专家

甘肃省土木建筑学会建筑修复更新改造专业委员会委员

个人荣誉

2019年兰州市青年专家

2020年中国中西部地区杰出建筑师

2020年甘肃省优秀设计师

主要设计作品

兰州市孙家台住宅小区

荣获：全国人居建筑规划方案建筑环境双金奖

兰州新区综合档案馆及公共图书馆

荣获：2016年甘肃优秀工程咨询成果一等奖

兰州新区中川商务中心

荣获：2017年甘肃优秀工程咨询成果一等奖

兰州市中央大道提升改造工程

荣获：2018年甘肃优秀工程咨询成果一等奖

兰州华远三千院

中国商务部援巴基斯坦GDA医院项目

中国商务部援苏里南共和国住宅项目

兰州新区方家坡九年一贯制学校

甘肃农垦集团总部经济大厦

甘肃古浪大靖城市广场

兰州新区瑞岭悦府

兰州新区瑞岭荣府

兰州交通发展建设集团皋兰客运中心

兰州老旧小区提升改造工程

兰州新区绿色化工棚改项目

甘肃临夏州生态旅游扶贫大通道规划

兰州代家河湾石化产业园

甘肃省示范性村镇改造提升工程

兰州华奥全球直销商品中心商业综合体

学术研究

1. 《路在何方——建筑评论及建筑评论方向》荣获兰州科学技术协会优秀论文三等奖
2. 《关于兰州市地下空间利用与发展模式的探讨》荣获中国勘察设计协会人防及地下空间分会（2012）优秀论文
3. 《兰州轨道交通沿线土地利用模式研究》载于《甘肃工程建设》
4. 《甘肃省02系列建筑标准设计图集》（DBJT25-98-2002）荣获甘肃省2004年优秀工程勘察设二等奖

兰州城市建设设计研究院有限公司

Lanzhou Urban Construction Design and Research Institute Co., Ltd.

兰州城市建设设计研究院有限公司成立于1959年，建立初期名为兰州市建筑工程局设计院。1962年为响应中央精简机构的号召，兰州市撤销了设计院建制，保留了部分设计室和勘测大队作为市建设局机关的业务科室。1973年兰州市革命委员会组建成立兰州市勘测设计处。1979更名为兰州市勘测设计院。1980年开始实行事业单位企业化管理，自收自支，自负盈亏。1985年更名为兰州市城市建设设计院。2021年按照兰州市分类推进事业单位改革工作要求，改制为兰州城市建设设计研究院有限公司。

公司现拥有工程设计市政行业（燃气工程、轨道交通工程除外）、建筑行业甲级资质，水利行业（城市防洪）专业、城市规划乙级资质，住建部工程勘察专业类岩土工程、工程测量甲级资质，国家测绘地理信息局工程测量甲级资质，工程咨询市政公用工程、建筑工程甲级资质，工程监理甲级资质，施工图审查、建筑工程、市政工程（道路、桥隧）一类资质，市政工程（环境卫生、给水、排水、热力）二类资质，岩土工程检测甲级资质，造价咨询乙级资质，建筑装修装饰工程专业承包二级资质。

公司主要承担大中型工业与民用建筑、城市道路、桥梁、隧道、给排水、热力、防洪、公共交通、风景园林、环境卫生等工程的咨询和设计，以及工程测量、工程勘察、边坡治理、深基坑支护、地球物理勘探、工程监理、工程总承包、施工图审查、工程检测、建筑工程装修装饰等业务。

公司现有在职员工327人，其中正高级职称18人、高级职称121人、中级职称87人、初级职称及以下101人；甘肃省领军人才1人、兰州市首席专家1人、兰州市青年专家2人、市政府国资委系统科技领军人才4人、“金蓝领”人才4人；一级注册建筑师等各类注册人员 84人次；入选省市各类人才库、成为各级学术带头人的有34人次。

60多年来，公司完成各类大中型勘察设计项目8 000余项，参与完成了兰州市大多数城市基础设施建设项目。勘察设计成果遍及西北地区及全国部分省市，有百余项勘察设计项目获得国家级及省部级优秀工程设计、咨询、勘察、测绘项目奖，其中黄河兰州段河道规划获国家银奖。2012年入选中国当代建筑设计百家名院。

地址：兰州市七里河区西津东路120号

电话：0931-8460901

传真：0931-8465166

电子邮件：3061507016@qq.com

兰州新区综合档案馆及公共图书馆

Comprehensive Archives and Public Library of Lanzhou New Area

项目业主：兰州新区铁路建设投资有限责任公司
建设地点：甘肃 兰州
建筑功能：文化建筑
用地面积：27 229平方米
建筑面积：32 800平方米
设计时间：2015年
项目状态：建成
设计单位：兰州城市建设设计研究院有限公司
主创设计：张绚
参与设计：马燕燕、王芳、刘太喆

项目位于兰州新区市民广场，设计以人为本，强调“人—空间”的对话与交流，整个建筑不仅是一个藏书借书、查阅资料的容器，同时也是一个人与人、人与环境交流的场所。作为城市客厅一角的节点建筑，在平面布置上，设计完美地处理了建筑与东南侧道路以及广场中心建筑的空间关系。通透、半通透的空间组合设计，不仅将广场核心景观引入建筑的中庭，同时也渗透到周边沿街区域，从而融入整个城市空间。设计通过沙漏与日晷经过演变结合的元素，形成灰空间的玻璃体，将图书馆与档案馆连接起来，使它们融合成一个完整的虚实结合的文化建筑。

兰州新区中川商务中心

Lanzhou New Area Zhongchuan Business Center

项目业主：兰州新区城市发展投资集团有限公司
建设地点：甘肃 兰州
建筑功能：办公建筑
用地面积：148 254平方米
建筑面积：194 399平方米
设计时间：2018年
项目状态：建成
设计单位：兰州城市建设设计研究院有限公司
主创设计：张绚
参与设计：马燕燕、宋军、刘太喆、王芳

项目位于兰州新区核心区域黄河大道北侧，现为兰州新区行政与社会政务办公中心。

设计以简约的汉唐建筑风格为主题，通过中国传统建筑的营造手法将三组不同功能结构的建筑围合成半开放、半封闭的广场以及庭院空间，从而表达空间开合、动静相宜的传统建筑文化内涵。

建筑结合项目所在区域的城市主体设计，采用灰、白中性色彩。立面以石材为主，利用竖向的开窗形式强化立体效果，以体现传统建筑开间分明、严谨对称的建筑格局。整体建筑从上到下采用三段式的传统设计手法，檐口下方一层全部使用浅灰色玻璃幕墙进行虚化，以加重阴影透视效果，更加突出中式大屋顶的庄重与大气，形成错落有致、特色鲜明的中式建筑群天际线。项目采用大量的绿色建筑技术及建造工艺，将中国传统建筑文化与现代办公气息有机地融为一体。

兰州大学教研综合体

Teaching and Research Complex of Lanzhou University

项目业主：兰州大学
建设地点：甘肃 兰州
建筑功能：科研、教育建筑
用地面积：22 064平方米
建筑面积：177 155平方米
设计时间：2022年
项目状态：方案
设计单位：兰州城市建设设计研究院有限公司
主创设计：张绚
参与设计：郭志辉、王东琴

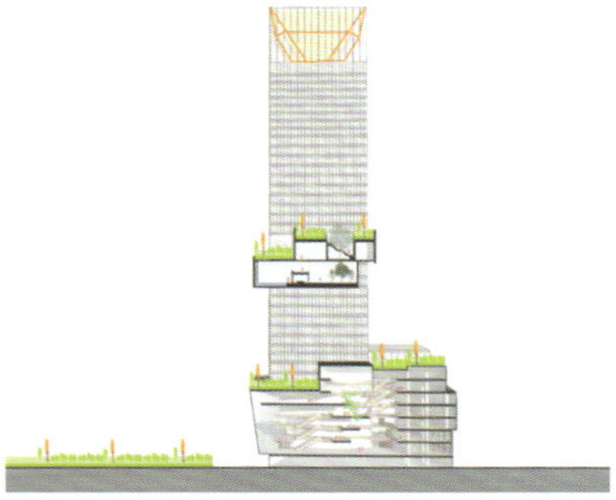

项目位于兰州大学校区东北角，在用地极其紧张的情况下，争取实现建设目标利益最大化。项目依托兰州大学以“教学、科研、医技”为主体的研发平台，打造全新的科研产业模式，增添区域活 力，成为“城市空间、云端漫步”的教研综合体。

项目满足了公共交往和个体独立的双重诉求，合理解决了各种流线、室外空间、建筑体量三方面复杂交融的关系，催生了立体化的广场空间、生态聚落和建筑群体。在建筑布局上，充分考虑整个校区的空间概念，结合城市道路的平面关系形成校园中轴线上南低北高的城市天际线，并融入区域的城市空间关系中。东南侧绿地的设置减少了教学区与产业区之间的相互影响，满足了校区可持续发展的需求。

“城市芯－瑞岭之窗”商务中心

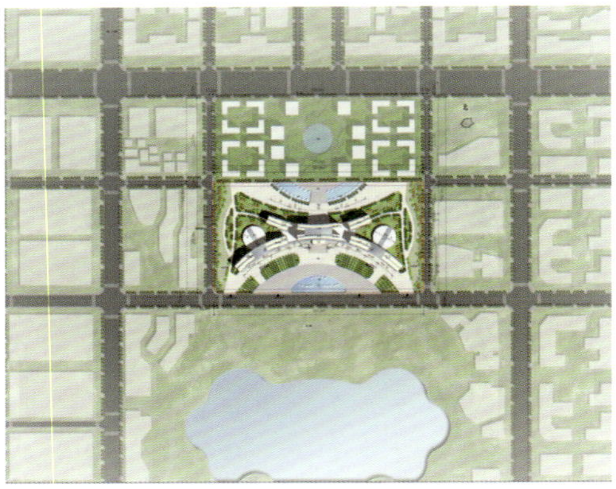

"City Core - Ruiling Window" Business Center

项目业主：兰州新区房地产开发有限公司
建设地点：甘肃 兰州
建筑功能：办公建筑
用地面积：159 360平方米
建筑面积：393 055平方米
设计时间：2021年
项目状态：方案
设计单位：兰州城市建设设计研究院有限公司
主创设计：张绚
参与设计：郭志辉、王芳

项目功能布局合理高效，设计方案以兰州新区核心价值——“开放、包容”为主题，实现了中国的传统文化和地域文化的完美结合。建筑师运用纯粹美学的设计理念，对两道不连续的弧形几何体进行穿插、开洞、组合，从而营造出一种视觉强烈、形体有序的建筑空间韵律。

设计以完美对称的建筑布局为背景，形成并强调城市景观中轴主线。不同的街区属性形成不同体验的大型商务办公综合体。场地设计在完善城市绿地系统的同时，融入城市交通系统，提升城市集体记忆，勾画魅力城市天际线，提升新城区的城市形象。

肋巴佛革命纪念馆

Lebafo Revolutionary Memorial Hall

项目业主：和政县文化旅游局
建设地点：甘肃 临夏
建筑功能：文化建筑
用地面积：9 749平方米
建筑面积：3 490平方米
设计时间：2022年
项目状态：方案
设计单位：兰州城市建设设计研究院有限公司
主创设计：张绚
参与设计：马燕燕、张莫涵

项目位于甘肃临夏回族自治州，设计通过对传统藏式文化景观——坛城的图样提取，结合当地藏式合院的平面形式，将不同功能的展厅进行围合，形成纪念馆的总体布局。建筑立面采用传统藏式建筑的色彩，就地取材，以朴素的石材、通透的玻璃幕墙营造虚实对比强烈的视觉空间，进而满足场馆的不同使用需求。

建筑内外空间形式在意境上与藏式建筑功能空间流线的特点保持一致。参观廊道将四个展厅串联起来，廊道的构思源于传统的藏式经廊。参观者经过光影投射的柱廊，一路了解肋巴佛的生平事迹以及和政县的县情、历史文化、革命历程、民族风俗等，最终传达出各民族团结互助、共同发展的核心价值观。

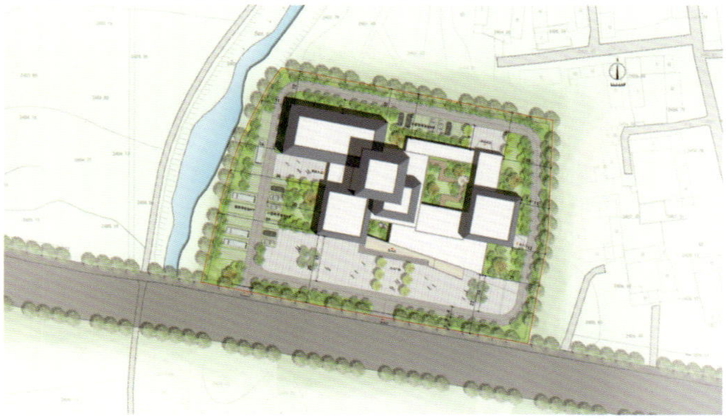
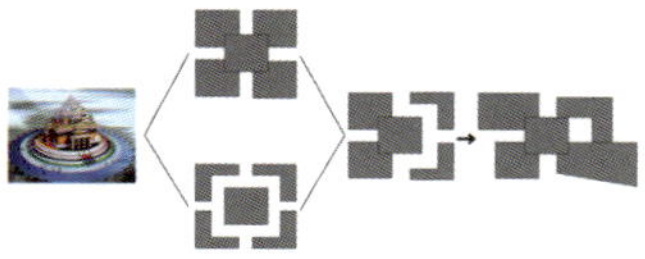
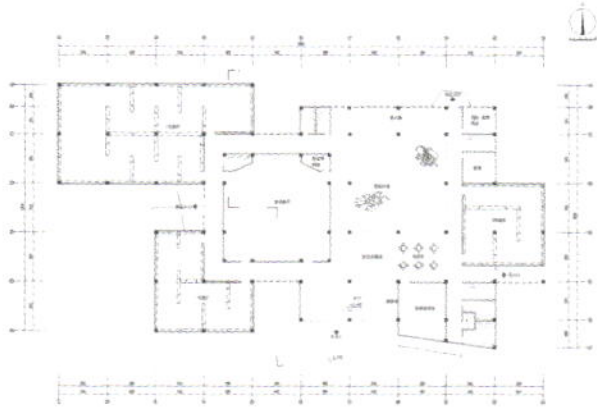

张栋

职务：山东省建筑设计研究院有限公司创作研究所副所长
职称：高级工程师
职业资格：国家一级注册建筑师
国家注册城市规划师

教育背景

1999年—2004年　山东建筑大学建筑学学士
2018年至今　哈尔滨工业大学城市规划专业在职研究生

工作经历

2004年至今　山东省建筑设计研究院有限公司

主要设计作品

泰安汽车总站
荣获：2011年山东省优秀建筑设计方案二等奖
沂南县客运中心
荣获：2011年山东省优秀建筑设计方案二等奖
济南火车站北场站一体化规划设计及研究
荣获：2013年济南市优秀工程勘察设计一等奖
济南日报报业集团迁建项目
荣获：2013年山东省优秀建筑设计方案三等奖
泰安高铁新区公交枢纽站工程
荣获：2015年山东省优秀建筑设计方案一等奖
枣庄高铁换乘枢纽工程
荣获：2014年全国人居经典规划建筑双金奖
2016年山东省优秀建筑设计方案一等奖
东营市技师学院新校区工程
荣获：2015年山东省优秀建筑设计方案三等奖
济南市历城区便民服务中心
荣获：2015年山东省优秀建筑设计方案三等奖

学术研究成果

《高校体育馆的复合化与生态化设计——以东营市技师学院体育馆设计为例》载于《华中建筑》（2017.7）
《顺势、借势、造势——山地校园“济南市技师学院新校区设计”》载于《城市建筑》（2014.5）
《连续的校园综合体——宁阳第三小学规划建筑设计》载于《城市建筑》（2014.5）
《“零换乘”——长途客运站建筑中的人性化设计》被评为山东省建筑专业优秀论文

山东省建筑设计研究院有限公司
Shandong Provincial Architectural Design & Research Institute Co., Ltd.

山东省建筑设计研究院有限公司是由山东省建筑设计研究院改制而成的企业，公司的前身山东省建筑设计研究院成立于1953年，是国家甲级勘察设计单位、全国“守合同，重信用”单位、全国建筑设计行业诚信单位、当代中国建筑设计百家名院。

公司现设有9个综合设计分院（所）、7个驻外分支机构、7个职能管理部门及方案创作和专业技术研究部门。公司现有职工800余人，其中专业技术人员700余人，高级职称人员近300人，工程技术应用研究员70余人，一级注册建筑师、一级注册结构工程师、其他专业注册师220余人，山东省工程设计大师7人。

公司主要从事建筑、规划、市政工程设计、工程勘察、工程测量、鉴定加固改造、工程咨询以及施工图审查等业务，拥有12种设计、咨询、勘察等专业资质，并取得了对外承包工程资格证书，其中建筑行业（建筑工程）、市政行业（排水工程）、工程勘察专业类（岩土工程）、城市规划编制为甲级资质，审图中心是建筑工程一类施工图设计文件审查机构。

公司的设计成果遍布国内各个省市、自治区，并在亚洲、非洲、大洋洲、北美洲等的十几个国家承揽过项目，累计完成6 000余个工程设计项目，设计总面积达1.4亿平方米。代表作品有山东剧院、山东省体育中心、京沪高铁济南西客站、山东大学齐鲁医院、山东省立医院、江苏省人民医院等。公司在医疗卫生项目设计方面形成了自己的专业优势，多年来已完成数百个优秀医院建筑设计项目，先后获得“中国医院建设十佳医院设计供应商”“中国医院建设品牌服务企业”等荣誉称号。

公司技术力量雄厚，设计手段先进，重视建筑创新，设计质量和服务水平受到业内好评。几十年来，在建筑设计及科研领域荣获国家及省部级科技进步奖、国家及省部级优秀勘察设计奖等千余项。依靠雄厚的技术实力，公司成为山东大学、山东建筑大学的教学实践基地和工程硕士培养基地，是全国19个学术团体的理事单位，山东省12个专业学术团体的挂靠单位。

地址：山东省济南市经四路小纬四路2号东3楼
电话：0531-87913010（综合办）
传真：0531-87913010
网址：www.sdad.cn
电子邮箱：sdad1953@163.com

济南西客站片区场站一体化（站区配套设施）工程

Jinan West Railway Station Area Station Integration (Station Area Supporting Facilities) Project

项目业主：济南市西区建设投资有限公司
建设地点：山东 济南
建筑功能：交通枢纽综合体建筑
用地面积：153 920平方米
建筑面积：421 080平方米
设计时间：2008年—2010年
项目状态：建成
设计单位：山东省建筑设计研究院有限公司

建筑造型设计以“礼乐同庆”的传统文化意向为理念，以“‘T’形广场+樽+古琴”为表达形式，兼顾建筑功能与文化理念，展现济南人民开拓进取、和谐融洽的精神风貌，以及齐鲁文化的深厚底蕴。设计以尊贵的青铜器“樽”来代表“礼”的概念。“樽”是古代的饮酒器具，6个“樽”在火车站广场前左右排开，有“把酒相迎四方客”的含义，表现出济南人重视礼仪、豪迈好客的特点。设计以儒雅的“古琴”来代表“乐”的概念。优美的古琴造型的屋顶象征着为往来宾客弹奏旋律。“樽”和“古琴”结合体现了礼乐广场的设计概念。

西城集团

抓服务 保安全

绿地集团

平顶山市四馆（科技馆、党史馆、档案馆、方志馆）

Four Museums of Pingdingshan City (Science and Technology Museum, Party History Museum, Archives, Local Chronicles Museum)

项目业主：平顶山中房建设集团有限公司
建设地点：河南 平顶山
建筑功能：文化建筑
用地面积：24 344平方米
建筑面积：83 800平方米
设计时间：2017年
项目状态：在建
设计单位：山东省建筑设计研究院有限公司

方案设计以北侧“三馆”(党史馆、档案馆、方志馆)高耸挺拔、棱角分明的形体拟山，以南侧科技馆舒展流畅、圆润细腻的形体喻水，两种形体曲直相依、和谐共生，共同营造出整体统一又变化丰富的独特建筑形象。

南侧的科技馆共有4层，每层都围绕中央核心空间设置周边的展览空间，中央核心空间设置标志性“科技之树”，融入绿色生态低碳的理念。其饱满优美的圆台造型和细腻传神的表皮肌理比拟汝瓷神韵，代表平顶山古代文化的悠久历史和伟大成就。北侧的形体为“三馆”及科技馆的办公功能，建筑自上而下以连续的折板线条形成整体造型，以“层叠的书”和“竹简”传达档案馆、方志馆、党史馆记载历史、传承文明的建筑功能。方案还在“三馆”高层的西侧结合建筑退台的造型设计室外观景平台，充分利用西侧城市公园的景观资源。

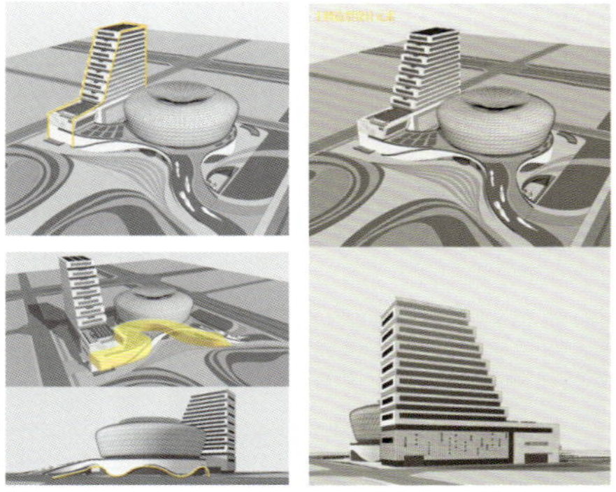

武陟医养中心

Wuzhi Medical Care Center

项目业主：武陟县城市建设投资开发有限责任公司
建设地点：河南 焦作
建筑功能：医养建筑
用地面积：25 263平方米
建筑面积：33 924平方米
设计时间：2019年
项目状态：在建
设计单位：山东省建筑设计研究院有限公司

项目位于河南省武陟县，是在原武陟县人民医院旧址的基础上改造成的医养结合一体化的养老中心，是武陟县及周边地区介护、介助及高端养老的机构，其医疗部分也将承担社区门诊的功能。医院原有的病房大楼被改造为介助及高端养老楼、新建社区门诊及介护老人休养楼、阳光房活动中心。

建筑师在设计的过程中追求将整齐、秩序的“中正”之美和变化、生动的“自然”之美结合在一起。希望塑造一个场景的序列，结合基地的自然条件，打造以景观为背景、以高低起伏的建筑为依托、掩映在绿树丛中、富有古典美学精神、轴线明确、空间大气、体现秩序的医养院区。

张愚峰

职务：中船第九设计研究院工程有限公司久零工作室主任
职称：工程师

教育背景
2012年—2015年　同济大学建筑学硕士
2013年—2014年　伦斯勒理工学院建筑学硕士

工作经历
2015年至今　中船第九设计研究院工程有限公司

主要设计作品
广西电力职业技术学院（新校区）
杭州湾上虞滨海新城幼儿园
上海市青浦张马村乡村振兴项目
上海市青浦林家村乡村振兴项目
浙江绍兴市上虞尚街商业街
江西上饶市横峰工业园
上海市沪东中华造船（集团）搬迁工程研发办公区
广西隆林中医医院
广西德保百安小区
广西粤桂合作特别试验区新能源产业基地

CSSC
中船第九设计研究院工程有限公司

中船第九设计研究院工程有限公司成立于1953年，是一家拥有多专业、综合技术强的大型工程公司，主要从事工程咨询、工程设计、工程项目总承包等业务，能承接多类大型项目的工程总承包项目。在中国创建世界第一造船大国中，承担着践行环渤海经济区、长江三角洲地区、珠江三角洲地区的船舶工业规划设计“国家队”的角色。

中船九院已取得了国家有关部委批准的船舶、军工、机械、水运、建筑、市政、环保等领域的工程设计综合甲级、工程咨询甲级、工程监理甲级以及房屋建筑工程施工总承包一级等资质，具备了对外工程总承包、境外设计顾问及施工图审查的资质。中船九院是“全国文明单位”“国家级企业技术中心”“中国勘察设计百强单位”“上海市文明单位”“上海市企业技术中心”“上海市高新技术企业单位”。

中船九院现有员工1 700多人，其中各类专业技术人员1 300多人，拥有各类国家注册工程师500余人。中船九院先后有32名专家享受国务院政府特殊津贴，相继有4位工程技术人员获“中国工程设计大师”称号，1位荣获“中国工程监理大师”称号。

中船九院秉承“创新、拓展、诚信、敬业”的企业精神，坚持为海洋强国建设提供工程服务，以高质量发展为中心，坚持创新是发展的第一动力，持续做强设计咨询、做优总承包、做稳投融资，拓展科技产业化和智能工厂数字化平台创新业务，全面实施“三+二”战略布局，为全面建成具有特色的国内知名、世界一流工程公司不懈奋斗。

地址：上海市杨浦区河间路1280号
电话：021-62549700
传真：021-62573715
网址：www.ndri.sh.cn
电子邮箱：csscndri@dnri.sh.cn

杭州湾上虞滨海新城幼儿园

Hangzhou Bay Shangyu Binhai New Town Kindergarten

项目业主：绍兴市上虞杭州湾滨海新城投资开发建设有限公司
建设地点：浙江 绍兴
建筑功能：教育建筑
用地面积：6 779平方米
建筑面积：4 948平方米
设计时间：2017年
项目状态：建成
设计单位：中船第九设计研究院工程有限公司
主创设计：张愚峰、王后军
参与设计：吴天昂、张庆治

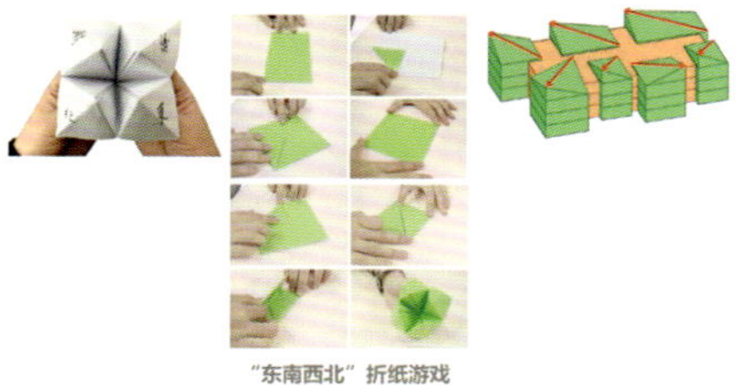

概念生成图

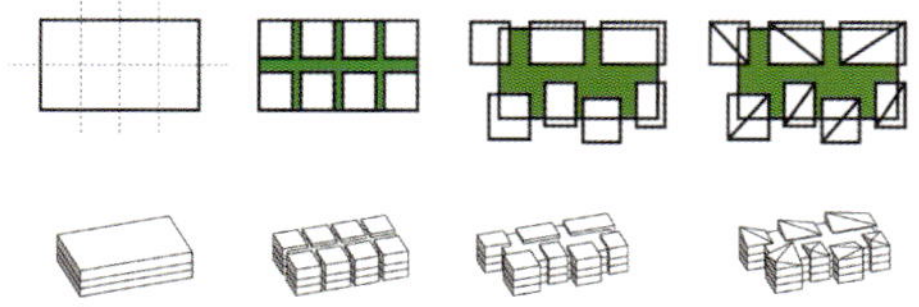

设计构思图

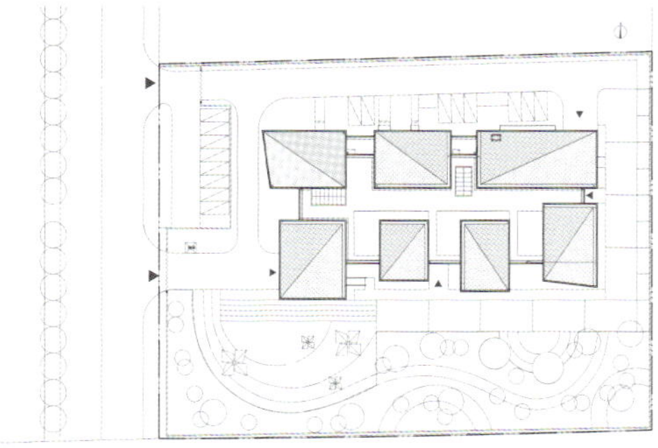

总平面图

项目位于上虞城区以北的上虞滨海新城核心区，规模为9个班级。基地地块形状较方正，紧邻景观河和城市绿地，景观资源十分优越。

整个建筑以“东南西北”折纸游戏为设计原型，通过七个相似单元体块的组合形成统一且具有变化的建筑形象，通过折叠的屋顶和单元尺度的变化，创造出灵动的建筑形象。折叠的屋顶唤起了人们对儿时的回忆，赋予整个建筑童趣和活力。沿河而视，高低错落的屋顶营造出一幅江南水乡的美丽画卷，滨河一侧大面积开窗犹如万花筒一般映衬着河边美景，让人流连忘返。

广西电力职业技术学院（新校区）

Guangxi Electric Power Vocational and Technical College (New Campus)

项目业主：广西电力职业技术学院
建设地点：广西 南宁
建筑功能：教育建筑
用地面积：392 000平方米
建筑面积：197 000平方米
设计时间：2018年
项目状态：建成
设计单位：中船第九设计研究院工程有限公司
主创设计：张愚峰
参与设计：刘晓荆、关毅鹏、徐清涛、徐峻、张庆治

食堂及风雨操场

大学生活动中心

总体规划

项目位于南宁市五象新区，新校区规划用地约392 000平方米，其中一期总建筑面积197 000平方米，建成后可容纳12 000人。项目包含图文信息中心、大学生活动中心、食堂及风雨操场、学院教学楼、学生公寓等。

大学生活动中心

大学生活动中心总建筑面积约7 800平方米，包含大学生服务中心、音乐室、武术工坊、活动室等。设计以水波纹为原型演绎出流线型的建筑造型和具有现代感的曲线立面肌理，突出建筑立面的动感，与活动中心的建筑功能相符。

图文信息中心

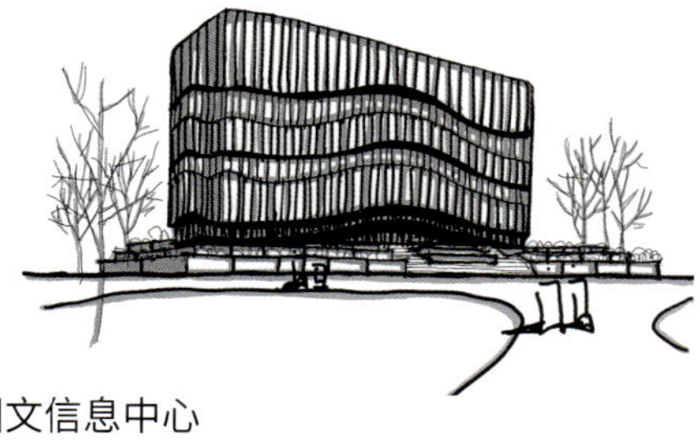

食堂及风雨操场

食堂及风雨操场总建筑面积19 400平方米，包含食堂、乒乓球室、健身房、台球室、风雨球场等。方案从叠放的书本中汲取灵感，造型采用一大一小两个体量的穿插组合，犹如两摞叠放整齐的书本。建筑屋顶局部抬升，犹如两座巍峨的山峰。

图文信息中心

图文信息中心总建筑面积约27 500平方米，包括图书阅览室、综合办公室、会议室、报告厅、专业实训教室等。方案以电波、电流灵动的流线型为原型进行演绎变形，通过立面杆件的变化，营造动感、灵活、丰富的造型效果，彰显学院的电力特色，既体现了标志性和现代化的信息特征，也是对立足地域文化、面向未来科技感的表达。建筑形体在入口处形成拱桥式造型，寓意一座通往知识殿堂的“知识之桥”。

综合文化活动中心

上海青浦张马村乡村振兴项目

Rural Revitalization of Zhangma Village, Qingpu, Shanghai

项目业主：朱家角实业发展有限公司
建设地点：上海
建筑功能：城市更新
用地面积：3 120 000平方米
建筑面积：3 000平方米
设计时间：2019年
项目状态：建成
设计单位：中船第九设计研究院工程有限公司
主创设计：张愚峰
参与设计：关毅鹏、刘晓荆、徐清涛、张庆治、莫少军、李钊

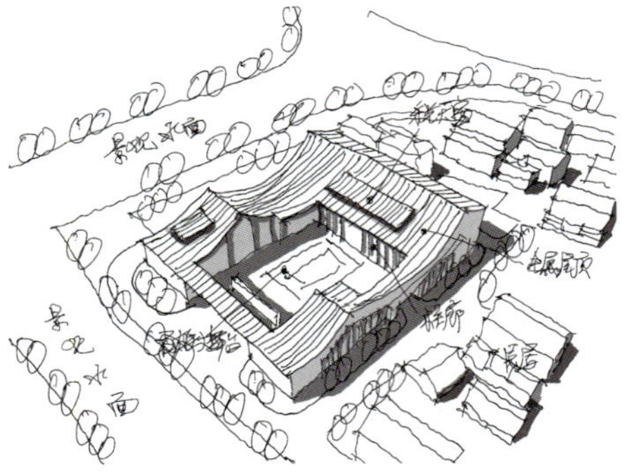
构思草图

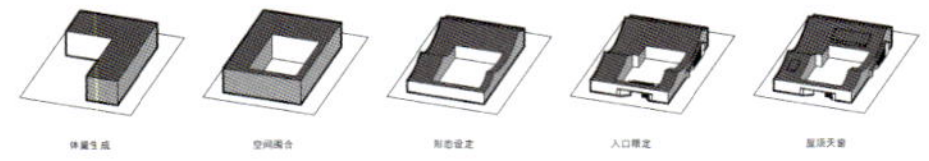
分析图

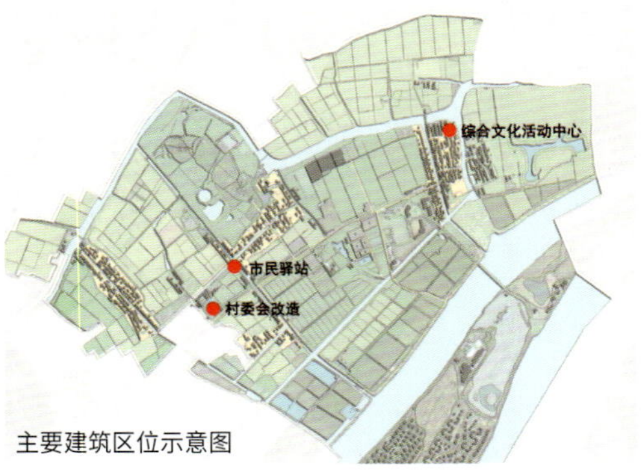

主要建筑区位示意图

综合文化活动中心

总体规划

项目位于上海市青浦区朱家角镇张马村，总体规划改造范围为3 120 000平方米。项目设计包括建筑提升、整体景观提升、道路优化、市政综合整治等工程。其中建筑提升工程包括新建综合文化活动中心、市民驿站、村委会及民居改造等。

综合文化活动中心

综合文化活动中心建筑面积1 350平方米，包含文化活动中心、老年活动中心、多功能厅等。方案以传统庭院为原型进行演绎变形，试图创造新的建筑造型，形成山、水、庭、廊的江南建筑意境。设计通过起伏的曲线形坡屋顶，营造出一幅江南山水意蕴。沿河而视，屋顶高低起伏，犹如丝带一般飘逸、灵动，为整个村庄带来了活力。置身其中，仿佛游弋于传统与现代之间，意在唤起村民对传统文化的自豪感。

村委会改造

改造前

改造后

内庭院

保留牌坊

百姓舞台

外廊空间

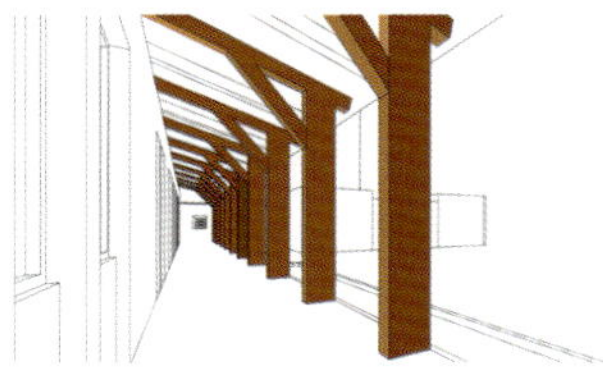
“树枝形”结构图

一层平面图

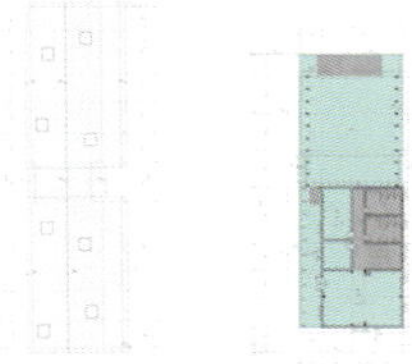
二层平面图

市民驿站

村委会改造

村委会建筑面积1 400平方米，包括办事大厅、办公空间、报告厅等。设计师保留了张马村标志性的牌坊以及大部分原有建筑墙体，并对其原有结构进行最小程度的改造。方案在原有结构上进行加固处理，屋顶重新铺设，采用了钢结构金属屋顶。建筑外立面增加了由“树枝形”结构组成的柱廊，营造出丰富的半室外空间。建筑于二层设置百姓舞台，作为村民活动的半室外公共空间，同时为村民提供了远眺整个张马村的观景平台。

市民驿站

市民驿站建筑面积85平方米，包括咖啡吧、卫生间等。建筑形体从中间断开为两个体量，并通过屋顶进行连接，形成从道路一侧看向稻田的视觉通廊，同时为市民驿站使用者提供了半室外公共休闲空间。“树枝形”柱廊营造出自然的建筑立面形象，与周围环境相协调，给使用者以亲切感。

张怡

职务：湖南省建筑设计院集团股份有限公司
建筑三院总建筑师
职称：高级工程师
执业资格：国家一级注册建筑师

教育背景
1998年—2003年　华南理工大学建筑学学士

工作经历
2003年—2008年　深圳市建筑设计研究总院
2008年至今　湖南省建筑设计院集团股份有限公司

主要设计作品
浏阳市规划展览馆、博物馆、图书馆合建项目
长沙市岳麓区实验小学
长沙四方坪二小改扩建工程
湖南大学湘江学院教学楼
湖南交通职业技术学院实训中心
长郡浏阳实验学校
雅礼实验望城学校
怡海星城雅礼中学
长沙华夏实验学校
祁阳宝塔小学
麻阳芙蓉学校
新化县职业中专学校（西校区）
东江湖泊漫酒店
长沙5G智能终端产业园
湖南湘南纺织产业基地服饰园
湖南湘南纺织产业基地环保设施园
柳州市北部生态新区中德产业园（一期）

湖南省建筑设计院集团股份有限公司
HUNAN ARCHITECTURAL DESIGN INSTITUTE GROUP CO.,LTD.

湖南省建筑设计院集团股份有限公司·湖南省城市规划研究设计院（以下简称HD）成立于1952年7月，前身为湖南省建筑设计院有限公司，是一家管理体系健全、技术力量雄厚、设施装备完善的大型综合性设计研究企业。HD是全国建筑业技术创新先进企业、湖南省高新技术企业，是商务部第一批授予对外经营权、湖南省海外领事保护重点服务单位。HD连续多年荣获省市“守合同重信用单位”称号，并荣获国家“守合同重信用企业”、“全国建筑设计行业诚信单位”、省“诚信经营示范单位”等称号。自成立以来，HD完成设计和工程总承包等各类项目12 000余项，业务遍及国内24个省（直辖市）、澳门特别行政区以及海外42个国家。

专业的团队

HD有在职员工1 800余人，其中湖南省工程勘察设计大师4人，高级职称390余人，中级职称520余人，一级注册建筑师、一级注册结构工程师、注册规划师、注册公用设备工程师及注册电气工程师260余人，注册监理、造价、岩土、咨询工程师等专业注册人员50人，专业技术人员占在职职工总数的90%以上。

全过程服务

HD是集规划、建筑、市政设计三大板块于一体的现代科技型服务企业，始终致力于向社会提供高品质的技术和工程管理服务，传递以人为本、绿色节能环保设计理念，业务覆盖建筑、规划、市政设计、工程总承包等多个领域，为城乡建设和工程项目提供咨询、规划、勘测、设计、造价、监理、项目管理（代建）和工程总承包等全过程服务。HD拥有建筑行业（建筑工程）、市政行业（给水、排水、道路、桥梁、环境卫生）、风景园林设计、城乡规划、岩土工程勘察、岩土工程设计、工程造价咨询、工程监理等14项甲级资质和市政公用工程、建筑2项甲级资信，以及人防、环境污染修复、环境影响评价、工程测量、岩土工程物探测试检测监测等9项乙级资质，具有从事本公司工程设计资质证书许可范围内的工程总承包业务及项目管理和相关的技术与管理服务资格，并拥有建筑工程检测（地基基础检测、主体结构工程现场检测、钢结构工程检测）、房屋建筑工程（含超限高层）、市政工程（给水排水、环境卫生、道路、桥梁）一类施工图审查机构资格等资质。

经验与成就

HD始终以设计精品工程为己任，以保持技术领先为目标，荣获国际、国家级、省部级科技进步奖、优秀工程设计及咨询奖640余项，拥有自主知识产权80项、自主研发科技成果197项，主编（参编）国家、省级技术规范（标准）107项。

HD将肩负“构筑时代，设计未来”的使命，致力于向社会提供高品质的技术和工程管理服务，最大限度地满足客户的需求。

地址：湖南省长沙市岳麓区福祥路65号
电话：0731-85166229
网址：www.hnadi.com.cn
电子邮箱：office@hnadi.com.cn

浏阳市规划展览馆、博物馆、图书馆合建项目

Liuyang Planning Exhibition Hall, Museum and Library Joint Construction Project

项目业主：浏阳市工务局　建设地点：湖南 浏阳
建筑功能：文化建筑　用地面积：49 999平方米
建筑面积：29 777平方米　设计时间：2017年
项目状态：建成
设计单位：湖南省建筑设计院集团股份有限公司
主创设计：张怡
项目摄影：姚力视觉工作室

项目位于浏阳市道吾山路和南泥湾路交会处，地处城市新开发的片区，对于完善周边配套、提升城市品质具有重要意义。项目包含一个小型规模的展览馆、一个中型规模的国家二级博物馆和一个中型规模的国家县（市）级一级公共图书馆。

设计选取浏阳菊花石和烟花作为设计元素，以“共享联动”为理念， 三个分馆与中间的共享中厅相互咬合，虚实对比，如同四块交错堆叠的菊花石，功能与形体相呼应，赋予了三馆合建项目别具一格的标志性造型。立面造型及变化丰富的表皮也是本项目的一大亮点，建筑表皮融合浏阳烟花的意向，以富有韵律和变化的三角形开窗作为表皮装饰，配合夜间灯光动态的变化，模拟烟花绽放的效果，绚丽多姿而又体现城市特色。

东江湖泊漫酒店

Dongjiang Lake Boman Hotel

项目业主：郴州互湘房地产有限公司
建设地点：湖南 郴州
建筑功能：酒店建筑
用地面积：4 165平方米
建筑面积：16 273平方米
设计时间：2020年
项目状态：建成
设计单位：湖南省建筑设计院集团股份有限公司
主创设计：张怡

项目基地位于郴州市资兴市东江湾，拥有良好的山水景观资源。总体布局上酒店客房部分呈“L”形，可以充分获取沿江景观面。裙房部分被客房部分围合，相对完整，有利于大空间的功能用房布置。

酒店包括一栋地下两层、地上十二层的高层建筑。裙房共三层，为酒店配套服务功能，四层及以上为酒店客房，地下一层为设备机房，地下二层为设备机房及地下车库。

项目充分考虑滨水酒店的形态特点，以简洁流畅的线条勾勒出酒店飘逸的形态，营造灵动的氛围。酒店地处东江湾南院住宅小区东北角的景观绝佳位置，在总平面设计上结合南院住宅小区似蛟龙出海，酒店宛若龙首昂头。建筑造型似帆船之态，气势恢宏，寓意一帆风顺。

长郡浏阳实验学校

Changjun Liuyang Experimental School

项目业主：湖南浏阳经济技术开发区投资发展有限公司
建设地点：湖南 浏阳
建筑功能：教育建筑
用地面积：74 658平方米
建筑面积：70 821平方米
设计时间：2014年
项目状态：建成
设计单位：湖南省建筑设计院集团股份有限公司
主创设计：张怡

项目位于浏阳经济技术开发区国家生物产业基地，学校规模为60个班，其中小学24个班，初中、高中36个班。

建筑顺应自然地形特征，形成连续的绿带，呈现出“绿色”的校园环境。建筑形态与此相呼应，采用架空形式，一方面能保证绿色环境的连续性，带来良好的通风、采光条件；另一方面能提供丰富的空间体验，将架空庭院、活动平台等元素有机结合，形成一体化的空间系统。

整体规划布局采用“一轴、一环、两区、三组团”的规划结构，使中学和小学之间的功能既有资源共享的联系，又相对独立互不干扰。一轴：与捞刀河视线景观主轴呼应的自用地东北角城市广场处经学校主入口通向学校内侧的规划空间主轴线。一环：贯穿整个用地南北、联系学校各功能建筑的环形景观大道。两区：分别位于校园中心空间主轴线北侧的小学功能区和南侧的中学功能区。三组团：围绕校园环形景观大道内侧的为整个校园服务的科技综合楼组团、食堂礼堂组团和风雨操场组团。

张燕

职务： 中国建筑设计研究院有限公司
第三建筑专业设计研究院副院长、总建筑师
职称： 教授级高级建筑师
执业资格： 国家一级注册建筑师

教育背景

1987年—1991年　北京建筑大学建筑学学士
1995年—1998年　北京建筑大学建筑学硕士

工作经历

1998年至今　中国建筑设计研究院有限公司

主要设计作品

北京金融街F3地块写字楼（中国光大银行总部）
荣获：2010年北京市优秀工程设计一等奖
2011年全国优秀工程勘察设计二等奖
望京新城A2区1号地商业金融综合楼
荣获：2017年北京市优秀工程勘察设计三等奖
北京石景山京西商务中心
荣获：2019年北京市优秀工程勘察设计三等奖
北京华都中心办公楼
荣获：2017年北京市优秀工程勘察设计一等奖
北京华都中心酒店塔楼
荣获：2019年北京市优秀工程勘察设计一等奖
中国农业银行北方数据中心
荣获：2013年数据中心设计理念奖
2017年中国优秀数据中心
2021年北京市优秀工程勘察设计三等奖
丽泽平安金融中心E-01地块写字楼
荣获：2020年美国绿色建筑LEED金级认证
2021年北京市优秀工程勘察设计二等奖
2020—2021年度国家优质工程奖
2021年工程建设项目设计水平评价二等成果
北京金融街A3南地块金鼎大厦
通州远洋乐堤港购物中心
青岛国际资源配置中心北片区

王冠

职务： 中国建筑设计研究院有限公司
第三建筑专业设计研究院五所所长
职称： 高级建筑师
执业资格： 国家一级注册建筑师

教育背景

1999年—2004年　哈尔滨工业大学建筑学学士
2005年—2008年　北京建筑大学建筑学硕士

工作经历

2008年至今　中国建筑设计研究院有限公司

主要设计作品

望京新城A2区1号地商业金融综合楼
荣获：2017年北京市优秀工程勘察设计三等奖
北京回龙观体育文化公园
荣获：2021年中国钢结构金奖
王府井金茂万丽酒店
华为南方工厂员工公寓
文安鲁能生态区度假酒店
内蒙古乌兰浩特街区形象提升改造
中国人民银行总行办公楼维修改造
青岛海辰园国际资源配置中心

中国建筑设计研究院有限公司
CHINA ARCHITECTURE DESIGN & RESEARCH GROUP

中国建筑设计研究院有限公司（简称中国院）第三建筑专业设计研究院（以下简称三院）是中国院直属的建筑专业设计团队，以中国院的技术和人力资源作为有力后盾和强劲平台。建筑三院共有建筑师78人，设计业务涵盖各类民用建筑，包括商业及办公建筑、文化教育建筑、酒店公寓建筑、医疗健康类建筑等，特别是在大型城市商业综合体建筑、文化教育建筑、地标性超高层建筑等方面，形成了较强的专业化特色。团队广泛参与城市设计、乡村振兴、城市更新与改造，致力于将国际先进设计理念与本土传统文化相结合，追求每个作品的至高境界，使卓越的设计与市场完美结合，缔造客户和设计师引以为荣的个性化设计精品。建筑三院秉承“精心设计、精益求精”的专业精神，以严谨的工作作风、一丝不苟的敬业精神，为业主提供优质高效的技术服务。建筑三院是中国院最为重要、最有影响力的团队之一。

主要设计作品

交通建筑
济南遥墙国际机场综合交通中心
深圳皇岗口岸

超高层城市综合体
北京华都中心
北京石景山京西商务中心
通州远洋乐堤港购物中心
丽泽平安金融中心E-01地块写字楼

文化博览教育建筑
2019年中国北京世界园艺博览会生活体验馆
西宁园博园
赤峰体育馆
大兴区兴创文创产业园
北京大兴文博综合馆
亚布力企业家论坛博物馆
西安乡村振兴论坛
绥德革命历史纪念馆
卓资文化公园
泉州市委党校新校区
天津静海团泊中学
招远第二中学
吴江中学

政府办公建筑
北京城市副中心A2项目

商业办公建筑
北京金融街F3地块写字楼
北京金融街B7地块大厦
金融街金鼎大厦融科望京橄榄城1号地
中国国际期货有限公司大厦
龙湖天街(常营、门头沟、大兴)
青岛国际虚拟产业园
招商局青岛网谷

住宅建筑
西安万科金域华府
江门人才公寓
北京奥林匹克花园一期工程
华为南方工厂员工公寓
三亚海馨苑·清水湾

健康医疗建筑
西安渭北医院
亳州市谯城区人民医院

产业园区
中关村东升科技园
常青互联网金融产业园
中国农业银行北方数据中心
青海丝绸之路国际物流城

规划及城市设计
洛江城市设计
濮阳106国道两侧城市设计
汨罗龙舟竞渡中心
雄安绿博园
雄安起步区第三片区中轴线
雄安新区高铁站片区集中和混合商业项目

城市更新与建筑改造
北京市船舶重工酒店改造
北京通州宾馆改造
中国人民银行总行办公楼维修改造
北京东四工人文化宫
101中学四宜书屋
顺义区龙湾屯镇焦庄户村传统村落保护发展规划
顺义区李桥镇美丽乡村规划
赣州市姚衙前历史文化街区修缮保护规划

地址：北京市西城区车公庄大街19号院3号楼
电话：010-88327147
网址：www.cadg.com.cn
电子邮箱：wangg@cadg.cn

丽泽平安金融中心 E-01地块写字楼

Lize Ping An Financial Center E-01 Plot Office Building

项目业主：北京金坤丽泽置业有限公司
建筑功能：办公、商业建筑
建筑面积：152 800平方米
项目状态：建成
设计单位：中国建筑设计研究院有限公司
合作单位：美国SOM建筑设计事务所
建设地点：北京
用地面积：23 461平方米
设计时间：2015年—2017年

项目是一座甲级超高层写字楼，也是北京丽泽商务区的重点项目，建筑高度200米。地上为42层高层办公塔楼和3层商业裙房，项目特点如下。

1．高效集约，功能多元。项目将智慧办公、金融交易、商业餐饮、空中花园、配套服务等功能高效集约地组织在简洁有力的建筑体量中，结合场地的绿色开放空间，打造高品质的城市综合体。

2．注重与城市的关系。在面向丽泽路主干道的城市展示面上向内倾斜塑造“北京之窗”，形成标志性立面，创造与城市对话交流的窗口。南侧设计内凹的“北京花园”，充分利用城市景观资源，使建筑与城市互融共生。

3．绿色生态。延续城市生态廊道，“北京之窗”与“北京花园”将绿色生态引入高层办公空间，结合裙房屋顶绿化与场地景观，以点带面生成多维立体绿色系统。

中国农业银行北方数据中心

Agricultural Bank of China Northern Data Center

项目业主：中国农业银行股份有限公司北京分行
建设地点：北京
建筑功能：研发、办公建筑
用地面积：130 600平方米
建筑面积：249 670平方米
设计时间：2010年—2016年
项目状态：建成
设计单位：中国建筑设计研究院有限公司

项目位于北京市海淀区创新园，包含数据机房、研发办公楼及会议楼、服务中心等多组建筑。建筑以“中国印”为设计理念，单体建筑围合布局，外立面由石材和深窗造型共同构成雕刻效果，组成“国字印”的印章图案。设计将中心建筑——南区会议楼和北区档案楼列于中轴两端，作为园区空间的控制点；以现代的构造方式，借鉴鼎器深沉的颜色和造型，强调深邃的建筑美感，打造厚重、坚实、稳定、可靠的形象；同时体现了中国农业银行作为四大国有银行之一的重要行业地位，展示诚信、务实的内在品质。

文安鲁能生态区度假酒店

Wen'an Luneng Ecological Zone Resort Hotel

项目业主：鲁能集团
建设地点：河北 廊坊
建筑功能：酒店建筑
用地面积：95 000平方米
建筑面积：61 000平方米
设计时间：2014年—2017年
项目状态：建成
设计单位：中国建筑设计研究院有限公司
合作单位：美国SBA建筑设计有限公司

项目是一座具有欧洲乡村风格的会议型五星级度假酒店。建筑外立面运用了大量外露木构节点来营造酒店氛围，由于消防规范限制用仿木构件来替代实木材质。设计师对肌理仿真度及构件尺寸做了较多的实验与研究，最终采用仿木GFRC水泥板及仿木纹涂刷的措施实现了仿木效果。

项目以GFRC仿木结构和石板瓦的坡屋面为主要建筑语汇，以各式老虎窗与不同角度的坡屋面分隔部分过大的主体屋面，以层高的变化来弱化庞大的建筑体量。整体建筑与周围环境融为一体，形成静谧轻松的休闲度假氛围，呼应户外的自然景色。

慕田峪景区长城精品酒店

Mutianyu Scenic Spot Great Wall Boutique Hotel

项目业主：金融街控股股份有限公司
建设地点：北京
建筑功能：酒店建筑
用地面积：32 000平方米
建筑面积：6 820平方米
设计时间：2015年—2018年
项目状态：建成
设计单位：中国建筑设计研究院有限公司

项目位于慕田峪长城景区内，是由原来的慕田峪长城景区办公区改扩建而成的。慕田峪环岛景区综合服务中心建成后，景区将腾出的建筑统一进行规划改造。规划设计采用“一心、一带、一径、四区、多点”的功能结构，依托慕田峪景区特有的长城文化、古建特色和秀美风光资源，建设一座以“生活和体验”为核心的休闲度假酒店。同时，项目结合山形地势形成错台布局，依山就势与山体结合，在景观处理上利用原有地块内文物石碑与景观场地借景布置。

王府井金茂万丽酒店

Wangfujing Jin Mao Renaissance Hotel

项目业主：金茂集团　　建设地点：北京
建筑功能：酒店建筑　　用地面积：9 858平方米
建筑面积：44 435平方米　　设计时间：2013年—2016年
项目状态：建成　　设计单位：中国建筑设计研究院有限公司
合作单位：美国Gensler建筑设计公司

项目位于北京市王府井大街，原为王府井大饭店，该工程为改建项目。其设计特点如下。

1．整体设计过程通过分析现状，保留有价值的部分，拆除其他部分。设计完整保留原有高层主楼结构，拆除裙房部分，改扩建为符合五星级酒店功能的裙房。拆除了原主楼西侧的半地下停车场，在原来的位置改扩建为符合新要求的地下车库。

2．客房区改造通过比较结构和建筑布置，将保留下来的原主体楼层东西两侧各进行结构加宽，并采用钢结构支撑。同时，分析房型及朝向，朝西面向故宫一侧的景观较好，因此西向房间在出挑的基础上采取“三改二”的方式以扩大客房面积，提升项目附加值。

青岛国际资源配置中心北片区

Qingdao International Resource Allocation Center North Area

项目业主：中国（山东）自由贸易试验区青岛片区管委会
建设地点：山东 青岛
建筑功能：办公、科研建筑
用地面积：508 600平方米
建筑面积：1 243 800平方米
设计时间：2021年至今
项目状态：在建
设计单位：中国建筑设计研究院有限公司
合作单位：青岛市民用建筑设计院有限公司

项目属于中国（山东）自由贸易试验区青岛片区的一部分，重点发展现代海洋、国际贸易、航运物流、现代金融、先进制造等产业项目建成后致力于成为东北亚国际航运枢纽、东部沿海重要的创新中心、海洋经济发展示范区，助力青岛成为我国沿海重要中心城市。

项目设计遵循前期城市设计的规划原则，秉承“三芯一轴”（CIMOS 城市智慧中枢、航贸金科创绿谷、全球资源配置中心、产业创新轴）的规划结构，落实国际资源配置中心的战略定位，将每个地块建筑方案进行落地深化。项目将建立高能级国际化科技创新服务系统，构筑科技赋能数字化金融服务生态圈，夯实高效高质港航物流服务支撑体系，打造花园式顶级贸易总部经济集聚平台。